"十三五"普通高等教育本科部委级规划教材

纺织科学与工程一流学科建设教材

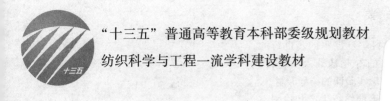

纺织材料实验教程

纪　峰　主编

黄新林　刘若华　王富军　副主编

中国纺织出版社有限公司　国家一级出版社
全国百佳图书出版单位

内 容 提 要

纺织材料实验课是与"纺织材料学"课程同步进行的校内教学课程,是纺织专业本科生的专业基础入门科目,《纺织材料实验教程》是纺织材料教学实验课的指导教材。

《纺织材料实验教程》一书立足当前纺织生产和检测不断发展、更新的实际情况,结合当前纺织院校的校内实验条件,配置选用有代表性和可供选择的实验教学项目,内容包括测试基本原理、基本实验操作和实验结果分析,加深专业基础知识的理解和提高动手能力,做到学以致用并有利于今后在实践中创新发展。

本书可供纺织、材料、服装相关专业师生作为教材,也可供化纤生产、纺织加工、商品检验等从业人员参考。

图书在版编目(CIP)数据

纺织材料实验教程/纪峰主编. --北京:中国纺织出版社有限公司,2021.1

"十三五"普通高等教育本科部委级规划教材 纺织科学与工程一流学科建设教材

ISBN 978-7-5180-6640-7

I. ①纺… Ⅱ. ①纪… Ⅲ. ①纺织纤维—材料试验—高等学校—教材 Ⅳ. ①TS101.92

中国版本图书馆 CIP 数据核字(2019)第 190192 号

责任编辑:符 芬 特约编辑:陈怡晓 责任校对:楼旭红
责任印制:何 建

中国纺织出版社有限公司出版发行
地址:北京市朝阳区百子湾东里 A407 号楼 邮政编码:100124
销售电话:010—67004422 传真:010—87155801
http://www.c-textilep.com
E-mail:faxing@c-textilep.com
中国纺织出版社天猫旗舰店
官方微博 http://weibo.com/2119887771
北京密东印刷有限公司印刷 各地新华书店经销
2021 年 1 月第 1 版第 1 次印刷
开本:787×1092 1/16 印张:18.75
字数:401 千字 定价:88.00 元

纺织行业是推动经济发展、增强国力和改善民生的重要行业之一，在资源配置全球化和国际贸易竞争日趋激烈的形势下，提升纺织科技水平和培养高质量人才是国家纺织业持续繁荣发展的保障。

自 20 世纪 50 年代以来，我国各大专院校纺织专业为国家培养了大批优秀专业人才，积累了丰富的教学经验，而密切联系生产实际和不断改革创新是优秀教学团队的重要标志。近年来，随着国内外纺织业不断发展，纺织纤维原料种类不断丰富多样化，纺织生产加工技术水平提高和产品应用领域拓展，纺织专业教学内容必须与时俱进和更新提高，才能适应快速发展的生产和生活的需要，满足教学质量提高和人才培养的要求。

纺织材料实验教学课是学习纺织材料学必须掌握的一门实践性课程，通过对纤维、纱线、织物的结构和性能的测试方法和仪器操作技能的学习，要求学生掌握基本实验方法，加深对纺织原料和纺织品的直观认识，巩固对专业基础知识的理解，为进一步深入学习纺织各专业知识打下基础。

本书编写为适应当前纺织生产发展和测试技术的更新状况，结合目前纺织院校具备的具体条件，选配有代表性和可供选择的实验教学项目，内容包括测试基本原理、基本实验操作方法和实验结果分析，加深学生对专业基础知识的理解并提高动手能力，做到学用相长并有利于今后在工作实际中创新发展。

本书编写内容包括纺织材料检测的基础知识、纤维材料形态特征和物理性能测试、纱线形态结构和品质检测、织物力学性能和服用性能测试以及纺织材料结构分析技术等。本书在讲解测试方法和操作技术的同时，辅以相应基础理论知识和常用统计分析手段，让学生在学习纺织材料学课程的同时能够学以致用，用以促学。

本书编写人员分工如下。

东华大学：纪峰（第一、第二、第四章）、黄新林（第二、第三、第四章）、刘若华（第五章）、王富军（第三章）、丁倩（第二章）、凌峰（第二章）、饶秉钧（第三章）、管晓宁（第四章）。

浙江理工大学：周颖（第三章）、黄志超（第四章）。

江南大学：杨元（第四章）。

青岛大学：于湖生（第一章）、孙亚宁（第四章）。

中原工学院：张明（第二、第三章）、徐淑萍（第四章）。

山东理工大学：王婧（第四章）、姜兆辉（第四章）。

盐城工学院：王春霞（第二章）、林洪芹（第五章）。

绍兴文理学院：韩潇（第三章）。

全书由纪峰主编并负责定稿。

东华大学测试技术专家李汝勤教授对本书进行了认真、仔细的审校，在此表示感谢。本书在编写过程中得到东华大学纺织学院实验中心、青岛大学纺织服装学院纺织工程实验教学团队、盐城工学院纺织服装实验中心、山东理工大学鲁泰纺织服装学院纺织系教学团队、江南大学纺织科学与工程学院纺织材料实验室、中原工学院纺织实验中心、绍兴文理学院纺织服装学院纺织材料实验室、浙江理工大学纺织科学与工程学院纺材实验室以及有关纺织仪器生产研发单位的支持和帮助，佘祥信、张舒雨、何瑞娴、张盛才对本书插图的绘制和拍摄给予了帮助，在此一并表示感谢。

由于时间和作者水平有限，错误之处在所难免，敬请各位读者和专家批评指正，以帮助提高完善。此外，本书尚未涉及的部分内容，将在后期的修订中给予补充。

编者

2020 年 7 月

Contents
目　录

第一章　纺织材料实验基础知识

第一节　纺织材料实验数据结构特点

一、纺织材料的离散性和取样方法

纺织材料是以纺织纤维为原料经过多种加工过程而成的结构材料，从纤维、纱线到面料产品单个本体之间都并非完全一样，例如，同一批天然棉纤维、毛纤维的内部各根纤维的长度和细度有差别，同样批次的纱线片段间的线密度、毛羽分布等也有差异。因此，当纺织材料、纺织品作为待测样品时，其个体之间具有差异性，这造成一批样品内部测量数据的离散性。

测试人员经常需要从待测的全部纺织材料、纺织品中取一部分作为整体产品的代表，即由所取得的部分代表待测产品的性质或性能，对其进行观察、推测或量度，取出的用作总体代表的试样称为样本。例如，测量一份聚酯短纤维（涤纶）的强伸性能时，通常取一部分样本进行测量，用样本的测量数据代表整份试样的强伸性能。如果对全部纤维进行检测试验，不仅需要花费很多时间和人工，而且纤维经过强伸测量后，本身遭到破坏，不能完成后续任务。因而存在以下问题：所取出的这部分聚酯纤维试样是否能代表全体聚酯短纤维的性质？为使所取样本具有充分的代表性，取样过程要遵循科学的取样方法。

科学的取样方法遵循随机取样原则。随机取样要保证两点：一是样品之间被选中和不被选中的概率是相等的；二是一个试样是否被选中，对其他试样是否被选中的影响概率极小，可以忽略。

纺织材料实验中涉及的从纤维到面料产品试样的尺寸范围很宽，个体间差异往往较为明显，从较大量试样中选取试验样品，该过程中所采用的取样方式也有差别，一般根据待测总体的量可采取一次性随机取样、阶段性分层次随机取样等方式；不管采用怎样的过程，都需要遵循随机取样原则。

另外，所取的样本数量也需要足够多，以保证样本的代表性；所取的样本数量的确定，需要考虑试样内部的离散程度、试验的误差范围要求以及试验成本等。

二、纺织材料数据表达方式

对纺织材料和纺织品进行检测，根据主要检测手段的仪器化程度通常有感官检测和仪器检测两类方法。

（一）感官检测方法及测试结果

纺织品在发展早期都是用于消费者可以直接接触和感受到的服装、被服类产品，因此，人们对纤维和纺织品积累了大量的感官检测经验和知识。常用于纺织品检测过程的感官是视觉和触觉。试验员通过直接观察、借助工具和仪器进行观察并结合经验分析的方法对纺织材料的外观、形貌特征等进行测试和分析；利用手和皮肤的触感对纺织品尤其是服用纺织品的表面光滑度、舒适性和力学风格等进行测试和分析。

通过感官方式可以获取的信息通常包括定性的结论、计数、等级或水平划分等。例如，在燃烧试验中，通过观察火焰颜色、延燃状态、感觉烟雾气味以及观察灰烬状态，可以判断纤维材料的成分类型，对纯纤维组分得到定性结论；借助织物密度镜，计数布面上单位长度内纱线的根数，得到织物组织密度；与标准样品对照，对样品的色牢度、表面平整度进行评级，等等。

为确保以评级为目的的感官评判结果更具客观性，检测人员需要参加培训、统一评判标准，同时，要科学合理地设计实验，在实验后对测试结果选用合适的统计分析手段，以确保得到客观、公正的结论。

（二）仪器方法及测试结果

仪器方法以测量仪器或装置作为主要测量手段。测量仪器上的传感器能够将感官所感受的内容范围扩大、距离延伸、精密度提高等，比如，织物的厚度、克重可以分别由织物厚度仪和电子天平测量得到，采用不同类型的电子强力仪，可以分别测量得到纤维、纱线、织物的拉伸断裂强力值，等等。在纺织材料测试实验中，采用仪器方法能够得到更为客观且量化的指标数据，因此，仪器化测试是当前纺织领域内应用最广泛的测试手段，也是测试技术发展的重要趋势之一。

大多数的纺织材料检测任务都需要对样品进行多次反复试验，通过较充分的测量数据来获取有效信息。当一个实验结束后，实验员通常会积累较大量的原始数据，如何从中提取有效信息，并让这些看起来离散、凌乱的原始数据对待测样品的性质具有充分的说明性，需要对原始数据进行分析和整理，并以有效方式展示出来。

仪器测试结果通常用统计量和数据图两种方式展示。统计量是采用统计分析方法从原始测量数据中计算指标的统计量值，结合所用统计量的统计学意义，对所测产品的性质进行一定可靠程度的分析。最常用的统计量有平均值（算术、加权平均值）、方差和标准差、置信区间等，将在本章第二节中详细介绍。原始数据经过整理，可以用图的形式展示。常用的图有直方图、折线图、柱状图等，其例图分别如图 1-1~图 1-3 所示。

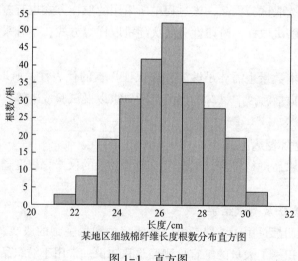

某地区细绒棉纤维长度根数分布直方图

图 1-1 直方图

直方图，又称质量分布图，是一种由一系列高度不等的纵向条纹或线段组成的统计报告图（图 1-1），对原始数据进行区间划分，分别统计各区间所含数据的数量或比例。通过直方图可直观地得到样品质量特性的分布状态，便于判断其总体质量分布情况。折线图，是用

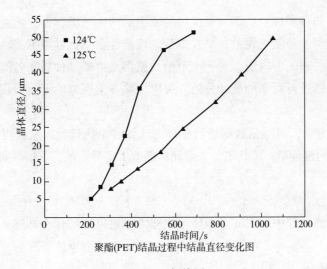

聚酯(PET)结晶过程中结晶直径变化图

图1-2 折线图

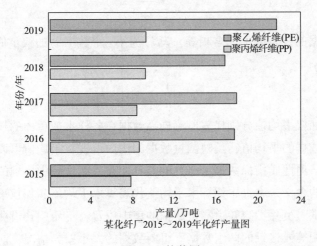

某化纤厂2015～2019年化纤产量图

图1-3 柱状图

直线段将各数据点连接起来而组成的图形（图1-2），以折线方式显示指标数据随时间或有序序列变化的状态，可反映在相等时间间隔下或有序序列中数据的发展趋势。柱状图，又称长条图、条状图、棒形图，是一种以长方形的长度为变量的统计报告图（图1-3），可用来表达同一指标在不同时间序列中或对于不同测试对象，其数值的相对大小和发展变化情况。

　　一份样品经检测后，测试结果数据需要选用一种合理、合适的方式呈现在试验报告或论文中，以令测试结果直观、可读性好，给人印象深刻，达到试验最初目标。

第二节　统计术语和计算

一、单值

　　对一份待测试样中的样本逐一进行测试，得到各次试验的测试数据。每一次测量数据，称为该试验的一个单值。单值含有该次试验中所得到的一个试样的信息，同时也含有测量误差。测量误差的来源有多种，由于测试仪器的原因会产生系统误差，环境因素对测试过程产生影响会导致系统误差和随机误差，试样本身的离散性会令试验数据波动，甚至由于误操作等原因会产生粗大误差。可以说，每一个单值数据都是由样品性质和各类误差叠加而成的信息。通过对单值数据进行科学的统计分析，可以去除各类误差的干扰，获取隐含在数据表面下的样品性质信息。

采用统计分析方法，对单值数据进行整理，计算各个统计量，从而得到所需要的试样信息。本节介绍常见的统计量：平均值、方差和标准差、变异系数、置信区间、半宽等。

二、平均值

假设从一份待测试样中取了 n 个个体组成样本，对每个试样个体逐一进行测试，得到 n 个单值数据 x_1，x_2，$\cdots$，x_n。在每个单值对于总体的权重相等的情况下，由式（1-1）计算 n 个数据的算术平均值 $\bar{x}$。

$$\bar{x} = \frac{1}{n} \sum_{i=1}^{n} x_i \tag{1-1}$$

若每个测量数据的权重并不完全相等，设 k_i 为第 i 个数据 x_i 的权重值，则可以计算 n 个数据的加权平均值 $\bar{U}$。

$$\bar{U} = \frac{1}{n} \sum_{i=1}^{n} k_i x_i \tag{1-2}$$

算术平均值、加权平均值分别代表所测样品数据在各样本或单体的权重相等、不相等的情况下，测试得到数据的平均值，反映测量数据的集中位置。平均值可以用于在不同组数据之间比较所测样本某项性质指标数据量值上的差异。在一些文献中提到的算术平均值实际上也包含加权平均值的含义。本书中用算术平均值代表算术平均值和加权平均值两个含义。

很多时候，测试人员除了想知道测量数据的集中位置，更希望知道测量所得数据的分布情况。对于平均值相等或接近的两组数据，组内数据的大小差异情况，能反映组内个体之间在该项性质上的差异程度，即数据的离散度。如果组内数据的离散度小，说明样本数据的一致性好，个体之间的差异程度小。对于天然纤维如棉、麻纤维，纤维长度的离散度小意味着可纺成更高质量的纱线。

通常用方差和标准差、变异系数三个统计量来反映样本数据间的离散程度。

三、方差和标准差

一组 n 个单值的方差（s^2）是各单值与算术平均值之差的平方总和除以（$n-1$）。

$$s^2 = \frac{1}{n-1} \sum_{i=1}^{n} (x_i - \bar{x})^2 \tag{1-3}$$

该组单值的标准差（s）是方差的平方根。

$$s = \sqrt{\frac{1}{n-1} \sum_{i=1}^{n} (x_i - \bar{x})^2} \tag{1-4}$$

方差和标准差为不小于零的有理数，取值越大，说明该组数据的离散性越大；若 $s = 0$，则说明该组单值为完全一样的数据。方差一般用于相同类型、平均值相近的两组或多组数据间比较各组内数据的离散程度；对于不同类型、平均值差异较大的各组数据，可以用变异系数（CV）来衡量其组内数据离散性。

变异系数（CV）是标准差（s）与算术平均值（$\bar{x}$）的比值，用百分率表示。

$$CV(\%) = \frac{s}{\bar{x}} \times 100 \qquad (1-5)$$

四、置信区间

对于若干单次测量值近似成正态分布的一个批量样本来说，所测试样的真实值可以认为是在给定的百分率下（也称为置信水平，通常为95%）落在以测量数据的平均值$\bar{x}$为中心的左右对称的一个区间，设为$(\bar{x}-c)$到$(\bar{x}+c)$，该区间称为置信区间，$(\bar{x}-c)$和$(\bar{x}+c)$分别称为置信下限和置信上限。

在同样的置信水平下，置信区间越小，说明测量数据的平均值对真实值的接近程度越高。通常用置信区间的半宽值c来代表置信区间的大小。

置信区间的半宽值c可以由以下公式计算。

$$c = t\frac{s}{\sqrt{n}} \qquad (1-6)$$

式中：n为单值的个数；s为标准差；t为统计值，在95%的置信水平下，其取值与n有关，可以通过表1-1大致估计t的值。

表1-1 t值表

n	t	n	t	n	t
4	3.18	15	2.14	26	2.06
5	2.78	16	2.13	27	2.06
6	2.57	17	2.12	28	2.05
7	2.45	18	2.11	29	2.05
8	2.36	19	2.10	30	2.04
9	2.31	20	2.09	31~40	2.03
10	2.26	21	2.09	41~60	2.01
11	2.23	22	2.08	61~120	1.99
12	2.20	23	2.07	121~230	1.97
13	2.18	24	2.07	>230	1.96
14	2.16	25	2.06		

从表1-1和式（1-6）可以看到，样本容量n越大，置信区间半宽值c越小，说明测量数据的平均值越接近实际值。因此，为提高对实际值的预测精准度，可以在测试条件许可情况下增加样本容量。

为了更易于比较不同组数据的置信区间，通常对半宽值c进行规范化，即计算该组数据的半宽值c对算术平均值$\bar{x}$的百分率得到半宽值比率C（%）。

$$C = \frac{c}{\bar{x}} \times 100 \qquad (1-7)$$

或将式（1-5）和式（1-6）代入式（1-7），可得到半宽值比率的另一个计算公式：

$$C = t \cdot \frac{CV}{\sqrt{n}} \times 100(\%) \tag{1-8}$$

第三节　异常值判别及处理方法

一、异常值的判断和处理

1. 异常值出现的原因　在试验结果数据中，经常会发现个别数据比其他数据明显过大或过小，这种数据称为异常值。一般来说，异常值的出现可能是如下原因：①被试验总体固有随机变异性的极端表现，它属于总体的一部分；②由于试验条件和试验方法的偏离所产生的后果；③由于观测、计算、记录中的失误所造成的，它不属于总体。

2. 异常值的处理方式　异常值的处理方式有以下几种：①异常值保留在样本中，参加其后的数据分析；②允许剔除异常值，即把异常值从样本数据中排除；③允许剔除异常值，并追加适宜的测试值计入；④在找到实际原因后修正异常值。

3. 异常值的判断　判断异常值应首先从技术上寻找原因，如技术条件、观测、运算是否有误，试样是否异常。如确信是不正常原因造成的应舍弃或修正，否则，可以用统计方法判断。对于检出的高度异常值应舍弃，一般检出异常值可根据问题的性质决定取舍。

指定作为检出异常值的统计检验的显著性水平 α，称为检出水平。指定作为判断异常值为高度异常的统计检验的显著性水平 α^*，称为剔除水平。除特殊情况外，剔除水平一般采用 1% 或更小，不宜采用大于 5% 的值；在选用剔除水平的情况下，检出水平可取 5% 或再大些。

判断样本中的异常值，可能有以下几种情况。

（1）上侧情形：根据以往经验，异常值都为高端值。

（2）下侧情形：根据以往经验，异常值都为低端值。

（3）双侧情形：异常值是在两端都可能出现的极端值。

上侧情形及下侧情形统称为单侧情形。

在允许检出异常值个数大于 1 的情况下，可重复使用判断异常值的规则，即若检出一个异常值判断为应剔除的数据，将异常值除去后余下的测定值继续检验，直到不能检出异常值，或检出的异常值个数超过上限为止。应规定样本中检出异常值的个数上限，当超过这个上限，此样本的代表性应作慎重研究和处理。

目前，国际上通用的异常值检验方法有奈尔（Nair）检验法、格拉布斯（Grubbs）检验法、狄克逊（Dixon）检验法以及偏度峰度检验法。这些方法都是正态分布样本异常值的判断方法。本文介绍当前应用最为广泛的格拉布斯（Grubbs）检验法。

二、格拉布斯（Grubbs）检验法

格拉布斯检验法适合于总体标准差未知、检出异常值的个数不超过 1 的情形。

判别前先将测量值由小到大排列为 x_1，x_2，x_3，…，x_{n-1}，x_n，其中 x_1 为最小值，x_n 为最大值。

1. 上侧情形检验法

计算统计量：

$$G_n = (x_n - \bar{x})/s \tag{1-9}$$

式中：$\bar{x}$ 和 s 分别为样本平均值和标准差；x_n 为样本最大值，标准差 s 计算方法见式（1-4）。

确定检出水平 α，由表 1-2 查出 n 和 α 所对应的临界值 $G_{1-\alpha}$。当 $G_n > G_{1-\alpha}$ 时，判断最大值 x_n 为异常值。

在给出剔除水平 α^* 的情形下，由表 1-2 查出 n 和 α^* 所对应的临界值 $G_{1-\alpha^*}$。当 $G_n > G_{1-\alpha^*}$ 时，判断最大值 x_n 为高度异常。

2. 下侧情形检验法

计算统计量：

$$G'_n = (\bar{x} - x_1)/s \tag{1-10}$$

式中：x_1 为样本最小值。

与上侧情形相似，以 G'_n 代替 G_n，判断最小值 x_1 是否为异常值和高度异常。

3. 双侧情形检验法

计算上述 G_n 与 G'_n，确定检出水平 α，由表 1-2 查出 n 和 $\alpha/2$ 所对应的临界值 $G_{1-\alpha/2}$。当 $G_n > G'_n$，且 $G_n > G_{1-\alpha/2}$ 时，判断 x_n 为异常值；当 $G'_n > G_n$，且 $G'_n > G_{1-\alpha/2}$ 时，判断 x_1 为异常值。

在给出剔除水平 α^* 的情况下，用同法判断 x_n 或 x_1 是否为高度异常。

表 1-2　格拉布斯检验法的临界值表

n	90%	95%	97.50%	99%	99.50%	n	90%	95%	97.50%	99%	99.50%
1	—	—	—	—	—	24	2.467	2.644	2.802	2.987	3.112
2	—	—	—	—	—	25	2.486	2.663	2.822	3.009	3.135
3	1.148	1.153	1.155	1.155	1.155	26	2.502	2.681	2.844	3.029	3.157
4	1.425	1.463	1.481	1.492	1.496	27	2.519	2.698	2.859	3.049	3.178
5	1.602	1.672	1.715	1.749	1.764	28	2.534	2.714	2.876	3.068	3.199
6	1.729	1.822	1.887	1.944	1.973	29	2.549	2.73	2.893	3.085	3.218
7	1.828	1.938	2.02	2.097	2.139	30	2.563	2.745	2.908	3.103	3.236
8	1.909	2.032	2.126	2.221	2.274	35	2.628	2.811	2.979	3.178	3.316
9	1.977	2.11	2.215	2.323	2.387	40	2.682	2.866	3.036	3.24	3.381
10	2.036	2.176	2.29	2.41	2.482	45	2.727	2.911	3.085	3.292	3.435
11	2.088	2.234	2.355	2.485	2.564	50	2.768	2.956	3.128	3.336	3.483
12	2.134	2.285	2.412	2.55	2.636	55	2.801	2.992	3.166	3.376	3.524
13	2.175	2.331	2.462	2.607	2.699	60	2.837	3.025	3.199	3.411	3.56
14	2.213	2.371	2.507	2.659	2.755	65	2.866	3.055	3.23	3.442	3.592
15	2.247	2.409	2.549	2.705	2.806	70	2.893	3.082	3.257	3.471	3.622
16	2.279	2.443	2.585	2.747	2.852	75	2.917	3.107	3.282	3.496	3.648
17	2.309	2.475	2.62	2.785	2.932	80	2.94	3.13	3.305	3.521	3.673
18	2.335	2.504	2.651	2.821	2.968	85	2.961	3.151	3.327	3.543	3.695
19	2.361	2.532	2.681	2.854	2.894	90	2.981	3.171	3.347	3.563	3.716
20	2.385	2.557	2.709	2.884	3.001	95	3	3.189	3.336	3.582	3.736
21	2.408	2.58	2.733	2.912	3.031	100	3.017	3.207	3.383	3.6	3.754
22	2.429	2.603	2.758	2.939	3.06						
23	2.448	2.624	2.781	2.963	3.087						

第四节　不确定度评价

一、不确定度的概念

不确定度用于表征被测量的真值所处的量值范围，是对测量结果受测量误差影响的不确定程度的科学描述。具体地说，不确定度定量地表示了随机误差和系统误差的综合分布范围，可以近似地理解为一定置信概率下的误差限值。

不确定度越小，测试结果可信度越高。

估算不确定度时，将各种来源的不确定度分为 A 类标准不确定度 u_A（用统计方法计算）和 B 类标准不确定度 u_B（用非统计方法或经验方法计算）。

二、不确定度估算

1. A 类标准不确定度 u_A

假设取了 n 个个体组成样本，对每个试样逐一进行测试，得到 n 个单值数据 x_1，x_2，…，x_n。在每个单值对于总体的权重相等的情况下，通过式（1-1）计算这 n 个数据的算术平均值 $\bar{x}$，由式（1-11）计算该组数据的 A 类标准不确定度 u_A：

$$u_A = \sqrt{\frac{\sum_{i=1}^{n}(x_i - \bar{x})^2}{n(n-1)}} \tag{1-11}$$

2. B 类标准不确定度 u_B

B 类标准不确定度来源较多，因此，对其评定较为复杂。对于简单的实验，B 类不确定度主要来源于仪器允许的极限误差 $\Delta_{仪}$，因此，可以估算 u_B 为：

$$u_B = \Delta_{仪} / \sqrt{3} \tag{1-12}$$

若未标注仪器极限误差 $\Delta_{仪}$，对于连续均匀分度的仪器，$\Delta_{仪}$ 取最小刻度的一半；对于游标类仪器或数字表，$\Delta_{仪}$ 通常取最小刻度。

3. 合成标准不确定度 u_C

将 A 类和 B 类标准不确定度用式（1-13）计算得到测量结果的合成标准不确定度 u_C：

$$u_C = \sqrt{u_A^2 + u_B^2} \tag{1-13}$$

4. 扩展不确定度 U

在工程技术中，测量结果一般以"被测对象的最佳估计值±扩展不确定度"来表示，用以说明被测对象真实数据所在的置信区间。被测对象的最佳估计值，通常取为测试数据的平均值。扩展不确定度 U 可以计算为：

$$U = k \cdot u_C \quad (k = 2, 3) \tag{1-14}$$

式中：u_C 为该组测量数据的合成标准不确定度；k 为系数因子，不确定度为正态分布情况下，在置信水平 95% 时取值 2，置信水平 99% 时取值 3。

第二章　纤维的结构特征和性能测试

第一节　显微镜法纤维外观形态鉴别

一、实验目的

应用纤维直径分析仪鉴别棉、麻、丝、毛、化学纤维等纤维。通过实验，了解显微镜法观察常用纤维的纵面、横截面形态，掌握显微镜的使用方法。

二、基本知识

纺织纤维按其来源分为天然纤维和化学纤维两大类。天然纤维主要有棉、麻（苎麻、亚麻、黄麻）等植物纤维和毛、丝（桑蚕丝、柞蚕丝、蓖麻蚕丝）等动物纤维，以及矿物纤维。化学纤维可根据所需高分子化合物来源的不同而分为再生纤维和合成纤维，再生纤维是由天然高分子化合物经化学加工制得，合成纤维是把简单的化学物质以有机合成的方法制成的高分子化合物，然后经纺丝加工而制得。在这两类化学纤维中，又可按其构成纤维的高分子化合物化学组成不同而分为若干不同品种。再生纤维可分为再生纤维素纤维（黏胶纤维、铜氨纤维）、纤维素酯纤维（二醋酯纤维、三醋酯纤维）、人造蛋白质纤维（酪素纤维、玉米蛋白纤维）等。合成纤维可分为聚酯纤维（涤纶）、聚酰胺纤维（锦纶6、锦纶66）、聚丙烯腈系纤维（腈纶、腈氯纶）、聚乙烯醇缩醛纤维（维纶）、聚烯烃纤维（丙纶、乙纶）、含氯纤维（氯纶、过氯纶、偏氯纶）和其他合成纤维（聚四氟乙烯纤维、聚氨酯纤维、聚酰亚胺纤维）等。

在纺织生产管理和产品分析中，常常要对各种状态下的纤维材料进行鉴别。由于化学纤维的大量发展，加之混纺和纺织品的花色品种繁多，对纺织材料进行系统鉴别是一项非常重要而复杂的工作。

纺织纤维的鉴别方法一般有燃烧法、显微镜法、溶解法、含氯含氮呈色反应法、熔点法、密度梯度法、红外光谱法及双折射法等。本实验主要用显微镜观察方法进行纤维鉴别，利用显微镜观察未知纤维的纵面和横截面形态，与纤维的标准显微照片或标准资料对照以鉴别未知纤维的类别。

1. 纵面观察

将纤维整理平行后置于载玻片上，加上一滴透明剂（液体石蜡或甘油），盖上盖玻片（注意不要带入气泡），放在100～500倍生物显微镜的载物台上观察其形态，与标准照片或标准资料对比。

2. 横截面观察

用哈氏切片器，将切好的纤维横截面，置于载玻片上，加上一滴透明剂（液体石蜡或甘油），盖上盖玻片（注意不要带入气泡），放在100～500倍生物显微镜的载物台上观察其形态，与标准照片或标准资料对比，或在多孔切片板上小孔内制作横截面样片，供显微观察用。

三、试验仪器和试样

试验仪器为光学显微镜或视频显微镜；试样制备工具包括哈氏切片器或多孔切片板；试样为棉、麻、丝、羊毛、兔毛、黏胶、聚酯纤维（涤纶）等。并需准备单面或双面刀片、载玻片、盖玻片、火棉胶、液体石蜡、镊子、黑绒板等用具。

四、仪器结构

（一）光学显微镜结构

普通光学显微镜的构造可分为机械系统和光学系统两大部分，如图 2-1 所示。

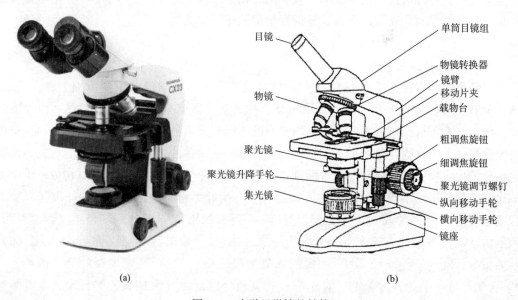

目镜
物镜
聚光镜
聚光镜升降手轮
集光镜

单筒目镜组
物镜转换器
镜臂
移动片夹
载物台
粗调焦旋钮
细调焦旋钮
聚光镜调节螺钉
纵向移动手轮
横向移动手轮
镜座

(a)　　　　　　　　　　(b)

图 2-1　光学显微镜的结构

1. 机械系统

（1）镜座。在显微镜的底部，呈马蹄形、长方形或三角形等。

（2）镜臂。连接镜座和镜筒之间的部分，多呈圆弧形，作为移动显微镜时的握持部分。

（3）镜筒。位于镜臂上端的空心圆筒，是光线的通道。镜筒的上端可插入接目镜，下端与物镜转换器相连接。镜筒的长度一般为 160 mm，有单筒式和双筒式。根据镜筒朝向，显微镜分为直筒式和斜筒式。

（4）物镜转换器。位于镜筒的下方，是一个可以旋转的圆盘，有 3~4 个物镜孔，用于旋入不同放大倍数的物镜。

（5）载物台：是支持被检试样的平台，呈方形或圆形。中央有孔可透过光线，台上有玻片夹持器，并可通过旋钮进行左右前后移动。

（6）调焦旋钮。包括粗调焦旋钮和细调焦旋钮，是调节载物台上下移动的装置。

2. 光学系统

（1）接物镜。简称物镜，是显微镜中最重要的部分，由许多块透镜组成。其作用是将标本上的待检物放大，形成一个倒立的实像。一般显微镜有 3~4 个物镜，根据使用方法的差异可分为干燥系和油浸系两组。干燥系物镜包括低倍物镜（4X～10X）和高倍物镜（40X～45X），使用时，物镜与标本之间的介质是空气；在使用油浸系物镜（90X～100X）时，物镜与标本之间加有一种折射率与玻璃折射率几乎相等的油类物质（香柏油）作为介质。

（2）接目镜。简称目镜，一般由 2～3 块透镜组成。其作用是将由物镜所形成的实像进一步放大，并形成虚像而映入眼帘。一般显微镜的标准目镜是 10X。

（3）聚光镜。位于载物台的下方，由两个或几个透镜组成，其作用是将由光源来的光线聚成一个锥形光。聚光镜可以通过位于载物台下方的聚光镜调节旋钮进行上下调节，以求得合适光度。聚光器还附有光阑，用于调节锥形光柱的角度和大小，以控制进入物镜的光的量。

（4）集光镜。显微镜内置光源，经内部反射镜，通过集光镜进入聚光镜，进行试样照明。

（二）视频显微镜

用摄像头取代目镜，在计算机屏幕上显示试样的显微图像，其放大倍数等于物镜放大倍数和电子目镜放大倍数的乘积。纤维纵面或横截面试样玻片置于显微镜载物台上后，经物镜光学放大成像于摄像头内的感光单元，再经数字采集及图像处理，将图像进一步放大呈现于显示屏上，根据纤维纵面形态特征及横截面形态差异进行纤维识别。

五、试验准备

按照规定取出棉、毛、丝、化学纤维等各种实验样品，从中随机取出纤维试样，参照 GB/T 6529—2008《纺织品　调湿和试验用标准大气》进行预调湿和调湿，使试样达到吸湿平衡，用于显微镜观察试样制作。

（一）纤维纵面试样制作

取试样一小束手扯整理平直，用右手拇指和食指夹取 20～30 根纤维，将夹取端的纤维按在载玻片上，用左手覆上盖玻片，抽去多余的纤维，使附在载玻片上的纤维平直，然后在盖玻片的两对顶角上各滴一滴蒸馏水，使盖玻片黏着于载玻片上并增加视野的清晰度。或用哈氏切片器将纤维束切成长度为 0.2～0.4 mm 的片段分散置于载玻片上，滴少许液体石蜡，用镊子搅拌，使之均匀分布在载玻片上，覆上盖玻片。

（二）纤维横截面试样切片制作

1. 哈氏切片法

用哈氏切片器（图 2-2）可将纤维试样切成薄片。该切片器上有两块金属板，金属板 1 上有凸舌，金属板 2 上有凹槽，两块金属板啮合后在凹槽和凸舌之间留有一定大小的空隙，纤维试样就夹填在这个空隙中。空隙的正上方有与空隙大小相一致的小推杆，转动精密螺丝 3，用螺杆控制推杆将纤维从金属板的另一面推出，推出距离大小（即切片厚度）可由精密螺丝控制。哈氏切片器的使用方法如下。

（1）取哈氏切片器，松开紧固螺丝 4，取下定位销 5，将螺座 2 转出到有凹槽的金属板 6 外，抽出有凸舌的金属板 1。

（2）随机取一束纤维用手扯法整理平直，把一定量的纤维放入金属板 6 的凹槽中，将

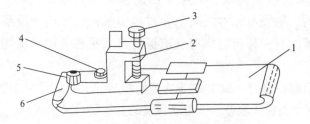

图2-2 哈氏切片器结构示意图

1—有凸舌的金属板 2—螺座 3—刻度螺丝 4—紧固螺丝 5—定位销 6—有凹槽的金属板

金属板1插入，压紧纤维，纤维数量以轻拉纤维束时稍有移动为宜。对某些细而柔软的纤维或容易变形的纤维，可在纤维束中加入少量3%的火棉胶，或在纤维束外围包一层羊毛纤维，以便切取较好图像的切片。

（3）用锋利刀片切去露在金属板正反两面外的纤维。

（4）将螺座2转回工作位置，定位销5定位，紧固螺丝4（此时刻度螺丝3的下端推杆应对准纤维束上方）。

（5）顺时针旋转刻度螺丝3，使纤维束稍伸出金属板表面，然后，在露出的纤维上涂一薄层火棉胶。

（6）待火棉胶干燥后，用锋利刀片沿金属板表面切下试样，第一片厚度较难控制，一般舍去不用。然后由刻度螺丝3控制切片厚度，重复进行数次切片，从中选择符合要求者作为正式试样。注意：切片厚度用刻度螺丝控制，转动一小格约为10 μm，通常转动1~1.5小格为宜；切片时，锋利刀片和金属板间的夹角要小，并保持角度不变，使切片厚薄均匀。

（7）把试样切片放在滴有液体石蜡的载玻片上，盖上盖玻片，供显微镜观察用。

制作切片时，羊毛纤维较易切取，棉和部分合成纤维切片较为困难。因此，可把难切的试样包在羊毛纤维中央进行切片，有助得到改善的切片效果。一般厚度为10~30 μm，能适应各种纤维和纱线试验研究工作的需要，该方法由于在切片制作中，纤维受到较大挤压，容易变形而使结果受到影响。但该方法简便快速，所以被广泛采用。

2. 多孔切片板法

将纤维整理成一束，该束纤维一端捻成针状，穿过多孔切片板（图2-3）上的小孔，接至松紧合适，然后用刀片把小孔正反面外的束纤维切平整即可。根据试验要求，可在切片板上多个孔内制作横截面试样，然后把切片板放置在显微镜下对纤维的横截面进行观察与测量。

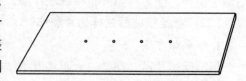

图2-3 多孔切片板结构示意图

六、试验操作步骤

（1）认识显微镜各主要部件结构，检查其状态是否正常，包括粗调和微调装置、物镜和目镜以及试样移动装置、聚光器和光阑等。

（2）装上低倍物镜并将其转至镜筒中心线上，将聚光器升至最高位置，从计算机屏幕上观察显微图像（或通过目镜观察），调节光源和光阑，使整个视野亮度适中且均匀。

（3）将制作好的试样玻片（或多孔切片板）放在显微镜载物台上，转动载物台横向移动手轮和纵向移动手轮，使试样移到物镜中心。

（4）旋转粗调焦旋钮将载物台升起，从侧面注视，小心调节使物镜接近试样玻片（或多孔切片板），然后从目镜或从计算机屏幕上观察，慢慢降载物台，使试样出现在视野中的试样图像初步聚焦，再使用细调焦旋钮调节图像进一步清晰。调焦时只允许降载物台，以免误操作而损坏镜头。

（5）制作不同纤维的试样载玻片，逐个从目镜或从计算机屏幕上观察纤维纵面或横截面形态，根据纤维的横截面及纵面形态特征（表2-1和表2-2），判别未知纤维试样的类别。

七、常用纤维横截面及纵面形态特征

常用纤维的横截面、纵面形态特征见表2-1和表2-2。

表2-1 常用纤维的横截面、纵面形态特征表

纤维名称	横截面形态	纵面形态
棉	有中腔，呈不规则的腰圆形	扁平带状，稍有天然转曲
丝光棉	有中腔，近似圆形或不规则腰圆形	近似圆柱状，有光泽和缝隙
苎麻	腰圆形，有中腔	纤维较粗，有长形条纹及竹状横节
亚麻	多边形，有中腔	纤维较细，有竹状横节
大麻	多边形、扁圆形、腰圆形等，有中腔	纤维直径及形态差异很大，横节不明显
罗布麻	多边形、腰圆形等	有光泽，横节不明显
黄麻	多边形，有中腔	有长形条纹，横节不明显
竹纤维	腰圆型，有空腔	纤维粗细不匀，有长形条纹及竹状横节
桑蚕丝	三角形或多边形，角是圆的	有光泽，纤维直径及形态有差异
柞蚕丝	细长三角形	扁平带状，有微细条纹
羊毛	圆形或近似圆形（或椭圆形）	表面粗糙，有鳞片
白羊绒	圆形或近似圆形	表面光滑，鳞片较薄且包覆较完整，鳞片间距较大
紫羊绒	圆形或近似圆形，有色斑	除具有白羊绒形态特征外，有色斑
兔毛	圆形、近似圆形或不规则四边形，有髓腔	鳞片较小，与纤维纵向呈倾斜状，髓腔有单列、双列、多列
羊驼毛	圆形或近似圆形，有髓腔	鳞片有光泽，有的有通体或间断髓腔
马海毛	圆形或近似圆形，有的有髓腔	鳞片较大有光泽，直径较粗，有的有斑痕
驼绒	圆形或近似圆形，有色斑	鳞片与纤维纵向呈倾斜状，有色斑
牦毛绒	椭圆形或近似圆形，有色斑	表面光滑，鳞片较薄，有条状褐色色斑
黏胶纤维（黏纤）	锯齿形	表面平滑，有清晰条纹
莫代尔纤维	哑铃形	表面平滑，有沟槽
莱赛尔纤维	圆形或近似圆形	表面平滑，有光泽
铜氨纤维	圆形或近似圆形	表面平滑，有光泽

续表

纤维名称	横截面形态	纵面形态
醋酯纤维（醋纤）	三叶形或不规则锯齿形	表面光滑，有沟槽
牛奶蛋白改性聚丙烯腈纤维	圆形	表面光滑，有沟槽和/或微细条纹
大豆蛋白纤维	腰子形（或哑铃形）	扁平带状，有沟槽和疤痕
聚乳酸纤维	圆形或近似圆形	表面平滑，有的有小黑点
聚酯纤维（涤纶）	圆形或近似圆形及各种异形截面	表面平滑，有的有小黑点
聚丙烯腈纤维（腈纶）	圆形、哑铃状或叶状	表面光滑，有沟槽和（或）条纹
改性聚丙烯腈纤维	不规则哑铃形、蚕茧形、土豆形等	表面有条纹
聚酰胺纤维（锦纶）	圆形或近似圆形及各种异形截面	表面光滑，有小黑点
聚乙烯醇纤维（维纶）	腰子形（或哑铃形）	扁平带状，有沟槽
聚氯乙烯纤维（氯纶）	圆形、蚕茧形	表面平滑
聚偏氯乙烯纤维（偏氯纶）	圆形或近似圆形及各种异形截面	表面平滑
聚氨酯纤维（氨纶）	圆形或近似圆形	表面平滑，有些呈骨形条纹
芳香族聚酰胺纤维（芳纶1414）	圆形或近似圆形	表面平滑，有的带有疤痕
聚乙烯纤维（乙纶）	圆形或近似圆形	表面平滑，有的带有疤痕
聚丙烯纤维（丙纶）	圆形或近似圆形	表面平滑，有的带有疤痕
聚四氟乙烯纤维	长方形	表面平滑
碳纤维	不规则的碳末状	黑而匀的长杆状
金属纤维	不规则的长方形或圆形	边线不直，黑色长杆状
石棉	不均匀的灰黑糊状	粗细不匀
玻璃纤维	透明圆珠形	表面平滑、透明
酚醛纤维	马蹄形	表面有条纹，类似中腔
聚砜酰胺纤维	似土豆形	表面似树叶状

常用纤维横截面和纵面形态的显微照片见表2-2。

表2-2　常用纤维横截面和纵面形态的显微照片

纤维品种	横截面形态纤维照片	纵面形态纤维照片
棉		

续表

纤维品种	横截面形态纤维照片	纵面形态纤维照片
黄麻		
亚麻		
苎麻		
桑蚕丝		

续表

纤维品种	横截面形态纤维照片	纵面形态纤维照片
柞蚕丝		
羊毛		
牦牛绒		
羊驼毛		

续表

纤维品种	横截面形态纤维照片	纵面形态纤维照片
驼绒		
兔毛		
黏胶纤维		
高湿模量黏胶纤维		

续表

纤维品种	横截面形态纤维照片	纵面形态纤维照片
白羊绒		
大豆蛋白纤维		
聚乳酸纤维		
牛奶蛋白改性聚丙烯腈纤维		

续表

纤维品种	横截面形态纤维照片	纵面形态纤维照片
莫代尔纤维		
莱赛尔纤维		
竹纤维		
三醋酯纤维		

纤维品种	横截面形态纤维照片	纵面形态纤维照片
醋酯纤维		
聚酰胺纤维		
聚酯纤维		
聚丙烯腈纤维		

纤维品种	横截面形态纤维照片	纵面形态纤维照片
聚氯乙烯纤维		
聚乙烯醇纤维		

思考题

1. 简述棉、麻、丝、毛等纤维的横截面及纵面形态特征。
2. 简述纤维横截面及纵面试样切片的制作方法。
3. 简述显微镜使用方法。

第二节　棉纤维成熟系数测试

一、实验目的

采用中腔胞壁对比法进行棉纤维成熟系数测定，根据不同成熟度的棉纤维形态特征，确定棉纤维成熟系数。应用棉纤维偏光成熟度仪，根据棉纤维的双折射性能，求得棉纤维的成熟系数、成熟度比、成熟纤维百分率。

二、基本知识

棉纤维成熟度是指纤维胞壁的加厚程度。棉纤维在生长过程中，先是长度增加，然后胞壁加厚。在胞壁加厚期间，长度一般不再增加，而是纤维素沿胞壁沉积加厚。棉纤维胞壁加厚的程度，受生长条件影响而有很大差异。棉纤维中纤维素越充满，胞壁越厚，成熟度越好。

棉纤维的长度与直径（或周长），取决于棉纤维的品种，当品种一定时，成熟度好的纤维，线密度高。线密度与成熟度是互相关联的。不同品种，纤维的外径不同时，纤维线密度的差异就不能反映其成熟度的差异，因为纤维线密度与纤维外径和成熟度两个因素有关。

棉纤维生长过程中，纤维素大分子在胞壁中由外向内沉积，而内外层纤维素沉积的螺旋角不同。一般外层螺旋角大，内层螺旋角小，随着胞壁厚度的增加，整根纤维的平均螺旋角降低，大分子取向度增加。另外，随着生长天数增加，纤维大分子聚合度和截面积加大。上述这些因素使纤维强力随成熟度增加而增加。

从纤维外观形态来看，纤维在干涸后，其截面发生不均匀收缩，形成棉纤维的天然转曲。成熟度低的纤维呈扁平带状，转曲极少。随着生长天数增加，成熟度逐渐提高，天然转曲也逐渐增多。当纤维生长到接近成熟时，天然转曲最多；若继续生长，纤维成熟度过高，胞壁沉积过厚，纤维外形呈棒状，转曲数反而下降。因此，适当成熟和转曲数大的纤维，可以增加纱条中纤维间抱合力，提高纱条的强力。

棉纤维的光泽，与纤维断面形状、内部结构和表面状况有关。正常成熟的棉纤维，精亮而有丝光；成熟度差的棉纤维，光泽暗淡。因此，可以用目测棉样光泽来判断棉纤维的成熟度。棉纤维的成熟度对纤维其他性能，如纤维的吸湿性、刚度、弹性、双折射率以及纤维的染色性能等均有影响。一般来说，随着棉纤维成熟度提高，纤维平衡回潮率降低，吸色性能和染色均匀度提高，弹性好，抗弯刚度大。成熟度差的纤维，弹性差，抗弯刚度小，容易纠缠成团，形成棉结。所以，未成熟纤维含量百分率的大小，对纺织厂成纱质量的影响很大。

综上所述，棉纤维的成熟度是棉纤维内在质量的一项综合性指标，棉纤维的其他各项性能几乎都与成熟度有着密切的关系，如纤维的细度、强伸度、天然转曲、含杂疵点、色泽、吸湿性能、染色性能、弹性和刚度等。

成熟度是棉纤维最重要的性能指标之一，其表征指标很多，各个国家采用的成熟度测定方法不同，所使用的成熟度指标也不同。目前，国内外用得比较多的成熟度指标有以下几种。

1. 壁径比

对直径不一样的棉纤维而言，即使纤维的壁厚相同，其胞壁填充度即成熟度是不同的。因此，可以用纤维双层壁厚与纤维外径的比值，即壁径比 m 表示纤维成熟度：

$$m = \frac{2t}{D} \tag{2-1}$$

式中：$2t$ 为纤维双层壁厚（μm）；D 为纤维外径（μm）。

实际上，棉纤维干涸后，其断面呈不规则的腰圆形，很难测量其外径。通常是按其横截面的周长 C，将纤维恢复成一个圆形，如图 2-4 所示。圆的外径 D 即为纤维的理论外径，t 为纤维的壁厚，d 为理论中腔直径。它们之间有如下关系：

$$D = \frac{C}{\pi} \tag{2-2}$$

式中：D 为纤维的理论外径（μm）；C 为纤维周长（μm）。

胞壁厚度：

$$t = \frac{D - d}{2} \qquad (2-3)$$

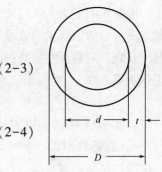

胞壁环面积：

$$S' = \frac{\pi}{4}(D^2 - d^2) \qquad (2-4)$$

对标准正常成熟纤维而言，其壁径比 $m = 0.35$。

图2-4 棉纤维的理论胞环

2. 胞壁增厚比

胞壁增厚比 θ 为胞壁环的面积与理论外径的圆面积之比。

$$\theta = \frac{S'}{S} \qquad (2-5)$$

式中：S' 为胞壁环面积（μm²）；S 为理论外径的圆面积（μm²）。

3. 成熟度比

以胞壁增厚比 $\theta = 0.577$ 时的纤维成熟度作为标准成熟度，计算实际成熟度与标准成熟度之比。

$$M = \frac{\theta}{0.577} \qquad (2-6)$$

式中：M 为成熟度比；θ 为胞壁增厚比。

由式（2-1）~式（2-6）可得 m、θ 与 M 之间的关系：

$$\theta = \frac{\dfrac{\pi}{4}D^2 - \dfrac{\pi}{4}(D - 2t)^2}{\dfrac{\pi}{4}D^2} = \frac{D^2 - (D^2 - 2t)^2}{D^2}$$

$$= 2\left(\frac{2t}{D}\right) - \left(\frac{2t}{D}\right)^2 = 2m - m^2 \qquad (2-7)$$

$$M = \frac{\theta}{0.577} = \frac{2m - m^2}{0.577} \qquad (2-8)$$

4. 成熟系数

成熟系数 K 的定义为：

$$K = \frac{20\left(\dfrac{2t}{D}\right) - 1}{3} = \frac{20m - 1}{3} \qquad (2-9)$$

当壁径比 $m = 0.35$ 时，即在标准成熟度情况下：

$$K = \frac{(20 \times 0.35) - 1}{3} = 2 \qquad (2-10)$$

$$M = \frac{2 \times 0.35 - (0.35)^2}{0.577} = 1 \qquad (2-11)$$

测量棉纤维成熟度的方法有很多，目前采用的方法主要为中腔胞壁对比法、氢氧化钠膨胀法、偏振光测定法、气流法、染色法等。中腔胞壁对比法测定棉纤维成熟系数是最基本的测试方法，包括氢氧化钠处理和不经过处理两种方式，它的优点是可以逐根观察并计算成熟系数，直观、可靠且实验数据准确；但其缺点在于逐根观察，费时费力，目光上需要统一，且工作效率不高。

三、实验 A 中腔胞壁对比法

（一）仪器和用具

仪器和用具：显微镜、目镜测微尺（或显微图像上带有刻度的图像采集装置）。附件：挑针、镊子、50 mm 纤维尺、一号夹子、稀梳（10 针/cm）、密梳（20 针/cm）、黑绒板、载玻片和盖玻片、胶水、培养皿。

（二）测试原理

成熟度好的棉纤维，胞壁厚而中腔宽度小；成熟度差的棉纤维，胞壁薄而中腔宽度大。因此，可根据棉纤维中腔宽度与胞壁厚度的比值来测定棉纤维的成熟系数。

成熟系数是以双层胞壁厚度与纤维外径的比值为基础而定的。为了表达不同壁径比（$2t/D$）与棉纤维成熟度的关系，苏联有关专业人员设计了 0.00～5.00 一系列数值，称为成熟系数 K，并将不同的 $2t/D$ 比值与其对应，例如，设 $2t/D$ 为 0.05 的不成熟纤维，其 K 为 0.00；设 $2t/D$ 为 0.35 的一般成熟纤维，其 K 为 2.00；设 $2t/D$ 为 0.80 的过成熟纤维，其 K 为 5.00。

实际上，棉纤维在棉铃裂开以后，因纤维干涸而瘪缩变形，所以，测量是极不方便的。因此，实际测定中常采用显微镜观察到的纤维中腔宽度 e 与胞壁厚度 δ 之比，即腔壁比（e/δ），确定棉纤维成熟系数，如图 2-5 所示。成熟系数 K 和纤维腔壁比 e/δ 的关系见表 2-3。根据显微镜下观察的棉纤维的腔壁比 e/δ，查表 2-3 可得相应的成熟系数。在实际观察中，还可结合棉纤维的外观形态来确定棉纤维的成熟系数，如图 2-6 所示。

图 2-5　棉纤维中腔、胞壁示意图

试验时，手扯试样整理成一端平齐的棉束，梳去一定长度以下的短纤维后，均匀地排在载玻片上，用挑针将纤维整理平直，盖上盖玻片，用显微镜沿载玻片中部逐根观察。成熟度不同的棉纤维，其中腔宽度、胞壁厚度及形态各不相同。胞壁为经光学显微镜侧向观测棉纤维转曲展平段的壁厚。中腔为经光学显微镜侧向观测棉纤维转曲展平段壁间的剩余空腔宽度。

采用中腔胞壁对比法测试棉纤维成熟系数的方法如下。

（1）用显微镜沿载玻片中部逐根观察。可在载玻片上的纤维中部垂直纤维方向划两条间隔 2 mm 的蓝线，在蓝线范围内进行观察，一般观察一个视野来确定每根纤维的成熟系数。

（2）测量中腔胞壁时，应在纤维转曲中部宽度最宽处测定。若两壁厚薄不同，取其平均数。没有转曲的纤维也应在观察范围内最宽处测定。

（3）对形态特殊的纤维，可在两条蓝线范围内调节移动尺，扩大观察范围，或进一步

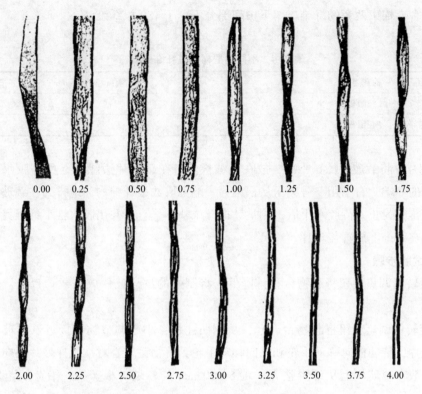

图 2-6　棉纤维不同成熟度的纤维形态

测量几个转曲的中腔胞壁比值来确定。

（4）根据表 2-3 的中腔胞壁比值确定纤维成熟系数，也可参照图 2-6 所示的纤维形态来确定。

表 2-3　中腔胞壁比值与成熟系数对照表

成熟系数	0.00	0.25	0.50	0.75	1.00	1.25	1.50	1.75	2.00
中腔胞壁比值	30~22	21~13	12~9	8~6	5	4	3	2.5	2
成熟系数	2.25	2.50	2.75	3.00	3.25	3.50	3.75	4.00	5.00
中腔胞壁比值	1.5	1	0.75	0.5	0.33	0.2	0	不可察觉	

（三）试验准备

1. 试验大气条件

试验可在一般大气条件下进行。

2. 试样制备

（1）整理棉束。按照 GB/T 6097—2012《棉纤维试验取样方法》的规定，从试验棉条中取出 4~6 mg 试验样品。用手扯法将其整理成一端整齐的小棉束。用手捏住小棉束整齐的一端，先用稀梳后用密梳梳去游离纤维。按表 2-4 规定的短纤维界限，用一号夹子夹住棉束的相应位置，先用稀梳后用密梳梳理棉束整齐的一端，梳去短纤维，然后用手指捏住梳理后的棉束，舍弃棉束两旁的纤维，留下中间部分不少于 180 根纤维。

表 2-4 不同类型棉花短纤维界限

棉花类型	短纤维界限/mm
细绒棉	16
长绒棉	20

（2）制片。将载玻片擦拭干净，放在黑绒板上，在载玻片边缘粘上些许胶水，左手捏住棉束整齐的一端，右手用一号夹子从棉束另一端夹取数根纤维均匀地排列在载玻片上，连续排列直至排完为止。待胶水干后，用挑针把纤维整理平直，并用胶水粘牢纤维另一端，然后，轻轻地在纤维上放置盖玻片。

（四）试验步骤

（1）旋转粗调焦旋钮将载物台稍许降低，将制好的试样玻片放在载物台上，用玻片夹持器夹住。

（2）旋转粗调焦旋钮将载物台升起，从侧面注视，小心调节物镜接近试样玻片，注意不触及盖玻片，转动横向移动手轮和纵向移动手轮，使物镜中心对准试样玻片横向中部。在制片时，一般在载玻片上从纤维整齐一端 8~10 mm 处各划一根蓝线，沿蓝线范围内进行观察。

（3）观察屏幕上实时显微图像，用粗调焦旋钮慢慢降载物台，见到纤维时立刻停止，再调节细调焦旋钮，使试样成像清晰。调焦时只应降载物台，以免一时的误操作而损坏镜头。

（4）转动横向移动手轮，使试样自右向左移动，逐根观察。观察时，应在天然转曲中部纤维宽度最宽处测定，没有天然转曲的纤维也须在观察范围内最宽处测定，形态特殊的纤维可在蓝线范围内来回移动以扩大视野范围。根据表 2-3 的中腔胞壁比值确定纤维成熟系数，也可参照如图 2-6 所示的纤维形态确定。一般观察一个视野决定纤维成熟系数。

（5）对所观测的试验试样，分组逐根记录。

（6）每根试验棉条测试两个试验试样，每个试验试样观测应不低于 180 根纤维。两个实验试样的试验结果的差值应符合规定的精密度要求。

（五）试验结果

1. 平均成熟系数

平均成熟系数按式（2-12）计算，结果修约至两位小数。

$$M = \frac{\sum M_i n_i}{\sum n_i} \tag{2-12}$$

式中：M 为平均成熟系数；M_i 为第 i 组纤维的成熟系数；n_i 为第 i 组纤维的根数。

2. 成熟系数的标准差和变异系数

根据需要可分别按式（2-13）和式（2-14）计算成熟系数的标准差和变异系数。

$$S = \sqrt{\frac{\sum n_i \, (M_i - M)^2}{\sum n_i}} \tag{2-13}$$

$$CV = \frac{S}{M} \times 100 \tag{2-14}$$

式中：S 为成熟系数标准差；CV 为成熟系数变异系数（%）。

（六）注意事项

（1）制片时，应使每根纤维平行、伸直，不应有起浮或歪斜，以免影响试验结果。

（2）采用光源（天然光源或人工光源）应稳定，不宜过强、过弱或多变，以免纤维形态失真。

（3）显微镜不得接触酸、碱或其他腐蚀性物品和气体，使用后应做好清洁工作。

（4）使用显微镜时，应从低倍物镜开始，依次改为高倍物镜。

四、实验 B 偏光成熟度仪法

（一）仪器和用具

棉纤维偏光成熟度仪如图 2-7 所示。

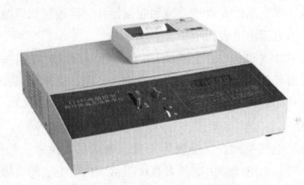

图 2-7　Y147 型棉纤维偏光成熟度仪

还需用试样校正片、灯泡校正片、校正偏振片、中心线校正片。附件：50 mm 纤维尺、稀梳（10 针/cm）、密梳（20 针/cm）、一号夹子、压板、剪刀、限制器绒板、黑绒板、镊子、剪子、载玻片、小夹子。

（二）测试原理

根据棉纤维的双折射性能，应用光电方法测量偏振光透过棉纤维和检偏振片后的光强度，其光强度与棉纤维的成熟系数、成熟度比、成熟纤维百分率均呈正相关。因而通过一定数学模型转化可求得棉纤维的成熟系数、成熟度比、成熟纤维百分率。

常用的 Y147 型棉纤维偏光成熟度仪分为普通型、计算机型、计算机 II 型等。普通型偏光仪由光源部分、光学系统和光电部分组成，其他型号偏光仪的结构与其大致相同。

1. 光源部分

光源发出的光通过透镜，以取得较好的平行光线。光源位置要求能上下、左右、前后调节。

2. 光学系统

光学系统如图 2-8 所示，主要是偏振片组。偏振片装配在可转动的圆盘内，借以调整其轴向。起偏振片的光轴和检偏振片的光轴安装成正交位置，并与棉纤维的几何轴向平行。

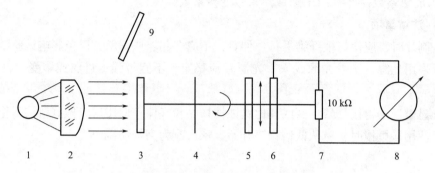

图 2-8　Y147 型棉纤维偏光成熟度仪光路、电路图

1—灯泡　2—非球面集光镜　3—起偏振片　4—纤维试样　5—检偏振片
6—硒光电池　7—电位器　8—电流表　9—中性滤光镜

仪器工作时，从光源发出的光通过透镜和起偏振片，再通过棉纤维和检偏振片到达光电池上。光电池所产生的电流由电表指示。

仪器中还装有衰减片（也称中性滤光镜），它与起偏振片装在同一可移动的骨架上。它的主要作用是：当拔出起偏振片时，衰减片就被推入光路，这样可以在非偏振光下测试载玻片上棉纤维的数量，从而修正由于纤维数量而产生的影响。

3. 光电测量部分

硒光电池是一种光电转换元件，基极为正极，金属层为负极。根据检偏振片的入射光强，硒光电池产生不同的光电流，由电流表直接指示。由于电表的灵敏度高，所以不需要电路放大系统，这样不仅结构简单，还可提高仪器的稳定性和工作效率。

各种型号偏光仪的测试原理基本相同，但其测试结果有所差异。

（1）Y147 型棉纤维偏光成熟度仪（普通型）。由电表指示试样的纤维数量和透过检偏振片后的偏光强度，并用专用计算尺求得试样的成熟系数。专用计算尺用法：将计算尺的中央箭头对准下行纤维数量调整的数值上，在中行查出偏光读数，偏光读数对准的上行刻度即为成熟系数。

（2）Y147 型棉纤维偏光成熟度仪（计算机型）。由数码管显示试样的纤维数量和透过检偏振片后的偏光强度，再由计算机进行数据处理后显示棉纤维的成熟系数、成熟度比、成熟纤维百分率。

（3）Y147 型棉纤维偏光成熟度仪（计算机Ⅱ型）。用数码管显示试样的纤维数量和透过检偏振片后的偏光强度，再由计算机进行数据处理显示并打印出棉纤维的成熟系数、成熟度比、成熟纤维百分率，以及同一试样几次试验结果的标准差和变异系数等数据。

（三）试验准备

按照规定取样制作试验棉条或随机取 32 小束，组成质量约 25 mg 的棉样，用手扯法整理棉束。从制备好的试验棉条或棉束中取样排片的方法有以下两种，可任选一种。

1. 直角拔平法

（1）取样。将试验棉条平放在工作台上，用手轻压试验棉条，用一号夹子将试验棉条一端扯齐，夹取一薄层纤维丛，纤维丛宽为25~32 mm。

（2）整理纤维丛。采用先稀梳后密梳的方法，梳去纤维丛中的游离纤维，用一号夹子夹持在离纤维丛整齐一端（细绒棉16 mm、长绒棉20 mm）处，梳去16 mm或20 mm及以下的短纤维。

（3）制片。将整理的纤维丛放在距载玻片纵向一端5 mm位置上，要求纤维平直均匀，纤维几何轴与载玻片长度方向垂直，盖上载玻片，用小夹子夹紧，剪去露在载玻片两侧的纤维。

2. 纵向取样或手扯取样法

（1）整理棉束。将纵向取样或手扯取样的试验试样进行手扯整理使纤维平直，一端整齐。手捏棉束整齐一端，先用稀梳后用密梳梳理另一端，梳去游离纤维并使纤维伸直，用一号夹子在离棉束整齐一端16 mm或20 mm处梳去短纤维，将棉束分成五个小棉束（两个备用）。

（2）制片。手捏小棉束整齐一端，用一号夹子从小棉束尖端分层夹取置于限制器绒板上，叠成长纤维在下、短纤维在上的平直、均匀、一端整齐、宽25~32 mm的纤维束，用压板压平。再用一号夹子从整齐一端将纤维束夹紧取下，如有游离纤维用梳子梳去。将平直均匀的纤维束放在距离载玻片纵向一端5 mm位置上（纤维几何轴应与载玻片长度方向垂直），盖上载玻片，用小夹子夹紧，剪去露在载玻片两侧的纤维。

试验可在一般大气条件下进行。

（四）试验步骤

1. 校准

首先检查电表的机械零点是否准确，如有偏离，用螺丝刀调整电表的调零螺丝，使电表的指针指在"0"上。开启电源，预热30 min，使仪器达到稳定状态。

2. 仪器调整

将夹有空白载玻片的试样夹子插入试样插口中，将衰减片推入光路，调节旋钮使电表指针指示或显示为100 μA。

（1）检查起、检偏振片正交后的透光度。将起偏振片推入光路，此时电表指针指示或显示应小于8 μA。

（2）试样校正片校正。用仪器上附带的试样校正片（三片）校验仪器，校验结果与标定值误差不超过±0.03。若超过此允许误差，应调整衰减片或灯丝角度。

3. 测定试验试样的纤维数量

将夹有试验试样的夹子插入试样插口中，此时电表指针指示或显示该试样的纤维数量，记录测试结果。示值应在55~65 μA范围内，否则重新制片。

4. 测定试验试样的偏光强度

将起偏振片推入光路，此时电表指针指示或显示出偏振光透过试样和检偏振片的偏光强度，记录测试结果。

5. 测试

每份样品制备三片试样，每片试样各测试一次。根据测得的试样的纤维数量和偏光强度，用专用计算尺计算或直接由数码管显示被测试样的成熟系数、成熟度比、成熟纤维百分率等项指标。三片试样试验结果的差值应符合精密度的规定。

（五）试验结果

以三个试验试样测试值的算术平均值作为该样品的试验结果。试验结果数值修约：平均成熟系数修约至两位小数，平均成熟度比修约至三位小数，平均成熟纤维百分率修约至一位小数。

思 考 题

1. 简述采用中腔胞壁对比法测定棉纤维成熟系数的原理。
2. 简述通过棉纤维偏光成熟度仪测定棉纤维成熟系数的原理。
3. 简述棉纤维成熟度与其他各项性能之间的关系。

第三节　纤维细度测试

一、实验目的

采用中段切断称重法进行纤维线密度测定，从伸直的纤维束上切取一定长度的纤维束中段，测量该中段纤维束的质量和根数，计算线密度的平均值。应用振动式细度仪，测定单根纤维线密度，了解谐振时纤维固有振动频率与线密度的关系。通过投影仪进行羊毛纤维直径测定，掌握实验操作方法。

二、基本知识

纤维细度是影响纱线性质最重要的因素之一。纱线的抗扭刚度与纤维的细度、扭转模量及密度有关，其中以细度的影响为最大。细纤维在纱线加捻时具有较低的抗扭阻力，纱线内由于加捻而产生的内应力小，捻度易于稳定，这对某些用途的纱线如缝纫线是重要的。此外，细纤维的比表面积大，纱线中的纤维相互接触的面积大，纤维相互滑移时的摩擦阻力大。使用较细的纤维纺纱，在其他条件不变时，纱线所需捻度小，可提高纺纱生产效率。纤维细度对纱条均匀度具有重要影响。纱条线密度一定时，横截面内纤维根数与纤维线密度成反比，纤维越细，纱条截面内纤维根数越多。由纤维随机分布所造成的纱条不匀率，与横截面内纤维根数的平方根成反比。也就是说，纱条线密度一定时，纤维越细，纺制的纱线越均匀；而纱线均匀度又影响纱线强力、织物外观，以及纺纱织造过程中纱线的断头率。

纺织品的弯曲刚性、悬垂性、手感、光泽、染色等性能受纤维线密度的影响很大。织物的抗弯刚度与纤维模量、横截面形状、密度和线密度有关，其中以纤维线密度的影响最大。细的纤维易于弯曲，手感柔软，弯曲后易于回复，织物抗折皱性能也好。织物的光泽也受纤维线密度的影响，纤维线密度决定织物单位面积的单个反射表面的数目，如细纤维纺制的织物表面带有柔和的光泽。纺织品的染色速率与纤维线密度有关，纤维越细，染料吸收效果越好。

　　总之，纤维线密度对成纱及织物性能的影响十分显著，在制造化纤的过程中须加以控制。

　　国际标准化委员会于1960年推荐以特克斯（tex）为通用的线密度标准单位，已得到许多国家赞同，我国也采用这一标准。

　　线密度是指纤维在公定回潮率下，1 000 m长度试样所具有的质量克数：

$$Tt = \frac{m}{\dfrac{L}{1\,000}} = \frac{m}{L} \times 1\,000 (\text{tex}) \tag{2-15}$$

式中：Tt 为以 tex 为单位的线密度；m 为试样质量（g）；L 为试样长度（m）。

　　由于特克斯作为纤维线密度的单位太大，所以，常采用分特克斯（dtex）作为纤维线密度单位，1 tex 等于 10 dtex，即为 10 000 m 长度的试样所具有的质量克数。

　　以前，化学纤维线密度曾采用旦尼尔（旦）为单位，指纤维在公定回潮率下，9 000 m长度试样所具有的质量克数：

$$T_D = \frac{m}{\dfrac{L}{9\,000}} = \frac{m}{L} \times 9\,000 (\text{旦}) \tag{2-16}$$

　　以分特克斯为单位与以旦尼尔为单位的线密度的关系为：

$$T_{dt}(\text{dtex}) = 1.111 T_D(\text{旦}) \tag{2-17}$$

　　棉纤维细度过去采用公制支数（N_m）表示，定义为 1 g 纤维在公定回潮率时所具有的长度米数。

　　以特克斯（tex）、分特克斯（dtex）、旦尼尔（旦）为单位的线密度与公制支数 N_m 之间的关系为：

$$Tt(\text{tex}) \cdot N_m(\text{公支}) = 1\,000 \tag{2-18}$$

$$T_{dt}(\text{dtex}) \cdot N_m(\text{公支}) = 10\,000 \tag{2-19}$$

$$T_D(\text{旦}) \cdot N_m(\text{公支}) = 9\,000 \tag{2-20}$$

　　假设纤维的截面积在其长度方向均匀一致，那么纤维的质量 m 为：

$$m = V \cdot \gamma = S \cdot L \cdot \gamma \cdot 10^{-6} \tag{2-21}$$

式中：V 为纤维体积（cm^3）；γ 为纤维的密度（g/cm^3）；L 为纤维长度（m）；S 为纤维的截面积（μm^2）。

　　根据前述关系可以推得：

$$S = \frac{T_{dt}(\text{dtex})}{\gamma} \times 10^2 \tag{2-22}$$

$$S = \frac{111}{\gamma} T_D(\text{旦}) \tag{2-23}$$

$$S = \frac{10^6}{N_m(\text{公支}) \cdot \gamma} \tag{2-24}$$

式中：S 为纤维的截面积（μm^2）。

对同一种纤维来说，纤维密度为一定值，所以，纤维的截面积与纤维线密度（dtex）或旦尼尔成正比，与公制支数成反比。

当纤维为圆形时，可以由下列各式求出纤维直径 d（μm）与 T_{dt}（dtex）、T_D（旦）和 N_m（公支）之间的关系：

$$d = 11.284\sqrt{\frac{T_{dt}}{\gamma}} \tag{2-25}$$

$$d = 11.888\sqrt{\frac{T_D}{\gamma}} \tag{2-26}$$

$$d = 1128.379\sqrt{\frac{1}{N_m \cdot \gamma}} \tag{2-27}$$

必须指出，不同种类的纤维具有不同的密度值，两种纤维的线密度相等时，纤维截面积或直径并不一定相等，密度值大的纤维，截面积和直径较小。

测量纤维细度的方法，大致有称重法、单根纤维振动法、气流法、光学测量法、声波衰减法等。

三、实验 A 中断切断称重法

（一）试验仪器和用具

（1）显微镜或投影仪。对于棉纤维试样，放大倍数为 150~200 倍。

（2）天平。扭力天平，最小分度值为 0.02 mg；或电子天平，最小分度值为 0.01 mg。

（3）其他用具。切断器（10 mm、20 mm 或 30 mm，允许误差±0.01 mm）、稀梳（10针/cm）、密梳（20针/cm）、绒板（绒板颜色与试验纤维颜色成对比色）、镊子、玻璃片等。

（二）测试原理

在试验用标准大气条件下，从伸直的纤维束上切取一定长度的纤维束，测定该中段纤维束的质量和根数，计算线密度的平均值。线密度用分特克斯（dtex）表示。

（三）试验准备

按 GB/T 6097 制备试验棉条，从中取出一定数量的棉纤维作为试验试样。试验试样质量根据纤维的长短粗细决定，一般为 8~10 mg，以保持中段根数在 1 500~2 000 根。

（四）试验步骤

1. 整理棉束

试验试样先用手扯整理 2~3 遍，使纤维成为比较平直的棉束，然后握住棉束整齐一端，用一号夹子从棉束尖端分层夹取纤维，依次将全部纤维移置于限制器绒板上，并反复移置两次，使纤维平行伸直成一端整齐的棉束，宽为 5~6 mm。

2. 梳理

将上述整理好的棉束，从限制器绒板上夹起，然后用一号夹子夹住棉束整齐一端 5~6 mm 处，先用稀梳后用密梳从棉束尖端开始，逐步靠近夹持线进行梳理，梳去棉束中的游离纤维。然后将棉束移置于另一夹子上，使整齐一端露出夹子外。根据棉花的类别不同，细绒棉梳去露出夹子外的 16 mm 及以下的短纤维，长绒棉梳去露出夹子外的 20 mm 及以下的短纤维。

3. 切断

将切断器夹板抬起，使上下夹板分开，然后将梳理好的棉束平放在切断器上下夹板中间且与切刀垂直。细绒棉棉束，整齐端露出夹板外 5 mm；长绒棉棉束，整齐端露出夹板外 7 mm。棉束平放于下夹板上时，双手握持棉束两端，使纤维平行伸直，所受张力均匀，然后合上夹板，切断全部纤维。

4. 调湿称重

将切断的全部棉纤维试样进行调湿处理。用扭力天平或电子天平称取棉束中段质量，精确至 0.01 mg。

5. 制作观察试样

夹持中段棉束的一端，然后用镊子从另一端每次夹出若干根纤维，依次移置于涂有薄层甘油或水的载玻片上，纤维排列均匀，一端要紧靠载玻片边缘。一块载玻片上可排两行，排完后用另一片载玻片盖上。

6. 计数

将排好纤维的载玻片放在 150 倍~200 倍显微镜或投影仪下计数，记下每片的纤维根数。也可不经过制片，直接目测计算中段棉束的纤维根数。

7. 整理测试结果

每根试验棉条测定两次，取平均值。两次测定结果的差值应符合精密度的规定。

（五）试验结果

线密度计算。

$$T_{mt} = \frac{m}{L \times n} \times 10^6 (\text{mtex}) \tag{2-28}$$

式中：T_{mt} 为棉纤维试样的线密度（mtex）；m 为中段纤维质量（mg）；L 为切断纤维长度（L= 10 mm/根）；n 为纤维数（根）。

四、实验 B 振动法

（一）试验仪器和用具

试验仪器为 XD-1 型振动式细度仪，并需准备专用张力夹、镊子、黑绒板等用具。

（二）仪器结构原理

XD-1 型振动式细度仪是采用弦振动原理测定单根纤维线密度，是普遍采用的化学纤维线密度测量方法。根据振动学理论，已知张力和振动长度，在纤维直径与长度之比很小的条件下，谐振时纤维固有振动频率与线密度的关系为：

$$f = \frac{1}{2l}\sqrt{\frac{T}{\rho}} \text{ 或 } \rho = \frac{T}{4l^2 f^2} \tag{2-29}$$

式中：ρ 为纤维线密度；l 为纤维振弦长度；T 为张力；f 为谐振频率。

在已知纤维振弦长度和张力的情况下，测量谐振时的频率即可计算纤维的线密度。纤维试样 1 被小夹 4 握持，经上刀口 2、下刀口 3，其下端由张力夹 5 施加一定张力 T。纤维振动时遮断发光二极管6与光敏三极管7之间的光路而产生一定的脉冲信号，经放大后送至激振器。激振器直接与上刀口2相连，经正反馈使纤维产生自激振荡（图2-9）。振动频率电信号经放大器放大后输出，送入计算机，通过自动计算由显示器显示纤维线密度及打印输出。

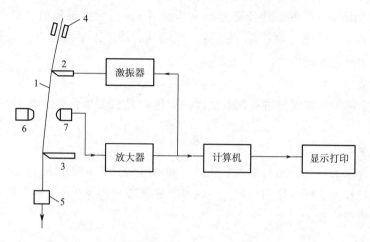

图 2-9　振动式纤维线密度测试装置的工作原理示意图

1—试样　2—上刀口　3—下刀口　4—小夹　5—张力夹　6—发光二极管　7—光敏三极管

细度仪外形如图 2-10 所示。

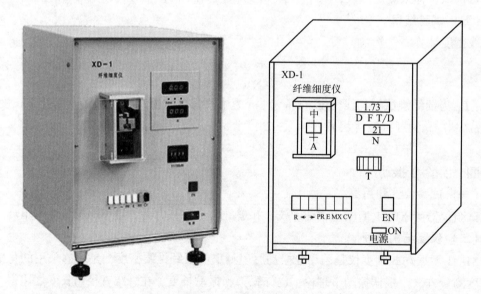

图 2-10　XD-1 型振动式细度仪外形图

1. 细度仪面板各开关功能

（1）电源。接通或关闭电源。

（2）预张力拨盘 T。设置纤维预张力，其数值应与所用张力夹重量一致。

（3）EN。线密度显示数值的确认按钮。

（4）R。复位按钮。

（5）←。移位第 $N-1$ 试样数值按钮。

（6）→。移位第 $N+1$ 试样数值按钮。

（7）PR。打印按钮。

（8）E。线密度 d、频率 f 和比张力 T/D 显示变换按钮。

（9）MX。平均值显示按钮。

（10）CV。变异系数显示按钮。

2. 细度仪的主要技术指标

（1）线密度测量范围为 0.8~40 dtex。

（2）线密度测量误差为 ≤±2%。

（3）振弦长度为 20 mm。

（4）上下刀口间的长度误差为 ≤±0.5%。

（5）预张力夹精度为 ≤±0.5%。

（6）谐振频率测量误差为 ≤±0.5%。

（三）试验准备

1. 试样准备

按 GB/T 14334 规定取出不少于 2 000 根化学纤维的试验样品，分别平铺在和纤维成对比色的绒板上，用镊子从每 10 根纤维取出 1 根用作试验，舍弃其余 9 根，直至取得所需的纤维试验根数。

2. 预加张力

按（0.150±0.015）cN/dtex 确定预加张力。

（四）试验步骤

（1）开机预热 15 min。

（2）设定预张力拨盘 T 读数。根据纤维的名义线密度，选择适当的预张力夹。预张力夹数值一般按试样名义线密度的 0.15 cN/dtex 左右计算进行选择，预张力拨盘设置应与预张力夹数值一致。

（3）用预张力夹夹持纤维的一端，轻轻检出纤维，并用镊子夹持纤维的另一端，夹持点尽可能靠近镊子尖端。

（4）用左手打开有机玻璃门，轻按有机玻璃门使钳口张开，将纤维夹持并自由悬挂靠在上下刀口之间，不与检测槽两侧扣碰。

（5）待纤维起振，显示稳定后，检查比张力 T/D 读数是否在（0.10~0.20）cN/dtex，如果不符合应更换张力夹。在达到要求后按"EN"按钮，数据即存入计算机内。

（6）逐根测试纤维直到测完规定根数。

（7）按"MX"按钮或"CV"按钮，将分别显示线密度的平均值和变异系数。第二次再按该按钮时，显示将恢复单根测试状态。

（8）按"PR"按钮，可打印各根纤维的测试结果。

（9）异常值检查及剔除。主要分以下两种情况。

①测试过程中：按"EN"按钮后，该根纤维的数据即输入计算机内，试验根数 N 显示

数自动加1。如果该根结果异常，按"←"按钮，将显示根数退至前一根。继续进行试验时，按"EN"按钮后，原来的异常数据被剔除，自动被新的测试数据所替代。

②测试完毕后：按"PR"按钮打印各根纤维的线密度，如发现某一根纤维的测试结果异常，则按"←"按钮，将显示根数退至该根的上一根，从该样品中重取一根纤维进行测试，异常结果即剔除。

如果要依次检查观看 $N-1$ 个试样各线密度数值，可通过"E"按钮使显示处于比张力 T/D 位置，再按"CV"按钮，即可显示 $N-1$ 试样的线密度值。该试验步骤完成后，按"CV"按钮即可恢复显示比张力 T/D 数据。

按"→"按钮使显示根数 N 回到实际测试总根数，再按"PR"按钮即可打印最终测试结果。

数据修改后，不要取下纤维试样，先按"→"按钮至最终 N 根，然后取下纤维试样。

（五）试验结果

1. 平均线密度

平均线密度按式（2-30）计算。

$$T_{dt} = \frac{\sum_{i=1}^{n} T_{dti}}{n} \tag{2-30}$$

式中：T_{dt} 为平均线密度（dtex）；T_{dti} 为第 i 根纤维线密度（dtex）；n 为平行试验次数。

2. 线密度变异系数

$$CV = \frac{\sqrt{\dfrac{\sum_{i=1}^{n}(T_{dti} - T_{dt})^2}{n-1}}}{T_{dt}} \times 100 \tag{2-31}$$

式中：CV 为线密度变异系数（%）。

3. 线密度偏差率

线密度偏差率按式（2-32）计算。

$$D_T = \frac{T_{dt} - T_{dtm}}{T_{dtm}} \tag{2-32}$$

式中：D_T 为线密度偏差率（%）；T_{dt} 为平均线密度（dtex）；T_{dtm} 为名义线密度（dtex）。

五、实验C 投影仪法测量羊毛直径

（一）试验仪器和用具

试验仪器为显微投影仪，并需准备哈氏切片器、剪刀、载玻片、盖玻片、液体石蜡、镊子、黑绒板等用具。

（二）测试原理

把纤维片段的映像放大 500 倍并投影到屏幕上，用通过屏幕圆心的毫米刻度尺量出与纤维正交处的宽度或用楔形尺测量屏幕圆内的纤维直径，逐次记录测量结果，并计算纤维直径平均值。

（三）试验准备

1. 取样

供试验用的样品，应从同一品种、同一批号中抽取。取样数量见以下情况。

（1）含脂试样。含脂毛试验样品按照 GB/T 6978—2007《含脂毛洗净率试验方法 烘箱法》规定洗净。把洗净的羊毛试验样品大致分成40份，从每一份中取出一簇纤维一分为二，注意不可使纤维拉断，随机丢弃一半，稍加整理使纤维基本呈平行状态；再从纵向分取一束，一分为二，丢弃一半，如此继续操作，直到每份剩下约 100 根纤维，这样共剩下约4 000根纤维。如果纤维含油率大于1%，则用石油醚或其他溶剂处理两次，待干燥后放在标准大气中调湿。

（2）毛条试样。从试验样品中，任意抽取毛条不少于10根，每根毛条剖取 1/3~1/4，然后放到标准大气中调湿。

（3）散纤维试样。将试验样品平铺在工作台上，用多点法正反各取 16 个点（约 10 g），放在标准大气中调湿。将调湿后的试验试样整理成平行束状。

2. 样品制备

（1）用剪刀或哈氏切片器在纤维试样中部切取 0.2~0.4 mm 长的纤维片段，每束纤维只能切一次，不得重复切取，不得丢失。

（2）将纤维片段全部置于表面皿上，滴入适量液体石蜡，用镊子搅拌，使其均匀分布在介质内。然后取适量试样放到载玻片上，盖上盖玻片。盖时应先去除多余的黏性介质混合物，保证覆上盖玻片后不会有介质从盖玻片下挤出，以免纤维流失。

本试验共制作 3 个试样载玻片，每个载玻片应确保直径测量的纤维总根数不少于300 根。

（四）试验操作步骤

（1）将载有纤维试样的载玻片放入显微镜载物台，首先对盖玻片 A 处（图 2-11）进行调焦，纵向移动载玻片 0.5 mm 到 B 处，再横向移动 0.5 mm，这两步将在屏幕上取得第一个视野。

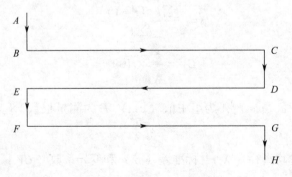

图 2-11　检测次序示意图

（2）调焦使显微映像中的纤维边缘显示一细线，没有白色或黑色边线，但是，纤维两边缘经常不同时在焦平面上，只需使一个边缘在焦点上而另一边显示白线。

（3）使楔形尺的一边与对准焦点的纤维一边相切，在纤维的另一边与楔形尺另一边相交处读出数值。纤维的两条边中，一条边清晰而另一条边不清晰时，可先用楔形尺的一条线对准纤维的一边，然后调节清晰度，再找出另一条边与楔形尺的交叉点，读出数值。测试结果记在楔形尺纸上。

（4）按步骤（2）（3）继续测量第一个视野范围内的其他纤维试样直径。

（5）在第一视野内的纤维测量完毕后，将载玻片横向移动0.5 mm，这样在屏幕上出现第二个视野，测量该视野范围内的每根纤维直径后，沿载玻片的整个长度按相同方法继续进行，在到达盖玻片右边C处时，将载玻片纵向移动0.5 mm至D处，并继续以0.5 mm步程横向移动测量。按图2-11所示的A、B、C、D、E、F、G、H、……的次序检验整个载玻片的试样，操作者不可随便选择被测量的纤维；纤维明显一端粗、另一端细时，测其居中部位，否则舍去。

（6）操作注意事项。在测量时，以下情况应排除：①其宽度有一半以上在视野圆周以外的纤维；②端部在透明刻度尺宽度范围内的纤维；③在测量点上与另一根纤维相交的纤维；④严重损伤或畸形的纤维。

当物镜太靠近盖玻片时，纤维的边缘显示白色的边线；当物镜离盖玻片太远时，纤维边缘显示黑色边线。

（7）上述测量应由两名操作者各自独立进行，测试结果以两者测得的平均值表示。若两者测得的结果差异大于两者平均值的3%时，应测量第3个试样，最终结果取三个试样实测数值的平均值。

（五）试验结果

1. 试验结果计算

（1）采用分组以组中值和各组根数计算试验统计结果，单次试验的平均直径、标准差和变异系数分别按式（2-33）~式（2-35）计算。

$$\overline{X} = \frac{\sum (A \times F)}{\sum F} \tag{2-33}$$

$$S = \sqrt{\frac{\sum F (A - \overline{X})^2}{\sum F}} \tag{2-34}$$

$$CV = \frac{S}{\overline{X}} \times 100 \tag{2-35}$$

式中：$\overline{X}$ 为纤维平均直径（μm）；A 为组中值（μm）；F 为测量根数；S 为标准差（μm）；CV 为变异系数（%）。

（2）平行试验的平均直径（$\overline{X}$）、标准差（S）和变异系数（CV）分别按式（2-36）~式（2-38）计算。

$$\overline{X} = \frac{\sum \overline{X}_i}{n} \tag{2-36}$$

$$S = \sqrt{\frac{\sum S_i^2}{n}} \tag{2-37}$$

$$CV = \frac{S}{\overline{X}} \times 100 \tag{2-38}$$

式中：$\overline{X}_i$ 为第 i 次试验的平均直径（μm）；S_i 为第 i 次试验的标准差（μm）；n 为测试次数。

试验结果计算至小数点后第三位，修约至两位小数。

2. 试验根数的确定

对于显微镜法测定羊毛纤维直径，国家标准规定测量结果的允许误差率及试验纤维根数。一般一个试验样品中被测量的纤维比例很小，因此，试验样品平均值有随机抽样误差，对原毛、未混合的毛条和散纤维，在95%置信水平下的允许误差率按式（2-39）式（2-40）计算。

$$E = t \frac{CV}{\sqrt{n}} \tag{2-39}$$

$$n = \left(\frac{t \cdot CV}{E}\right)^2 \tag{2-40}$$

式中：E 为允许误差率（%）；置信水平为95%时，t 值为1.96；CV 为变异系数（%）；n 为测量根数。

例如，当变异系数为25%，在95%置信水平下的允许误差率及纤维测量根数近似值见表2-5。

表2-5　允许误差率和测量根数表

允许误差率（置信水平95%）	测量根数 n
1%	2 400
2%	600
3%	270
4%	150

思 考 题

1. 简述影响中段称重法纤维线密度测试结果的因素。

2. 简述振动法测试单根纤维线密度的工作原理。

3. 简述采用显微镜法测量羊毛直径的操作步骤。

4. 简述按分组计算羊毛平均直径的方法。

第四节　棉纤维马克隆值测试

一、实验目的

应用气流仪测定棉纤维马克隆值。通过试验，熟悉气流仪的结构和原理，并掌握用气流仪测定棉纤维马克隆值的试验方法。

二、基本知识

（一）棉纤维马克隆值的定义

马克隆值是指一定量棉纤维在规定条件下的透气性的量度，以马克隆刻度表示。马克隆刻度是建立在国际协议已确定马克隆值的成套"国际校准棉花标准"的基础上的。棉纤维的透气性很大程度上由其比表面积决定，而比表面积的大小与棉纤维的线密度和成熟度有关。因此，棉纤维的马克隆值是棉纤维线密度和成熟度的综合指标，是棉纤维重要的内在质量指标之一。

马克隆值与棉花质量以及成纱质量和纺纱工艺都有重要的关系，还与棉花贸易息息相关。棉纤维的马克隆值与棉纤维线密度和成熟度的乘积相关。棉纤维的线密度越大，其马克隆值也越大；棉纤维越成熟，其马克隆值也越大。因此，可以从棉纤维马克隆值的大小，分析棉纤维的粗细和成熟度方面的质量状况。要纺制一定粗细的纱线，使纱线具有一定的强力，要求纱线横截面内必需具有一定的最低根数的纤维，纤维越细可纺纱线特数越细。其他条件相同的情况下，一方面，纤维越细成纱强力越高，条干均匀度越好。但是，纤维越细，在加工过程中越容易扭结折断，容易形成棉结。另一方面，成熟度高的棉纤维强力和条干均匀度好，织物染色均匀，成熟度差的棉纤维容易形成较多的有害疵点，成品制成率也低。但过成熟的棉纤维，抱合力差，成纱强力和条干均匀度反而不好。因此，从纺织使用的角度衡量，马克隆值适中的棉纤维较好。国际上将马克隆值为 3.7~4.2 的棉花作为优质马克隆值的棉花。

由于棉花马克隆值的测试操作简便快速，重复性好，1966 年起，美国农业部就把棉花马克隆值作为美国棉花的正式检验项目，在国际贸易中，马克隆值也被列为棉花质量的考核指标。

（二）气流法测量棉纤维马克隆值的基本原理

当流体在管道中流动的速度不大（雷诺数小于 2 000）或管道为毛细管时，流体的流动为层流。设管道的长度为 L，半径为 R，截面为 A，流体的黏滞系数为 μ，流量为 Q，则管道两端的压力差 ΔP 可以从下式求出：

$$\Delta P = \frac{8\mu LQ}{AR^2} \tag{2-41}$$

上式称为泊肃叶公式。

当管道为非圆形时，流量可由下式计算：

$$Q = \frac{1}{K} \times \frac{m^2 A \Delta P}{\mu L} \tag{2-42}$$

式中：K 为常数；m 为管道断面面积与周长之比，即管道体积与管道表面面积之比。

当管道中充塞纤维时，m 可认为是流体通过的管道空隙部分的体积 V_0 与管道空隙的总表面积 S_u 之比，即：

$$m = \frac{V_0}{S_u} \tag{2-43}$$

令 V 为管道中纤维占据的体积，ε 为空隙率（未被纤维占据的体积的比率），则：

$$\varepsilon = \frac{V_0}{V + V_0} \tag{2-44}$$

$$V_0 = \frac{V\varepsilon}{1-\varepsilon} \tag{2-45}$$

设 $\dfrac{S_u}{V} = S_0$（纤维单位体积的表面积即比表面积），则：

$$m = \frac{V}{S_u} \cdot \frac{\varepsilon}{1-\varepsilon} = \frac{\varepsilon}{S_0(1-\varepsilon)} \tag{2-46}$$

由于管道中充塞纤维，流体能通过的实际面积为 $A\varepsilon$，故：

$$Q = \frac{1}{K\mu L}\left[\frac{\varepsilon}{S_0(1-\varepsilon)}\right]^2 A\varepsilon\Delta P = \frac{1}{K} \cdot \frac{A\Delta P}{S_0^2 \mu L} \cdot \frac{\varepsilon^3}{(1-\varepsilon)^2} \tag{2-47}$$

上式称为苛仁纳公式，或：

$$\Delta P = \frac{KQ\mu L S_0^2}{A} \cdot \frac{(1-\varepsilon)^2}{\varepsilon^3} \tag{2-48}$$

$$\varepsilon = 1 - \frac{G}{\gamma LA} \tag{2-49}$$

式中：G 为纤维质量（g）；γ 为纤维密度（g/cm^3）。

对于同一种纤维，γ 不变，ε 值可用管道中纤维的质量 G 来控制。

K 为系数，与纤维在管道中的排列状态有关，并受 ε 值的影响。当 ε 控制在一定范围时，K 值可保持常数。因此，当试样体积、空气流量、试样质量及空气温湿度一定（μ 稳定）时，ΔP 与纤维的比表面积平方 S_0^2 成正比；若 ΔP 保持不变，Q 与 S_0^2 成反比。

若纤维截面为圆形，$S_0 = 4/d$，气流仪空气流量 Q 与纤维直径 d 的平方成正比。

棉纤维的截面为腰圆形，如果取一个外圆周长与棉纤维周长相等的中空圆，其内径为 d，外径 D 称为纤维的理论直径，如图 2-12 所示。则有：

$$S_0 = \frac{\pi D}{\frac{\pi}{4}(D^2 - d^2)} = \frac{4D}{D^2 - d^2} \tag{2-50}$$

纤维的成熟度比（M）定义为纤维的线密度（H）与标准成熟纤维线密度（H_s）之比，即：

$$M = \frac{H}{H_s} \tag{2-51}$$

纤维的线密度为：

$$H = \frac{\pi}{4}(D^2 - d^2) \cdot \gamma \tag{2-52}$$

式中：γ 为纤维的密度（g/cm^3）。

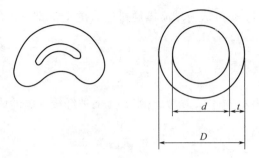

图 2-12　棉纤维的理论直径

对于一定的棉纤维品种来说，γ 是常数，所以上式可写成：

$$H \propto (D^2 - d^2) \tag{2-53}$$

棉纤维在标准成熟情况下的线密度 H_s 定义为：

$$H_s = 0.577 \cdot \frac{\pi}{4} D^2 \cdot \gamma \propto D^2 \tag{2-54}$$

由式（2-50）、式（2-53）和式（2-54）可得：

$$S_0 \propto \frac{D}{D^2 - d^2} \propto \frac{\sqrt{H_s}}{H} \text{ 或 } S_0^2 \propto \frac{H_s}{H^2} \tag{2-55}$$

根据式（2-48），当 A、L、μ 与 ε 为常数时，保持压力差 ΔP 一定，流过纤维试样的流量 Q 与纤维试样的比表面积平方 S_0^2 成反比，即有：

$$Q \propto \frac{1}{S_0^2} \propto \frac{H^2}{H_s} \tag{2-56}$$

由式（2-51），上式也可写成：

$$Q \propto MH \propto M^2 H_s \tag{2-57}$$

由此可见，棉纤维试样在一定压力差下的气流仪流量读数，与纤维成熟度比 M 和线密度 H 的乘积成正比。也就是说，气流仪读数与棉纤维成熟度和线密度两个指标都有关系，这个量值就称为马克隆值（micronaire value）。当棉纤维品种一定，即 H_s 为常数时，马克隆值与纤维线密度平方或成熟度比平方成正比。纤维越成熟，线密度越大，马克隆值越高。不同品种之间则要考虑标准线密度和成熟度两个因素，马克隆值高的纤维，成熟度不一定好。对棉纤维来说，不能把气流仪读数的刻度尺标定为纤维线密度，而应该标定为马克隆值。棉纤维气流仪马克隆值的标定，是以 ICC 标准样品为根据，该标准样品标有国际棉花标准委员会所确定的马克隆值。

三、实验 A　Y145 型气流仪

（一）试验仪器和试样

试验仪器为 Y145 型气流式纤维细度测试仪。天平：量程足以称出气流仪要求的试验试样，精确度为试样质量的 ±0.2%。试样为棉纤维若干。

（二）仪器结构原理

Y145 型气流式纤维细度测试仪是测试棉纤维马克隆值的仪器，主要由试样筒、转子流量计、压力计、气流调节阀和抽气泵等组成，其结构如图 2-13、图 2-14 所示。试样筒分上下两层，用网眼板隔开，上层为填装试样，可用压样筒把一定质量的纤维试样压缩至固定体积；下层为气流通道，分别与转子流量计和压力计相接。转子流量计中有一个内径上粗下细的锥形流量管，管内有一转子，在气流的作用下上升，当转子的重力与气流的作用力相等时，转子呈平衡状态。该平衡位置对应的流量刻度和马克隆值刻度，即为在 200 mm 水柱压力差时流量的大小及相应的马克隆值示值。压力计为指示压力差用，由内径大于 5 mm 的玻璃管制成，它的下端与储水瓶的下端连接，储水瓶的上端与试样筒的通道相连。压差示值标牌安装在压力计的后面，可上下移动，以调节零点位置。标牌上有两条刻线，上刻线为零点示值，下刻线为 200 mm 水柱压力差示值。仪器静止时，压力计内蒸馏水液面的新月形弧的顶点与上刻度线相切，此时压差为零。进行试验时，空气通过试样筒被吸入，储水瓶内空气

图 2-13　Y145 型气流式纤维
细度测试仪外形图

压强变小，液面上升，压力计的液面下降。调节气流调节阀，使液面的新月形弧与压力计下刻度线相切，此时为仪器规定的 200 mm 水柱压力差。气流调节阀是调节气流流量的精密阀门，旋动手轮使转子在流量计内平稳地上升或下降，并能很快地表示出在一定压力差下的流量读数。抽气泵作为吸、排空气之用。抽气泵的吸气口与气流调节阀相连，从试样筒经转子流量计和气流调节阀吸入的空气，由排气孔排出。

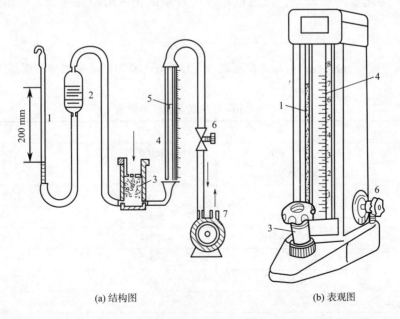

(a) 结构图　　　　　　　　　　　(b) 表观图

图 2-14　Y145 型气流式纤维细度测试仪示意图

1—压力计　2—储水瓶　3—试样筒　4—流量计　5—转子流量计　6—气流调节阀　7—抽气泵

试验时，将一定质量（5 g）棉纤维均匀地装入试样筒，保持试样筒内纤维塞两端的压力差（200 mm 水柱压力差），用流量计测量通过纤维塞气流流量，根据流量的大小来测试棉纤维的马克隆值。比表面积大的棉纤维，对气流的阻力大，通过棉纤维的气流流量小。

（三）试验准备

从实验室样品不同部位均匀抽取 32 丛纤维，组成 20 g 试验试样，在杂质分析机上进行开松除杂两次。从中称取两份各 5 g 的试样，精确至 0.01 g。

（四）试验步骤

（1）调水平。调节气流仪水平螺丝至水平状态。

（2）关闭气流调节阀，开启电动机。

（3）取下试样筒，将已称好的棉样均匀地放入试样筒内，然后将试样筒插入，拧紧。

（4）慢慢开启气流调节阀，使压力计水位慢慢下降，直到水面下凹的最低点与刻度尺下刻线相切为止。与此同时，流量计内的转子亦随之上升一定的高度。读出和转子顶端相齐处的气流量的读数（L/min），并记录。

（5）第一次测试完毕，将试样筒内棉样取出扯松后再放入重复测试一次，求得平均结果。如此再进行第二份棉样的测定。

（6）若两份试样的马克隆值的差异不超过 0.10 时，以两份试样的平均值作为最后的结果；若两份试样的马克隆值的差异超过 0.10 时，则进行第三份样品的测试，以三份试样的平均值作为最后的结果。测试结果按修约规则修正至一位小数。

（五）试验结果

若实验是在标准状态下进行的，则根据每份试样测得的平均流量在气流仪上分别直接读出相应的马克隆值，而后再求出平均马克隆值。若实验是在非标准状态下进行的，则测得的每份试样的平均流量还须修正，根据修正流量再读出相应的马克隆值，求出最终的平均结果。

$$Q_0 = Q_1 \times K \qquad (2-58)$$

式中：Q_0 为修正流量（L/min）；Q_1 为实测流量（L/min）；K 为修正系数（根据温度查表 2-6）。

表 2-6 10~35 ℃流量修正系数表

温度/ ℃	10	20	30
0	0.956	1.000	1.044
1	0.960	1.004	1.049
2	0.965	1.009	1.053
3	0.969	1.013	1.058
4	0.974	1.018	1.062
5	0.978	1.022	1.067
6	0.982	1.027	
7	0.987	1.031	
8	0.991	1.035	
9	0.996	1.040	

四、实验 BMC 型便携式气流仪

（一）试验仪器和试样

试验仪器为 MC 型便携式气流仪。天平：量程足以称出气流仪要求的试验试样，精确度为试样质量的 ±0.2%。校准棉花：国际校准棉花标准样品或国家校准棉花标准样品。试样为棉纤维若干。并需准备两只 10 g 专用砝码、镊子等用具。

（二）仪器结构原理

MC 型便携式气流仪是根据我国棉花质量检验相关试验方法的要求而研制的便携式马克隆值测定仪，以国际标准棉样作为标定刻度值的依据。该仪器是固定气压测压差的气流仪，其工作原理如图 2-15 所示。经开松的棉纤维试样放在与称重传感器 2 相连的称样盘 1 上，称准（10.00±0.02）g 试样均匀地放入试样筒后，由压样筒 6 压缩至规定的体积。按"测试"按钮启动后，电子空气泵 3 自动开启并向恒压储气筒 4 充气，由于浮阀的作用，储气筒内的空气很快达到恒压状态，恒压的气流通过标准气阻 5 流入试样筒下部的气室，向上经纤维试样流入大气，恒压储气筒对大气的气压差保持不变，等于标准气阻两端的气压差与纤维塞两端的气压差之和，棉纤维试样的比表面积不同，对气流的阻力不同，气室也即纤维两端的压力差与纤维比表面积有关，该气压差经气压传感器 7 转换成电量，经运算放大器 10 和模数转换器 11 后输入微型计算机 12，微型计算机将数据处理后，显示被测试样的马克隆值及马克隆值级。测量结束，通过控制器 13 自动关闭气泵。微型计算机自动存储测试结果，进行统计分析。

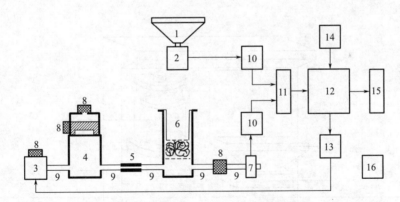

图 2-15　MC 型气流仪工作原理示意图

1—称样盘　2—称重传感器　3—电子空气泵　4—恒压储气筒　5—标准气阻　6—试样筒
7—气压传感器　8—空气过滤器　9—气管　10—运算放大器　11—模数转换器
12—微型计算机　13—控制器　14—键盘　15—显示器　16—电源

MC 型便携式气流仪外形如图 2-16、图 2-17 所示，面板键盘如图 2-18 所示。

仪器主要技术指标如下。

（1）试样质量为 10 g。

（2）称重精度为 0.02 g。

（3）测量范围为马克隆值：2.50~7.00，同时显示相应的 A、B、C 三个等级，还可将马克隆值转换为公制支数。

图 2-16 MC 型便携式气流仪外形图

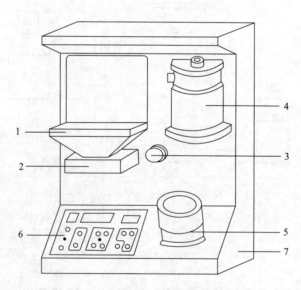

图 2-17 MC 型便携式气流仪外形示意图

1—称样盘 2—称重传感器 3—10 g 砝码盒 4—恒压气筒 5—试样筒 6—面板键盘 7—机壳

（4）测量马克隆值精度为 0.10 g。

（5）测量速度为 2 s。

（6）统计量为自动显示次数，主体马克隆值级及各级、各档所占百分比和各档的平均

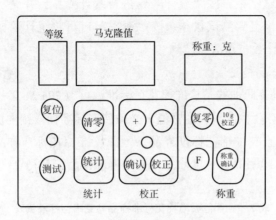

图 2-18　MC 型便携式气流仪面板键盘图

马克隆值。

（7）仪器校准：可用标准棉样，自动校正。

（8）使用环境为温度 5~40 ℃，相对湿度 90% 以下。

（9）电源为交流 220 V±15%。

（三）试验准备

调湿和试验用标准大气采用 GB/T 6529 规定的二级标准大气。在标准大气中调湿试验样品，时间不少于 4 h。如果 2 h 内质量变化不超过 0.25%，即可测试。对校准棉花标准值具有自动修正功能的气流仪，可在常温下进行马克隆值测定，待测样品与校准棉花在同一环境下平衡时间不少于 4 h。

从抽取的试验样品中拣去明显杂质，如棉籽、砂粒、碎秆等，并与校准棉花在同一环境下平衡 4 h 以上，每个试验样品按 10 g 的质量称取 2 个或 3 个试验试样，称重精度为 0.02 g。

（四）试验步骤

（1）插上电源线，开启电源开关，预热 20 min 左右。开机时仪器自动执行校准程序，因此，称样盘和试样筒都必须空载，否则将出现校准偏差。

（2）仪器零位及满度校正：称样盘空载，按"10 克校正"键称重显示为 C-10，表示零位已校好，随后放上 10 g 砝码，显示为 10.00，满度校正完毕，取下砝码应显示为 0.00，否则再校一次。使用中若出现零点漂移可按"复零"键复零。

（3）放入一份样品的第 1 个试样分成厚度均匀的 3~4 份，逐一均匀地放入样筒，切勿丢失纤维，旋紧筒盖，按"测试"键，显示第 1 个试样的马克隆值。

（4）按步骤（3）测试该份样品的第 2 个试样，若两个试样的马克隆值之差不超过 ±0.10，先显示第 2 个试样的马克隆值，1 s 后显示两个试样的马克隆值的平均值，并显示等级，说明已符合要求，无须进行该份样品第 3 个试样测试；若两个试样的马克隆值之差超过 ±0.10，仅显示第 2 个试样的马克隆值，则需放入该份样品的第 3 个试样，按"测试"键，先显示第 3 个试样的马克隆值，1 s 后显示三个试样的马克隆值的平均值和等级。

（5）按步骤（3）、（4）进行其他样品的测试。

（6）当一批样品测试结束，按"统计"键进行统计操作，并显示统计结果。统计操作时，按"复位"键，可恢复到测试状态。按"清零"键可将统计数据全部清除，以备下一批样品测试。关机后统计数自动清除。

（五）仪器的标准样品校正

MC 型仪器内置的马克隆曲线是校准棉花在标准温度（20±2）℃，相对湿度（65±3）% 的条件下标定的标准马克隆值曲线，在常温下必须使用标准棉样校准仪器。校准棉样为国际校准棉花标准样品或国家校准棉花标准样品。国际校准棉花标准样品每套包括 A、B、C、D、E、F、G、H、I、K10 种指标性能水平不同的标准样品，其马克隆值指标范围见表 2-7。

表 2-7　国际校准棉花标准样品马克隆值标准值表

样品编号	A	B	C	D	E
标准值	5.5	4.5	3.5	4.0	3.0
样品编号	F	G	H	I	K
标准值	7.0	2.6	6.0	5.0	7.5

校准时取覆盖待测样品范围的高、中、低三种不同马克隆值的校准棉样，按上述试验步骤进行测量。相邻校准棉样的马克隆值必须大于 0.50，否则仪器会自动拒绝。如果每种校准棉花的 2 个试验试样的测试结果之差不超过 ±0.10，将 2 个试验试样的测试结果的平均值调整到校准棉花的标准值；如果 2 个试验试样的测试结果之差超过 ±0.10，则测试第 3 个试验试样，将 3 个试验试样的测试结果的平均值调整到校准棉花的标准值。

（六）注意事项

（1）仪器须放置在基础平稳的工作面上，防止周围振动和气流的影响，否则称重不稳定。

（2）仪器的倾斜度不得大于 3°，否则影响称重精度和气压精度。

（3）试样在样筒内应均匀放置，样筒筒盖必须旋转到底，否则读数将偏高。

（4）在测试过程中环境温湿度发生明显变化，须及时使用校准棉花进行仪器校准，以保测试结果的准确性。

（5）勿随意打开后盖，以防触电。仪器内部经严格安装及调试，不得更动内部器件及安装位置。

（6）仪器应防震、防潮、防灰，放置在清洁干燥的地方。

思考题

1. 简述棉纤维马克隆值的测试原理。
2. 简述 Y145 型气流仪的工作原理。
3. 简述 MC 型便携式气流仪的工作原理。

第五节　棉纤维回潮率测试

一、实验目的

采用烘箱法测定棉纤维回潮率，了解测试棉纤维回潮率的原理，掌握实验操作方法。应用电测器进行棉纤维回潮率测定，根据不同回潮率的棉纤维具有不同电阻值的特性，测量通过棉纤维试样的电流大小，间接得出原棉的回潮率。

二、基本知识

棉花的含湿量是一项重要指标，在棉花收购、加工、储运及纺织使用中，必须测量棉花所含水分，以估计棉包在公定回潮率下的质量。棉花水分检验历来作为棉花公量检验的主要项目，做好原棉回潮率检验工作对于准确计重、合理结算和方便使用具有十分重要的意义。原棉也称皮棉，是籽棉经过轧棉使纤维与棉籽分离下的棉纤维，用作纺纱原料。

原棉回潮率是在规定条件下测得的原棉水分含量，以试样的烘前质量与烘干质量的差值对烘干质量的百分率表示。

$$R = \frac{G - G_0}{G_0} \times 100 \tag{2-59}$$

式中：R 为试样回潮率（%）；G 为试样烘前质量（g）；G_0 为试样烘干质量（g）。

为计重和核价等贸易的需要，把业内公认的原棉纤维所含水分质量与干燥纤维质量的百分比作为原棉回潮率的约定值，该值称作公定回潮率。公定回潮率的值纯属为了工作方便而选定，它接近标准大气状态下的实际回潮率，但不是标准大气下的回潮率。我国棉花国家标准（GB 1103—2012）规定，原棉公定回潮率规定为 8.5%。

目前，测量棉花回潮率的方法主要有烘箱法和电测法两种。烘箱法是根据棉纤维试样烘前质量和烘后质量，测取棉纤维回潮率。电测法是根据一定质量的棉纤维试样在一定体积下的电阻值，推算棉纤维回潮率。

三、实验 A 烘箱法

（一）试验仪器和用具

试验仪器和用具如下。

（1）八篮恒温烘箱。附装有天平（量程 ≥ 100 g，最小分度值 0.01 g），能进行箱内称量，自动控温在（105±3）℃的通风式烘箱。

（2）烘篮。不吸湿的盛样和称样容器。尺寸应与烘箱相匹配，并能避免试验试样内抖出的微粒丢失。

（3）样品容器。可密封的有盖金属容器，或有一定壁厚的防止透湿的塑料袋。

（二）仪器结构原理

烘箱法原棉回潮率试验原理：称取一定量的试验试样，置于一定温度的烘箱内烘验，使试验试样中的水分蒸发，直至试验试样达到恒量，烘前质量与烘干质量的差值对烘干质量的百分率即为原棉回潮率。原棉水分是指原棉烘验中失去的水和其他挥发性物质。

八篮恒温烘箱由箱身、电加热器、温度控制系统、鼓风装置、天平、转篮装置等组成，其外形如图2-19、图2-20所示。

图2-19 八篮恒温烘箱外形图

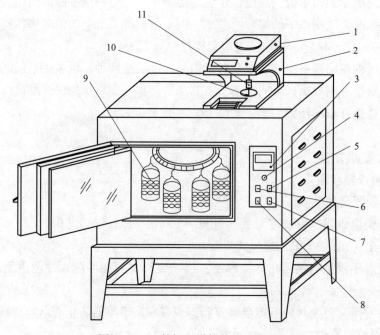

图2-20 八篮恒温烘箱外形示意图

1—电子天平（或链条天平） 2—天平架 3—温控仪 4—复位按钮 5—照明开关
6—转篮开关 7—电源开关 8—加热开关 9—铝篮 10—称量伸缩孔 11—钩篮器

1. 箱身

箱壁分内外两层，由厚度为 0.8~1 mm 的铁板制成，中间填塞玻璃纤维或矿棉作为绝热保温层。箱顶开 5 个孔，分别安置天平吊钩、转篮旋钮、温度传感器、排气口和观察窗口。

2. 电加热器和温度控制系统

温度控制系统主要由温度传感器和加热控制器组成。温度自动控制的原理：电源接通后，箱内温度逐渐上升，温度传感器实时测量箱内温度，通过加热控制器控制电加热器工作，使箱内温度达至设定的温度。

3. 鼓风装置

鼓风装置由电动机、鼓风叶轮等组成，强迫箱内与箱外的空气循环，将箱内的湿空气抽出。

4. 天平和转篮装置

天平为电子天平或链条天平，位于箱身上方，用于称量试验试样的质量。转篮装置由电动机、齿轮链条、转盘等组成，转盘上有挂钩和盛放棉样的挂篮，加热时转盘徐徐转动，使棉样受热更加均匀。

（三）试验准备

按照 GB 1103—2012《棉花细绒棉》的规定，抽取回潮率检验样品，每份样品约重 100 g。试验在温度（20±2）℃，相对湿度（65±3）% 的条件下进行。如在非标准大气条件下进行，应将测得的烘干质量修正到标准大气条件下的数值。

（四）试验操作步骤

（1）称取烘前质量。从样品容器中快速取出样品、剥去样品表面棉层，取出中间部分，用天平称取 50 g 试验试样，精确至 0.01 g，每称取一个试验试样不应超过 1 min。自取样至称样，存放时间不应超过 24 h。

（2）撕样。称好的试验试样在烘验前应加以撕松。撕样时下面放一张光面纸，撕落的杂物和短纤维应全部放回试验试样中，撕样时发现的棉籽、油棉和特殊杂物等，应拣出并以相同质量的棉样替换。经撕松的试验试样放入烘篮内并充满其容积的二分之一至三分之二。

（3）烘验及确定烘干质量。开启烘箱电源，待箱内温度升至（105±3）℃时，将装有试验试样的烘篮放入烘箱内，关闭箱门，待箱内温度回升至（105±3）℃时，开始记录时间。不同型号烘箱的预烘时间不同，达到预烘时间后，关闭转篮和风扇电源，记录时间，进行第一次箱内称量，做好记录。称毕，开启转篮和风扇电源，续烘 15 min 后，再按上述方法进行第二次称量，直至前后两次质量差值不超过后一次质量的 0.05% 时，即达到恒量，把后一次质量作为烘干质量。每次称完 8 个试验试样不应超过 5 min。

（五）试验结果

1. 试验结果计算

按式（2-60）和式（2-61）计算棉花试样回潮率和平均回潮率。

$$R_i = \frac{m_i - m_{i0}}{m_{i0}} \times 100 \tag{2-60}$$

$$R = \frac{\sum_{i=1}^{n} R_i}{n} \tag{2-61}$$

式中：R_i 为第 i 个试验试样的回潮率（%）；m_i 为第 i 个试验试样的烘前质量（g）；m_{i0} 为第 i 个试验试样的烘干质量（g）；R 为平均回潮率（%）；n 为试验试样个数。

2. 非标准大气条件下烘干质量的修正方法

如果进入烘箱的大气不是标准条件下的大气，所测得的烘干质量可按以下公式修正：

$$C = \alpha(1 - 6.58 \times 10^{-6} \times p \times r) \tag{2-62}$$

$$m_s = m_0(1 + C/100) \tag{2-63}$$

式中：C 为用作修正至标准大气条件（温度 20 ℃，相对湿度 65%）下烘干质量的系数（当 $C<0.05\%$ 时不予修正）（%）；α 为常数（棉花为 0.3）；p 为送入烘箱空气的饱和水蒸气压力（可查表 2-8）（Pa）；r 为通入烘箱空气的相对湿度（%）；m_s 为标准大气条件下烘干质量（g）；m_0 为在非标准大气条件下测得的质量（g）。

表 2-8　温度与饱和蒸汽压对照表

温度/ ℃	饱和蒸汽压 p/Pa	温度/ ℃	饱和蒸汽压 p/Pa
3	760	21	2 480
4	810	22	2 640
5	870	23	2 810
6	930	24	2 990
7	1 000	25	3 170
8	1 070	26	3 360
9	1 150	27	3 560
10	1 230	28	3 770
11	1 310	29	4 000
12	1 400	30	4 240
13	1 490	31	4 490
14	1 600	32	4 760
15	1 710	33	5 030
16	1 810	34	5 320
17	1 930	35	5 630
18	2 070	36	5 940
19	2 200	37	6 270
20	2 330	38	6 620

例如：棉花在温度 25 ℃，相对湿度 70% 的空气条件下称得烘前质量为 50.6 g，烘干质量为 45 g，求在标准大气条件下的回潮率。

解：查表 2-7 知，$p = 3\ 170$。

由式（2-59）得：$C = 0.3 \times (1 - 6.58 \times 10^{-6} \times 3170 \times 70) = -0.14$

由式（2-62）得：$m_s = 45 \times (1 - 0.14/100) = 44.94（g）$

因此，在标准大气条件下回潮率 R 为：

$$R = \frac{50.6 - 44.94}{44.94} \times 100 = 12.6\%$$

（六）注意事项

使用八篮恒温烘箱时应注意以下要求。

（1）定期进行箱内温度检查，使箱内各部位温度差异不超过规定温度的±2 ℃；否则，需进行烘箱内部温度调整。

（2）对于链条天平，在加减砝码和取放试样时，必须将天平刹住，以防损坏天平刀口。

（3）烘箱由室温开始加热时，应将总电源和分电源同时打开，当烘箱温度达到规定范围时，可将分电源关掉。

（4）称量时，必须将总电源关闭，同时称量速度要快，以免受烘箱内温度变化的影响。

（5）铝质烘篮不使用时，请置于烘箱内，若烘篮使用日久后沾染灰尘，可用酒精擦去，八只烘篮的质量应保持一致，如有偏差，可在烘篮配重盒中增减软铅，直至调节平衡为止。

四、实验 B 电测器法

（一）试验仪器和用具

仪器为电测器、电子秤或案秤（分度值不大于 5 g）。盛样容器，密封性好，不吸湿。

（二）仪器结构原理

根据不同回潮率的棉纤维具有不同电阻值的特性，在试样的质量、密度和极板电压等试验条件一定的情况下，棉花的电阻与其回潮率呈负相关，测量通过棉纤维试样的电流大小，间接得出原棉的回潮率。

电测器为极板式回潮率测定仪，包括普通型和微计算机型，普通型原棉回潮率测定仪有 Y412A 型、Y412B 型等；微计算机型有 XJ101 型、Y412C 型等。

1. 普通型电测器

普通型电测器由电源（干电池）、直流稳压部分、直流电压变换部分、回潮率测量部分、温差测量部分、极板及压力器等组成。

（1）直流稳压电路。采用典型的串联式晶体管稳压电源电路，能输出稳定的直流电压。

（2）直流电压变换电路。直流电压变换电路由自激振荡电路和二倍压整流电路组成。能把几伏低压直流电源电压经过自激振荡电路升压至 180 V 和 22.5 V 交流电，再经二倍压整流电路输出 360 V 和 45 V 两组直流电压供测量电路使用。

（3）回潮率测量电路。该电路设置上、下两个测量电路。上层电路测量回潮率为 6.5%~11% 的原棉；下层电路测量回潮率为 10%~16% 的原棉。为了能测定低水分棉花的回潮率，有的电测器中层增加测量电路，测量回潮率为 4%~7% 低水分棉花。

（4）温差测量电路。根据直流电桥原理设计的，以热敏电阻为感温元件，作为电桥四个桥臂的一个，用来测量棉样的温度进行温度补偿。以棉样温度 20 ℃ 为基准，温度每增或减 1 ℃，回潮率扣或补 0.1%。

2. 计算机型电测器

计算机型电测器的直流稳压、直流电压变换、回潮率测量、温差测量等电路与普通型的相近，只是增加了 A/D 模数转换电路和微型计算机，其电路变化不大。A/D 模数转换电路：

将回潮率测量电路测得的棉样回潮率模拟量经 A/D 模数转换器，转换成八位二进制数字量输入微型计算机；将温度测量电路测得的棉样温度模拟量经 A/D 模数转换成数字量输入微型计算机。微型计算机：对 A/D 模数转换过来的二进制棉样回潮率数字量进行处理，计算棉样回潮率原始值，再对回潮率原始值进行线性化处理和零点、满度的校正，计算棉样回潮率数值；对 A/D 模数转换过来的温度模拟量，根据微机已储存的温差补偿公式计算温差补偿值，并与已求得的棉样回潮率数值进行运算，得到回潮率测试的最终结果，通过数显表显示最终结果。

普通型电测器采用传统的螺旋式压力器，操作费时费力。计算机型电测器采用手柄式压力器，应用杠杆原理，使得操作手柄仅需推拉一定角度就可完成加压和释压动作，耗时不大于 2 s。

电测器的技术要求如下。

（1）测量电压为 DC（90±1）V。

（2）回潮率测量范围为 3.0%~13.0%。

（3）测量允差：用标准电阻箱校验时，电测器应满足表 2-9 要求。

表 2-9　电测器测量允差

回潮率范围/%	测量允差/%
3.0~6.0	±0.2
6.1~11.0	±0.1
11.1~13.0	±0.2

（4）分辨率。电测器分辨率应满足表 2-10 要求。

表 2-10　电测器分辨率

回潮率范围/%	分辨率/%
3.0~6.0	±0.02
6.1~11.0	±0.01
11.1~13.0	±0.02

（5）极板面积为（235×100）mm^2。

（6）极板压力为（735±30）N。

（7）试样质量为（50±5）g。

（8）回潮率温度修正范围为-30~50 ℃。

（9）具有细绒棉（锯齿棉、皮辊棉）、长绒棉和环境湿度因素对回潮率测试结果的修正功能。

（三）试验准备

1. 取样

取样数量和方法按 GB 1103 和 GB 19635 的规定或有关各方商定的协议执行。每份样品质量约 100 g。

2. 样品处理

实验室测试的样品，应将取得的样品连同盛样容器置于试验环境下进行温度平衡，以使与环境的温度差异在±2 ℃以内。

3. 电测器调整

按照仪器使用说明书检查仪器各项功能，使其处于正常状态。

（四）试验步骤

（1）依据棉花的轧花方式、棉花品种（细绒棉或长绒棉），选择相应的测试档位。

（2）每个试验样品中取出一份（50±5）g 的试验试样，放在电测器玻璃板上迅速撕松，均匀地推入两极板间，盖好玻璃盖板，操纵手柄加压，使压力达到（735±30）N，进入测试状态，完成测试。

（3）记录回潮率数值，保留两位小数。

（4）释放压力，取出试验试样。

（5）每次抽取试验试样至测试完毕，时间不得超过 1 min。

（6）现场测试时，应边扦样边测试。

（五）试验结果

平均回潮率按式（2-64）计算。

$$R = \frac{\sum_{i=1}^{n} R_i}{n} \tag{2-64}$$

式中：R 为平均回潮率（%）；R_i 为第 i 个试验试样的回潮率（%）；n 为试验试样份数。

平均回潮率的计算结果按规定修约至两位小数。

思 考 题

1. 采用烘箱法测定棉纤维回潮率时，如何确定试样的烘干质量。

2. 简述非标准大气条件下烘干质量的修正方法。

3. 简述采用电测器法测定棉纤维回潮率的工作原理。

第六节　棉纤维含杂率测试

一、实验目的

通过原棉杂质分析机测定棉纤维含杂率，了解在气流离心力和机械的作用下使纤维与杂质分离的原理和结构，掌握实验操作方法。

二、基本知识

原棉中含有的非棉纤维性物质及其着生的纤维，如沙土、枝叶、铃壳、虫屎、虫尸、棉籽、籽棉、破籽、不孕籽、带纤维籽屑、软籽表皮等。含杂率是指原棉在规定试样中，杂质质量对其试样质量的百分率。

三、试验仪器和用具

试验仪器为 Y101 型（或 YG041 型、YG042 型）原棉杂质分析机和天平（最小分度值 0.1 g、0.000 1 g 各一台），并需准备棕刷、镊子等用具。

四、仪器结构原理

（一）仪器工作原理

我国应用较广泛的原棉杂质分析机有 Y101 型、YG041 型、YG042 型等，其工作原理是，根据机械空气动力学原理，经刺辊锯齿分梳松散后的纤维及黏附杂质，在机械和气流的作用下，由于形状、比重、作用其上的力不同，使纤维和杂质分离。仪器能够精确地分离原棉、棉卷、生条中的杂质，有助于分析原棉的杂质含量和提高清棉、梳棉机的清棉效率。

原棉杂质分析机的工作原理：棉样喂入给棉板和给棉罗拉之间，棉样一端被握持，另一端受到刺辊的打松分梳，使棉样成为较小的纤维束和单纤维状态，没有被刺辊充分梳理的棉块，在下落时，会受到除尘刀的托持，并得到刺辊的进一步开松和梳理，使棉块中的杂质受到抖动和刮落，由于杂质和棉纤维物理状态不同，纤维对刺辊齿尖的附着力大，杂质对齿尖的附着力小；又因为纤维和杂质的密度不同，在气流中悬浮状态不同，对刺辊的离心力也不同，较大杂质被刺辊甩出，沿着刺辊本身的切线方向抛出落入杂质盘内；一般杂质为气流所不能带动者，均降落于杂质盘；较轻的尘屑虽然能被气流带动前进，但带动不远，因气流速度降低而落入杂质盘内；有些质量很小的杂质，随气流到流线刀工作面时，在流线刀的作用下，受到回弹，改变行进方向落入杂质盘，流线刀同时刮下刺辊上黏附的杂质。除一小部分尘屑和短纤维由集棉尘笼小孔中吸入尘道内，由风道排出，形成风耗以外，大多数被分析的纤维逐次布满尘笼表面，随尘笼推进，到挡风板遮挡部位时，由于此处气流中断便顺着输棉板落入储棉箱中。分析出的杂质经过称量，可计算出棉样的含杂率。

（二）仪器结构

1. Y101 型原棉杂质分析机的结构

Y101 型原棉杂质分析机由机架、给棉装置、刺辊部分、集棉尘笼、风扇及传动装置等主要部件组成，其结构如图 2-21 所示。

2. YG041 型原棉杂质分析机的结构

YG041 型原棉杂质分析机由墙板、给棉装置、刺辊、风机及传动装置等主要部件组成，各部件由两块直立墙板连成整体，其结构如图 2-22 和图 2-23 所示。

本机与 Y101 型仪器相比，在结构上最大的不同是取消了尘笼部件，以固定不动的集棉网板代替，减少了传动机构和调节部位，使分析性能更趋稳定，同时，传动装置由原来的两级开式蜗轮附加一对开式直齿轮，改进为 2 个一级闭式蜗轮箱，因而结构紧凑，传动平稳，噪声小。

3. YG042 型原棉杂质分析机的结构

该机与 YG041 型仪器的结构相比，除了同样用集棉网板代替尘笼外，还有 3 处与

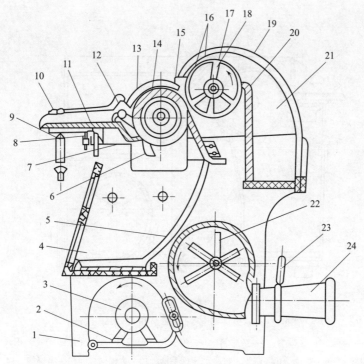

图 2-21　Y101 型原棉杂质分析机结构示意图

1—机架墙板　2—电动机底盘　3—电动机　4—杂质箱　5—杂质箱后壁　6—流线刀
7—除尘刀　8—调节螺栓　9—加压弹簧套　10—加压杠杆　11—给棉台　12—给棉罗拉
13—铁皮罩　14—刺辊　15—剥棉刀　16—隔离板　17—尘笼　18—挡风板　19—透明罩
20—导棉板　21—净棉箱　22—风扇　23—风力调节门　24—出风管

图 2-22　YG041 型原棉杂质分析仪外形图

YG041 型仪器不同。一是给棉台不再是一个整体，而是由 7 个像琴键一样的给棉块组合在给

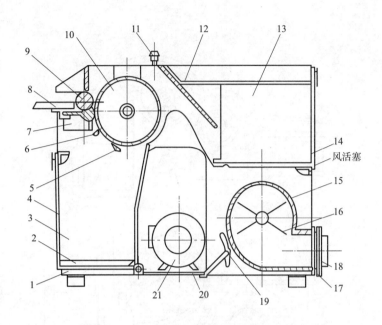

图 2-23　YG041 型原棉杂质分析仪结构示意图

1—墙板　2—杂质盘　3—杂质箱　4—前门　5—流线刀　6—除尘刀　7—给棉台
8—给棉接板　9—罗拉　10—刺辊　11—加压杆手柄　12—集棉网板　13—净棉箱　14—后门
15—风筒　16—风扇　17—出风斗　18—风量调节屏　19—调节螺栓　20—电动机架　21—电动机

棉台座上，取消了加压装置；二是用叶片式风机代替了原风机；三是传动装置为 1 个二级闭式蜗轮箱。

五、试验准备

1. 仪器操作前的准备

按照仪器使用说明书将仪器调整至正常状态。

2. 试样准备

取 600 g 原纤维样品，采用四分法，抽取两个 100 g 的试验试样和一个 100 g 的备用试验试样。

原棉分析仪的工作环境：温度（20±5）℃，相对湿度（65±10）%。

六、试验操作步骤

（1）开机前，先开照明灯并将风扇活门全部开启。开机空转 1~2 min，然后停机清洁杂质箱、净棉箱、给棉台和刺辊。

（2）用电子秤或案秤称取实验室样品，称准至 1 g。用天平称取试验试样，称准至 0.1 g，记录质量。

（3）将试验试样撕松，陆续平整、均匀地铺于给棉台上。遇有棉籽、籽棉及其他粗大杂质应随时拣出，并在原棉含杂率试验报告单上记录。

（4）开机运转正常后，用两手把试验试样均匀喂入给棉罗拉与给棉台之间，直到整个试验试样分析完毕，使尘笼或集棉网上的棉纤维全部落入净棉箱内，取出第一次分析后的全部净棉。

（5）将第一次分析的净棉取出，纵向平铺于给棉台上，再分析一次。

（6）关机，收集杂质盘内的杂质。注意收集杂质箱四周壁、横档、给棉台上的全部细小杂质。如杂质盘内落有小棉团、索丝、游离纤维，应将附在表面的杂质抖落后拣出。

（7）将收集的杂质与拣出的粗大杂质分别称量，用天平称准至 0.01 g，分别记录质量。

（8）从称量试验试样质量到称杂质质量这段时间内，室内温湿度应保持相对稳定，并能满足仪器正常运转。

（9）重复步骤（1）～（8），再分析测试 1 个或 2 个试验试样。

七、试验结果

试验试样含杂率按式（2-65）计算。

$$Z = \frac{m_f + m_c}{m_s} \times 100 \tag{2-65}$$

式中：Z 为含杂率（%）；m_s 为试验试样质量（g）；m_f 为分析出的杂质质量（g）；m_c 为拣出的粗大杂质质量（g）。

以各试验试样的算术平均值作为该批棉花的含杂率，修约至一位小数。

八、注意事项

使用原棉杂质分析机时，应注意事项如下。

（1）机器在运转前，应将左右侧盖装好，以免发生事故。

（2）经常检查刺辊与除尘刀、流线刀、给棉台之间的隔距是否符合要求。

（3）在第一次开车前，应首先用手转动刺辊，如无异声，方可开车。

（4）做一切清理工作，必须在停车以后。如需拆下侧盖、顶盖或进行调试，必须切断电源后方可进行，以免发生事故。

（5）运转时，如刺辊上附有大量纤维或嵌有棉籽，应停止喂入试验试样。让刺辊空转 1~3 min。如仍有嵌牢现象，应及时停机加以刷清。

思 考 题

1. 简述原棉杂质分析机的工作原理。

2. 简述不同型号原棉杂质分析机的结构特点。

3. 简述测定原棉含杂率的操作方法。

第七节 HVI 棉纤维物理性能测试

一、实验目的

应用 HVI 大容量纤维测试仪测定棉纤维物理性能。通过实验，了解棉纤维的长度和长度整齐度、断裂比强度和断裂伸长率、马克隆值、色特征、杂质等性能指标的测定方法。

二、基本知识

棉纤维物理性能测试指标主要有断裂比强度、断裂伸长率、平均长度、上半部平均长度、长度整齐度指数、马克隆值、反射率、黄色深度、杂质数量和杂质面积。综合这些指标可评定棉花质量等级。为了更好评价棉花质量，我国棉花标准规定了棉花品级条件，以及各物理性能指标分级分档规则。

1. 品级

（1）细绒棉品级条件见表 2-11。

表 2-11 细绒棉品级条件

品级	皮辊棉			锯齿棉		
	成熟程度	色泽特征	轧工质量	成熟程度	色泽特征	轧工质量
1级	成熟好	色洁白或乳白，丝光好，稍有淡黄染	黄根、杂质很少	成熟好	色洁白或乳白，丝光好，微有淡黄染	索丝、棉结、杂质很少
2级	成熟正常	色洁白或乳白，有丝光，有少量淡黄染	黄根、杂质少	成熟正常	色洁白或乳白，有丝光，稍有淡黄染	索丝、棉结、杂质少
3级	成熟一般	色白或乳白，稍见阴黄，稍有丝光，淡黄染、黄染稍多	黄根、杂质稍多	成熟一般	色白或乳白，稍有丝光，有少量淡黄染	索丝、棉结、杂质较少
4级	成熟稍差	色白略带灰、黄，有少量污染棉	黄根、杂质较多	成熟稍差	色白略带阴黄，有淡灰、黄染	索丝、棉结、杂质稍多
5级	成熟较差	色灰白带阴黄，污染棉较多，有糟绒	黄根、杂质多	成熟较差	色灰白有阴黄，有污染棉和糟绒	索丝、棉结、杂质较多
6级	成熟差	色灰暗，略带灰白，各种污染棉、糟绒多	杂质很多	成熟差	色灰白或阴黄，污染棉、糟绒较多	索丝、棉结、杂质多
7级	成熟很差	色灰暗，各种污染棉、糟绒很多	杂质很多	成熟很差	色灰黄，污染棉、糟绒多	索丝、棉结、杂质很多

（2）长绒棉品级条件见表 2-12。

表 2-12　长绒棉品级条件

品级	皮辊棉		
	成熟程度	色泽特征	轧工质量
1级	成熟良好	色呈洁白、乳白或略带奶油色，富有光泽	稍有叶屑，轧工好，黄根少
2级	成熟正常	色呈洁白、乳白或略带奶油色，有轻微的斑点棉，有光泽	叶片、叶屑等夹杂物较少，轧工尚好，黄根较少
3级	基本成熟	色白或有深浅不同的奶油色，夹有霜黄棉及带光块片，稍有光泽	叶片、叶屑等杂质较多，轧工平常，黄根较多
4级	成熟稍差	色略阴黄，霜黄棉、带光块片与糟绒较显著，并有软白棉及僵瓣棉，光泽差	叶片、中屑等杂质甚多，轧工稍差，黄根多
5级	成熟较差	色滞较暗，有滞白棉、霜黄棉、软白棉、带光块片及糟绒等显著，无光泽	叶片、叶屑等杂质很多，轧工差，黄根很多

2. 上半部平均长度

棉花纤维长度分档见表 2-13。

表 2-13　上半部平均长度分档表

分档	上半部平均长度范围/mm
中短绒	25.0~27.9
中绒	28.0~30.9
中长绒	31.0~32.9
长绒	33.0~36.9
超长绒	≥37.0

3. 长度整齐度指数

棉花纤维长度整齐度指数分档见表 2-14。

表 2-14　长度整齐度指数分档表

分档	长度整齐度指数范围/%
低	≤76.9
较低	77.0~79.9
中	80.0~82.9
较高	83.0~85.9
高	≥86.0

4. 断裂比强度

棉花纤维断裂比强度分档见表 2-15。

表 2-15　断裂比强度分档表

分档	断裂比强度^a 范围/（cN·tex^{-1}）
很弱	≤23.9
弱	24.0~25.9
中等	26.0~28.9
强	29.0~31.9
很强	32.0~33.9
高强	34.0~36.9
超强	≥37.0

注　a 断裂比强度为 3.2 mm 隔距，HVI 校准棉花标准（HVICC）校准水平。

5. 马克隆值

棉花纤维马克隆值分级分档见表 2-16。

表 2-16　马克隆值分级分档表

分级	分档	范围
A 级	A	3.7~4.2
B 级	B1	3.5~3.6
	B2	4.3~4.9
C 级	C1	≤3.4
	C2	≥5.0

6. 异性纤维

在棉花的采摘、晾晒、储存、收购、加工、包装过程中，严禁混入异性纤维。对异性纤维含量的分档及代号见表 2-17。

表 2-17　异性纤维含量分档及代号表

含量范围/（g·t^{-1}）	程度	代号
<0.10	无	N
0.10~0.39	低	L
0.40~0.80	中	M
>0.80	高	H

7. 优质棉

优质棉的纤维品质指标见表 2-18。

表 2-18　优质棉纤维品质分档

档次	品质指标					
	上半部平均长度/mm	长度整齐度指数/%	断裂比强度[a]/(cN·tex^{-1})	马克隆值	品级	异性纤维/(g·t^{-1})
A（1A）	25.0~27.9		≥28	3.5~5.5	细绒棉1~4级	
AA（2A）	28.0~30.9		≥30	3.5~4.9		
AAA（3A）	31.0~32.9	≥83	≥32	3.7~4.2	细绒棉1~3级	<0.4
AAAA（4A）	33.0~36.9		≥36	3.5~4.2	长绒棉1~2级	
AAAAA（5A）	≥37.0		≥38	3.7~4.2		

注　a 断裂比强度为 3.2 mm 隔距，HVI 校准棉花标准（HVICC）校验水平。

8. HVI 检验数据正常范围

表 2-19 中的 HVI 检验指标数据正常范围为最宽的范围，各实验室服务器中的 HVI 检验指标数据正常范围可能会比此表范围小。如果有实验室 HVI 各指标检验数据超范围，中国纤维检验局棉花质量监督处将根据情况调整相应服务器中的 HVI 检验指标数据正常范围，但不会超出此表范围。

表 2-19　棉花仪器化公检 HVI 检验数据正常范围

指标	细绒棉		长绒棉	
	下限	上限	下限	上限
马克隆值	1	6.5	2.5	6.5
长度/mm	22.5	36	33	无
长度整齐度	65	90	74	90
断裂比强度/（cN·tex^{-1}）	15	42	28	60
短纤维率	0	100	0	100
断裂伸长率	0	100	0	15
成熟度	0.6	1.2	0.6	1.2
Rd	58	87	40	85
+b	4	18	4	18

三、试验仪器和试样

试验仪器和材料如下。

（1）HVI 大容量纤维测试仪，如图 2-24 所示。

（2）色特征校准瓷板。一套标有 Rd 和 +b 值的五块工作校准瓷板。

（3）杂质校准瓷板。一套用于仪器校准并标有数值的工作校准瓷板。

（4）天平。最大称量不小于 50 g，分度值不大于 0.1 g。

（5）马克隆值校准棉样。

图 2-24   HVI 1000 大容量纤维测试仪

（6）长度和比强度校准棉样（HVICC）。

四、调湿和试验用标准大气

（1）调湿和试验用标准大气应符合 GB/T 6529 中试验用温带二级标准大气的规定，温度为（20±2）℃，相对湿度为（65±3）%。

（2）若样品回潮率高于标准平衡回潮率时，样品应在送入试验室前做预调湿处理，样品调湿应不少于 24 h，或者每隔 2 h 的连续称量的质量递变量不超过后次称量质量的 0.25% 时，即为达到调湿平衡。

五、长度、强力测试

（一）测试指标的定义

1. 平均长度

在照影曲线图中，从纤维数量 100% 处作照影曲线的切线，切线与长度坐标轴相交点所显示的长度值即为平均长度。

2. 上半部平均长度

在照影曲线图中，从纤维数量 50% 处作照影曲线的切线，切线与长度坐标轴相交点所显示的长度值即为上半部平均长度。

3. 长度整齐度指数

测试棉纤维长度时，平均长度占上半部平均长度的百分率。

$$长度整齐度指数（\%）= \frac{平均长度}{上半部平均长度} \times 100 \tag{2-66}$$

4. 短纤维指数（SFI）

测试棉纤维长度时，小于 12.7 mm（1/2 英寸）或 16.5 mm 纤维根数（或质量）占纤维总根数（或总质量）的百分率。

5. 断裂比强度（Str）

束纤维拉伸至断裂负荷最大时所对应的强度，以未受应变试样每单位线密度所受的力来表示，单位为 cN/tex，乌斯特公司的 HVI 测试仪采用 gf/tex（1 gf=0.98 cN）。

6. 断裂伸长率（Elg）

束纤维在断裂负荷最大时的相应伸长率，以 3.2 mm 隔距长度的百分率表示，如图 2-25 所示，并按式（2-67）计算。

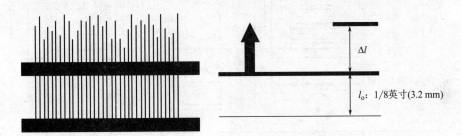

图 2-25　计算断裂伸长率的两参数示意图

$$Elg = \frac{\Delta l}{l_o} \times 100 \tag{2-67}$$

式中：Elg 为断裂伸长率（%）；l_o 为隔距长度，取 3.2 mm；Δl 为束纤维最大断裂负荷时，后夹持器移动的距离（mm）。

7. 纤维光学质量（Amount，简称 Amt）

梳夹上的纤维束被前后夹持器夹持，后夹持器前边缘位置所对应的遮光量，作为参与该次强力试验的纤维束的光学质量。

（二）测试原理

1. 平均长度、上半部平均长度和长度整齐度指数

纤维沿其长度方向被梳夹随机夹持，排列在梳夹上，构成棉须。光学系统对棉须从梢部至根部进行扫描，根据透过棉须光通量（遮光量）的变化，获得精确的照影仪曲线，计算各长度指标。

2. 断裂比强度和断裂伸长率

一对夹持器在试样棉束的某一已知遮光量的部位以 3.2 mm 隔距夹持纤维，纤维断裂比强度是通过测量的最大力值和估算断裂纤维质量来计算的。断裂伸长率直接由纤维最大断裂负荷时后夹持器的位移确定。

（三）仪器结构

HVI 1000 型测试仪长强组件的结构可分为自动取样部分、毛刷辊部分、测量台部分、长度测试部分、强力伸长测试部分，如图 2-26 所示。

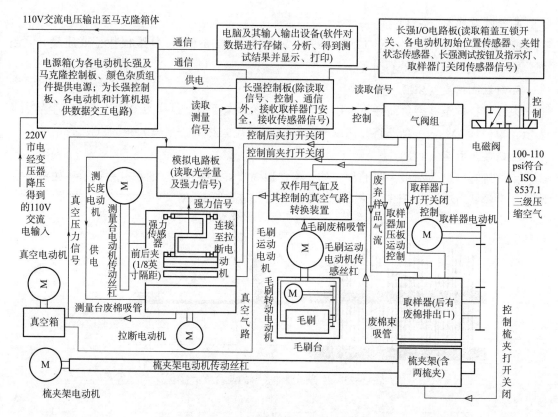

图 2-26　HVI 1000 型测试仪长强组件结构示意图

1. 自动取样器部分

取样器的构成：较窄的金属圆筒两端封闭，圆筒外表面一部分为多孔弧形板；一部分为针布（小锯齿片组成），针布前方有一橡胶刮板；其余为开口部分，以便人工将棉样放置在圆筒内，圆筒内有琴键式加压板。当棉样放入取样器内，轻触长度/强力测试按钮，取样器门关闭，取样器电动机运转。当取样器门处于打开或正在关闭的状态时，若手或障碍物挡在取样器门处，取样器门两侧的 6 个传感器开始工作，取样器门打开。取样器由高集成化的智能电动机按预设程序控制转动，取样器圆筒内的琴键式加压板自动压向棉样，在梳夹架上的梳夹由气缸活塞顶起打开，取样器圆筒逆时针转动一定角度（从取样器右侧观察），橡胶刮板去除上次测试留在梳夹上的剩余纤维，取样器前方真空吸管将废纤维吸走，然后取样器圆筒顺时针转动，打开的梳夹勾取从取样器圆筒孔洞中露出的棉花，随即梳夹自动关闭，梳夹上的试验须丛经取样器上的针布梳理后，智能电动机通过传动丝杆带动梳夹架，将带有试验须丛的梳夹送达毛刷台前方。

2. 毛刷辊部分

毛刷辊部分由毛刷辊（刷毛由塑料制成）、毛刷台、运动电动机和转动电动机组成。毛刷辊在运动电动机和转动电动机的带动下，将梳夹上的试验须丛刷平直，刷下的游离纤维由真空气路吸入真空箱。

3. 测量台部分

HVI 1000 型测试仪与 HVI 其他型号不同处之一，在于梳夹不动，测量台向前、向后移动。由智能电动机带动梳夹架送达测量台前方，测量台由智能电动机控制向前移动，使梳夹上的试验须丛接受长度和强力的测试。

4. 长度测试系统

在测量台内的光学系统，随测量台恒速向前或向后运动，梳夹上的试验须丛接受上下透镜间光束的扫描，光敏二极管发出的光信号通过试验须丛各位置，由模拟板上光敏电路接收，在测量光路和参比光路的光电转换经对数除法处理后，得到试验须丛各位置的光通量（遮光量），输出电压信号，并由软件绘制出纤维照影仪曲线，根据曲线得到平均长度、上半部平均长度、整齐度指数、短纤维指数（因在试验须丛完全进入测量口时，梳夹夹持线到测量口透镜外侧有 2.2 mm 距离，这一段纤维须丛没有测到，仪器根据已绘制的照影仪曲线判断此段纤维长度分布，进而修正短纤维指数测试数据）。

5. 强力和伸长测试系统

仪器根据照影仪曲线上的一定算法，选择试验须丛某光通量（遮光量）位置作为测量纤维束强力的夹持点，以隔距为 3.2 mm 的一对气动夹持器由打开状变为夹持状，将棉束夹住，前夹持器静止，后夹持器连接力传感器，由拉断步进电动机带动等速拉伸棉束，纤维束以连续变形速率在两夹持器内产生断裂，拉伸过程中，力传感器信号由模拟电路板读取，经模数转换后，传输给计算机，由软件绘制出负荷—伸长曲线，测得的断裂强力，经纤维束的光学质量及马克隆值修正得到断裂比强度（gf/tex）。由位移脉冲数记录后夹持器的位移，从而得到断裂伸长率。

（四）设备和材料

（1）大容量纤维测试仪，半自动型或自动型。

（2）半自动型仪器附有 192 型纤维取样器，用于梳夹抓取试验须丛。

（3）HVICC 标准校准棉花样品，用于校准纤维长度、断裂比强度和长度整齐度指数。

（4）实验室校准样品，用于校准纤维长度和断裂比强度。

（五）取样

（1）实验室样品。实验室样品的质量应不少于 125 g。

（2）试验试样。从实验室样品中取出 35 g 样品作为试验试样。

（六）设备的校准

（1）大容量纤维测试仪的长强组件。采用光电式照影仪测定棉纤维平均长度、上半部平均长度和长度整齐度指数；采用等速伸长型强力仪测定断裂比强度和断裂伸长率（隔距为 3.2 mm）。

（2）用硬件装置按照设计原理对仪器进行校准。经过正确校准后，如有必要，可借助软件调整方法，使实测值与实验室校准棉样标准值相一致。

（3）校准前，仪器需要预热 0.5 h，以便电子元件性能稳定。

（4）至少选择两个已确定马克隆值的具有上半部平均长度、长度整齐度指数、断裂比强度标准值的校准棉样（HVICC），其定值足以覆盖测试范围。

（5）从显示屏显示的菜单中选定长度/强度的校准程序。

（6）上述程序同时对测定平均长度、上半部平均长度、长度整齐度指数和断裂比强度的仪器进行调整。

（7）按照显示指令，输入校准棉样（HVICC）的标准值。按仪器程序软件执行校准。

（8）进入测试程序，对每个校准棉样做一组试样的测定以验证校准情况，使实验室校准棉样的实测值符合要求（此项工作称为对设备校准的检查）。

（七）测试程序

（1）从显示屏显示的菜单中选定长强测试程序。

（2）梳夹抓取试验须丛

①半自动型仪器（装备分立式取样器的 HVI 测试仪，如 HVI 900 仪）：将打开的梳夹放入纤维取样器上，梳齿朝上。将试验样品装入取样器圆筒内，人工将试验样品压在弧形、多孔的样品板上，将旋转柄朝逆时针方向转动一圈，完成梳夹抓取试验须丛和针布梳理试验须丛的动作，关闭梳夹。将装有试验须丛的梳夹从取样器上取下，人工装入仪器的梳夹架上。

②自动型仪器：

a. 自动平板式取样器（如 HVI Spectrum 仪）：将试验样品放入仪器内多孔平板取样器上，取样臂压迫棉样，使棉纤维露出在取样器的多孔板下方；空梳夹在取样器下方移动，棉纤维进入梳夹，在梳夹上生成一排棉纤维束（试验须丛），梳夹上的试验须丛经分梳器分梳和毛刷辊刷平伸直，带有平直试验须丛的梳夹自动置入长度—强力组件进行测试。

b. 自动圆筒式取样器（如 HVI 1000 仪）：取试验样品 8~12 g，放入取样器圆筒内，启动仪器运转，取样器门关闭，取样器圆筒内琴键式加压板自动压向棉样，在梳夹架上的梳夹由气缸活塞顶起打开，取样器圆筒逆时针转动（从取样器右侧观察），取样器上的橡胶刮板去除上次测试留在梳夹上的剩余纤维；取样器顺时针转动，打开的梳夹抓取从取样器圆筒的孔洞中露出的棉花，梳夹随即自动关闭，取样器圆筒继续转动，梳夹上的试验须丛经取样器圆筒表面的针布梳理；智能电动机通过传动丝杆带动梳夹架，将带有试验须丛的梳夹送达毛刷台前方，毛刷辊对试验须丛进行梳刷使其平直；由智能电动机带动梳夹架送达测量台前方。HVI 900A 型和 HVI Classing 仪取样过程与此略有不同。

（3）长强测试系统对梳夹上试验须丛进行测试。显示屏将显示测定值和其他信息，同时显示下一次测试的指令。长度和长度整齐度方面显示指标为上半部平均长度（Len）、长度整齐度指标（Unf）和短纤维指数（SFI）。强力伸长方面显示的指标为：断裂比强度（Str），单位为 gf/tex，断裂伸长率（Elg）。

（4）每个试验试样至少测试两次以上。

（八）试验结果

棉纤维断裂比强度试验结果的计算和表达

1. 修正前的断裂比强度

按式（2-68）和式（2-69）计算各试样修正前的断裂比强度。

对于零隔距长度试验：

$$P_t = (F_r \times 118)/m \tag{2-68}$$

对于 3.2 mm 隔距长度试验：

$$P_t = (F_r \times 150)/m \tag{2-69}$$

式中：P_t 为断裂比强度（cN/tex）；F_r 为断裂负荷（N）；m 为棉束质量（mg）。

计算结果精确到一位小数。

2. 平均断裂比强度

根据各试样的计算结果，求平均断裂比强度$\overline{P_t}$，结果精确到一位小数。

3. 修正后的断裂比强度

由校准棉样各试样平均试验结果按式（2-70）计算修正系数，精确到三位小数。

$$修正系数\ K=\frac{校准棉样标准值}{校准棉样观测值} \tag{2-70}$$

在整个试验过程中，若使用多种校准棉样，则可按各校准棉样的试样个数加权求平均修正系数。

按式（2-71）计算修正后的断裂比强度 T，精确到一位小数。

$$T=K\cdot P_t \tag{2-71}$$

4. 断裂伸长率

对于 3.2 mm 隔距的试验，由记录的各试样的断裂伸长率计算平均断裂伸长率。同样，计算平均断裂伸长率修正系数，再计算修正后的平均断裂伸长率，以百分数表示，结果精确至一位小数。

六、马克隆值测试

HVI 大容量纤维测试仪马克隆组件是根据苛仁纳（Kozeny）公式，在一定的气压下压缩空气通过棉纤维试样（纤维塞）形成的压差与纤维的比表面积平方成正比，而纤维的比表面积又同时与纤维成熟度和线密度相关，这个量值就是马克隆值。

（一）测试指标的定义

1. 马克隆值

一定量棉纤维在规定条件下的透气阻力的量度，它是棉纤维线密度与成熟度比的乘积，以马克隆刻度表示。马克隆刻度由国际协议确定具有成套马克隆值的"国际校准棉样"进行传递。

2. 成熟度指数

成熟度指数是反映样品中棉纤维细胞壁厚占棉纤维截面（恢复圆形）直径比例的指标，是以 HVI 测试仪测出的马克隆值、断裂比强度和断裂伸长率经过推算得到的一个相对值。

（二）测试原理

将预定质量的松散棉样放入试样筒，压缩到固定的体积，使用恒定压力的压缩空气通过棉纤维塞形成的压差便表示为马克隆读数，与马克隆读数相关的压差是通过对已知马克隆值范围甚大的棉样进行测试来确定的。

工作过程：低压空气分两路进入气桥（图2-27），

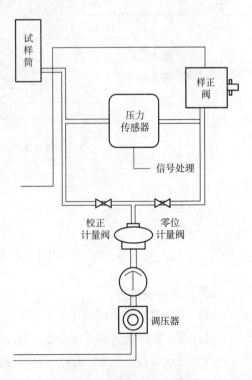

图 2-27　HVI 900 仪 920 马克隆仪
测试工作原理示意图

一路经零位计量阀和校正阀，另一路经校正计量阀和纤维试样筒排出。计量阀和校正阀的气阻固定，纤维塞的气阻随棉样的不同而不同。在桥路的气压差传感器上输出一个与气压差变化成正比的电信号。经线性放大，A/D 模数转换送至微机储存，计算出马克隆值，并显示。

（三）仪器结构（HVI 1000 型测试仪马克隆组件）

测试马克隆值时，取 9.5~10.5 g 松散棉样放入马克隆测试腔体试样筒中，关闭马克隆门，激活马克隆门下的磁性开关（即马克隆门关闭传感器），由气动装置控制马克隆气缸活塞向上运动直到马克隆气缸上传感器打开，低压空气经过精密气压调节阀，以恒定压力的压缩空气通过气桥进入测试腔体，压力传感器读取测试气体经过棉样前后的压差信号，并经模数转换后传输给计算机，得到马克隆值。此时，马克隆测试气缸活塞向下运动，直到马克隆腔体气缸下传感器打开，气路卸载，同时，马克隆门闩顶起气缸活塞向上运动，打开门闩，腔门随之打开，棉样被气流吹出，门闩顶起气缸活塞随之复位，一次测试完成（图 2-28）。

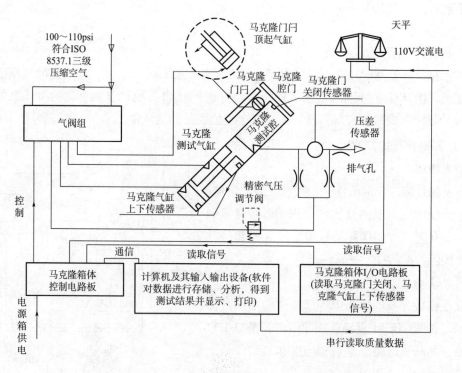

图 2-28　HVI 1000 型测试仪马克隆组件结构示意图

（四）设备和材料

（1）大容量纤维测试仪

（2）电子秤。最大称量不小于 20g，分度值不大于 0.01 g。

（3）马克隆校准标准。ICC 国际校准棉样；HVI 校准棉样标准（HVICC）。

（五）取样

从实验室样品中取试验试样，除去明显的大块非纤维物质，称取一个试验试样至（10±

0.5）g，撕松试样纤维。

（六）设备校准

（1）从显示屏显示的菜单中选定马克隆值校准程序。

（2）选择两只 HVICC 马克隆校准棉样，一只标有 3.0 及以下的马克隆值，另一只标有 5.0 及以上的马克隆值。

（3）按照显示指令，输入 HVICC 校准样品的标准值，并用天平称取校准棉样质量，精确到（10±0.01）g，试样质量显示在显示屏上（成熟度指数测定值需通过断裂比强度、断裂伸长率及马克隆组按一定的回归公式获得）。

（4）每只校准棉样测试后，仪器将自动进行校准。

（七）测试程序

（1）从显示屏显示的菜单中选定马克隆测试程序。

（2）将试验试样塞入仪器样品筒内，盖上盖板。

（3）仪器自动进行测定，测定值（马克隆值、成熟度指数）及其他相关信息以及下次测试的指令均显示在显示屏上（成熟度指数测定值需通过断裂比强度、断裂伸长率及马克隆值按一定的回归公式获得）。

七、颜色、杂质测试

（一）测试指标的定义

1. 反射率（Rd）

表示棉花样品反射光的明暗程度，以 Rd 表示。

2. 黄色深度（+b）

表示棉花黄色色调的深浅程度，以 +b 表示。

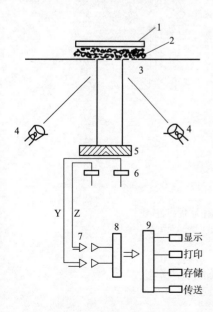

图 2-29　HVI 900 仪 930 测色仪测试工作原理示意图

3. 杂质数量（Tr Cnt）

测试面积内样品表面杂质颗粒总数。

4. 杂质面积（Tr Area）

测试面积内棉花样品表面杂质颗粒覆盖面积占测试总面积的百分率。

（二）测试原理

1. 色特征测试原理

白色光束以与棉样表面法线成 45° 角的方向入射于棉样表面上，在法线方向上测量棉样表面的反射光，分析其中光谱成分和反射率大小，获得棉样的 Rd、+b 值以及棉花色特征级代码编号。

930 测色仪的工作过程（图 2-29）：气动加压机构 1 将棉样 2 压在测试窗口 3 上，确保每只试样的密度一致。光源为两只对称放置的白炽灯泡 4，接收器是带有滤色片 5 的硅光电池 6。光电信号经放大器 7 放大并经模数转换器 8 后输入微机系统 9，把棉样的反射光分析成 CIE 标准色度观察者的三刺激值中的 Y 和 Z。再计算出亨特坐标的 Rd 和 $+b$。

Rd 和 $+b$ 的数值可转换成美国农业部的棉花色征等级，也可转换成我国棉花色特征级。亨特坐标为 Lab 色坐标，有三个矢量，即 Rd（相当于明度 L）、a 和 b，如图 2-30 所示。

Rd 表示光的反射率，a 和 b 是色坐标，a 表示红和绿，$+a$ 表示红色矢向，$-a$ 表示绿色矢向；b 表示黄和蓝，$+b$ 表示黄色矢向，$-b$ 表示蓝色矢向。对于普通白棉的 a 值近似常数，无须测量。由于绝大部分棉花的基本色很接近孟塞尔色卡中的 10YR（10 黄红），为简化电

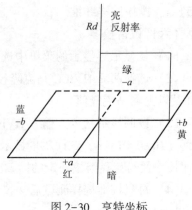

图 2-30 亨特坐标

路结构起见，用 $+b$ 作为棉花黄度示值，实际测得的 $+b$ 与理论上的黄色饱和度示值近似。

2. 杂质测试原理

采用高分辨率摄像机扫描一定照度的试样表面，在排除棉样表面平均色特征情况下，对扫描图像分析计算杂质数量和面积。

935 杂质仪的工作过程（图 2-31）：使用计算机图像处理技术测量棉花中夹带的杂质含量（颗粒数）和面积百分率，采用一个高分辨率摄像机在一定照度下扫描棉样表面，在排除棉样表面平均色征情况下，以反射率的高低来区别杂质的颗粒，阈值（界限值）控制在比棉样表面平均反射率低 30%，所有比临界阈值较暗的部分都视为杂质。

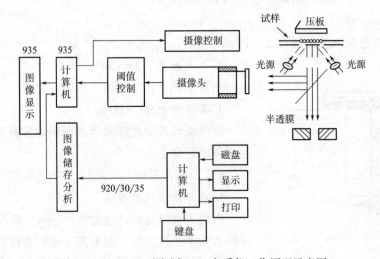

图 2-31 HVI 900 测试仪 935 杂质仪工作原理示意图

（三）仪器结构

图 2-32 为 HVI 1000 型测试仪颜色杂质组件结构示意图。

1. 测试颜色仪器结构

棉花颜色测试时，轻触色杂测试按钮，气动装置控制压头（又称压手、压板）向下运动直至色杂压头位置下传感器打开，压头以不低于 444.8 N（100 lbf）的压力压在棉样上，

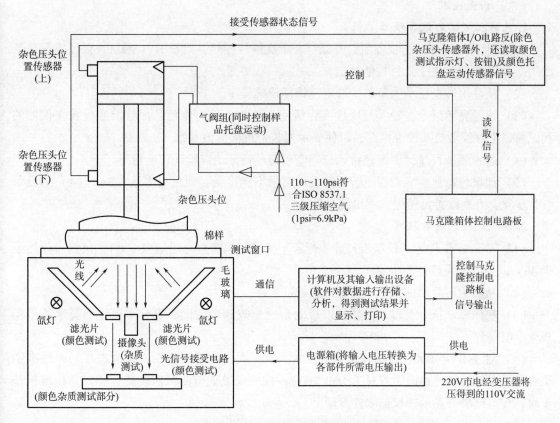

图 2-32 HVI 1000 型测试仪颜色杂质组件结构示意图

氙灯通过与水平成 45°角的毛玻璃透过测试窗口照射在棉样表面，反射光线透过水平放置的滤色片，照射到光敏电路上。光信号经过模数转换传入计算机进行分析，计算得到 Rd 和 $+b$ 结果，并由 Rd 和 $+b$ 结果根据色特征图得到棉样色特征级。

2. 测试杂质仪器结构

杂质测试同样是在压头以不低于 100lbf 的压力压在棉样上时，氙灯光线照射到棉样表面时，摄像头根据预设的亮度、对比度、图像面积，拍摄棉样表面的图像，并由计算机根据预设参数分析后得到杂质粒数、杂质面积百分率，并由此根据预定义得出杂质等级（美国棉花标准中的叶屑等级）。

（四）设备和材料

（1）大容量纤维测试仪

（2）色特征校准瓷板。一套标有 Rd 和 $+b$ 值的五块工作校准瓷板。

（3）杂质校准板。一套用于仪器校准并标有数值的工作校准板。

（五）取样

（1）实验室样品。交接验收的实验室样品应不少于 125 g。

（2）从实验室样品中抽取两个试验试样，每个试样不少于 40g。样品表面应完全盖满仪器的测试窗口，其厚度足以挡住测试窗口向上的光线，棉样被加压前的厚度应在 5cm 以上。

（六）设备校准

1. 色特征试验的设备校准

（1）对于 HVI 1000，仪器需打开氙灯若干次进行预热；对于 HVI 900A，仪器需预热至少 4h，以使光源和电子元件性能稳定。

（2）从显示屏上显示的菜单中选定色特征校准程序。

（3）按照显示指令，输入每块校准瓷板的 Rd 和 $+b$ 值。将色特征校准瓷板放在仪器的测试窗口上，仪器自动校准电路，以使显示值与瓷板标准值一致。

（4）进入测试程序，测定色特征校准瓷板的色特征值以验证校准情况。

（5）如果色特征校准瓷板色特征的测试结果不能接受，须重复上述（3）、（4）的设备校准步骤，直到取得可接受的测试结果为止。

2. 杂质试验的设备校准

（1）对于 HVI 1000，仪器需打开氙灯若干次进行预热；对于 HVI 900A，仪器需预热至少 4h，以使电子元件性能稳定。

（2）从显示屏显示的菜单中选定杂质校准程序。

（3）按照显示指令，输入杂质校准板的杂质粒数和杂质面积百分率以便使显示值与瓷板标准值一致。

（4）对于 HVI 1000，按照校准规范依次测试一次白色瓷板及四次杂质校准板，校准结果将显示在仪器软件界面中；对于 HVI 900A，按照校准规范测试白色瓷板和杂质校准板若干次，校准结果将显示在仪器软件界面上。

（5）进入测试程序，测定杂质校准瓷板以验证校准情况。

（七）测试程序（色特征、杂质相同的操作程序）

（1）从显示屏显示的菜单中选择色特征、杂质测试程序。

（2）将试验试样表面盖满测试窗口，按下按钮启动仪器，使压头给试验试样施加适当压力。

（3）保持试验试样原状，直到仪器显示屏显示测试已经完成。

（4）每个试验试样各测试一次，除非试验试样色特征明显不匀。

（5）色特征值不匀的控制范围由试验室确定并明示。如果两个试验试样的色特征超出控制范围，需重新测试，如仍超出控制范围，应在检验结果中注明。

八、注意事项

（1）校准或校准检查过程中，若仪器出现任何故障，不能完成测试，操作人员应通知仪器维修人员。

（2）某模块校准通过后，应按相关要求进行校准检查，结果符合要求的则该模块校准合格。

（3）校准合格的纤维测试仪，准予使用，不合格的通知维修。

（4）纤维测试仪的校验频率根据校准检查结果确定，但每一年必须进行一次包括外观检查、电器安全性能检查的周期校准。

思 考 题

1. 简述棉纤维物理性能测试指标。
2. 简述测试棉纤维长度的原理。
3. 简述测试棉纤维断裂比强度和断裂伸长率的原理。
4. 简述 HVI 1000 型测试仪测试马克隆值的工作原理。
5. 简述测试棉纤维色特征的原理。
6. 简述测试棉纤维杂质的原理

第八节 纤维强伸度性能测试

一、实验目的

应用纤维强伸度仪测定单根化学纤维的强力、初始模量和断裂比功等指标，并绘制纤维强力-伸长曲线。通过实验，了解单根纤维强伸性能测试的原理和结构，掌握实验操作方法。

二、基本知识

纤维力学性能中最重要的是强伸性能，纤维制品的服用性能、耐磨程度以及抗皱、尺寸稳定性等都与纤维的拉伸特性有着密切的关系。纤维强伸性能与纤维内部结构密切相关，受到纤维分子量、结晶度、取向度等的影响。当分子量一定时，要提高纤维强度或改变纤维的断裂伸长率以及纤维的初始杨氏模量与屈服点强度，就需要提高或改变纤维的取向度与结晶度，这与化学纤维纺丝成形以后的后加工过程有着密切关系。

制造化纤时，无论是湿法纺丝成形的凝固丝，还是熔融法纺丝成形的卷绕丝，统称为初生纤维。由于初生纤维内部结构单元的排列基本是乱的，或者仅具有较小的取向度，所以，纤维的强度很低而断裂伸长率很大，不能应用于纺织工业。于是，后加工的拉伸工序和热定型工序改变纤维的内部结构，以获得具有良好品质的成品纤维供纺织使用。初生纤维经过拉伸工序后，纤维内大分子沿纤维轴向的取向度有显著提高，在无定形区或低序区内卷曲的大分子通过链段的运动，沿着作用力的方向（即纤维轴向）伸展。纤维内的大分子取向度提高后，分子间的作用力增加。对于较易结晶的聚酰胺纤维（锦纶 6）以及原来几乎是无定形的聚酯（涤纶）卷绕丝，在拉伸过程中结晶度也会逐渐增高。由于分子间力的增加，纤维能承受外加张力的分子链的数目就有所增加，从而纤维强度提高，伸长率下降。拉伸倍率越大，强度提高越大。在前后两次拉伸时，拉伸倍数的分配要适当（可参考原丝的倍半伸长率 EYS1.5、自然拉伸倍数等指标的数据），并且拉伸倍数应控制稳定，在热定型工序要合理选择定型的温度、时间与张力等条件。化学纤维的后加工过程就是通过上述措施来改变纤维内部结构，使成品纤维具备所需的力学性能。

纤维强伸性能最常用的指标是强力、强度、断裂伸长率和初始模量。拉断纤维所需要的力称为纤维的绝对强力，简称纤维强力，单位为 cN。一般而言，对于同一品种的化学纤维，纤维越粗，纤维强力越大。由于化学纤维各种型号规格变化很大，在不同粗细的纤维仅仅根据纤维的绝对强力大小来比较其坚牢程度就很难得出正确的结论，为此，必须同时考虑纤维截面的大小，用绝对强力与细度的比值来表征相对强力。纤维强度是指纤维的断裂比强度，它表示纤维的相对强力，是纤维强力和细度的综合指标，单位为 cN/dtex。

三、试验仪器和用具

试验仪器为 XQ-1A 型纤维强伸度仪，并需准备张力夹、镊子、黑绒板等用具。

四、仪器结构原理

XQ-1A 型纤维强伸度仪是测定纤维拉伸性能的试验仪器，可对单根纤维试样在干态或湿态下进行一次拉伸试验，显示纤维试样强力、伸长率及定伸长负荷的单值、平均值和变异系数，并可实时显示纤维拉伸过程的力—伸长率曲线。测试数据和拉伸曲线可以打印和保存。

按照国际化学纤维标准化局（BISFA）和国际标准化组织（ISO）推荐的方法，采用 XQ-1A 型纤维强伸度仪与 XD-1 型细度仪联机测量同一根纤维线密度和强力，可更准确测定纤维强度、初始模量和断裂比功等纤维性能指标。仪器为 XQ-1 型纤维强伸度仪的升级产品，仪器结构精密，测试精度高，性能稳定。采用气动夹持器夹持纤维，使用方便，可减小操作误差，提高试验工作效率。

仪器属于等速伸长型（CRE）拉伸试验仪，其工作原理如图 2-33 所示。

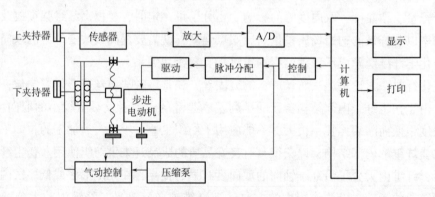

图 2-33 强伸度仪工作原理示意图

进行拉伸试验时，被测纤维试样夹持于上夹持器与下夹持器之间。计算机程序按照面板操作指令发出步进脉冲，通过脉冲分配器驱动步进电动机经传动机构使下夹持器作升降运动，并计数输入电动机脉冲数而完成伸长测量。被测试样所受力经由传递机构作用于测力传感器，输出信号经放大和 A/D 转换后，进入计算机完成力值测量。

本仪器由强力仪主机与计算机控制系统两部分组成，两者由多芯电缆相联，如图 2-34、图 2-35 所示。

如图 2-35 所示，强力仪主机面板上除电源开关 11 外，有六个操作按钮，其作用如下。

升按钮 8：下夹持器上升。

图 2-34　强伸度仪外形图

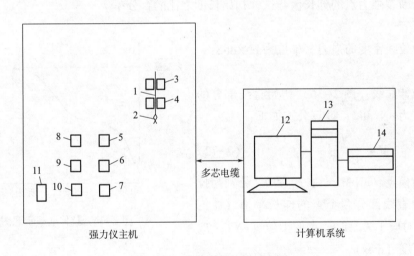

图 2-35　强伸度仪外形示意图

1—纤维试样　2—张力夹　3—上夹持器　4—下夹持器　5—上夹按钮　6—下夹按钮

7—自动按钮　8—升按钮　9—停按钮　10—降按钮　11—电源开关　12—显示器

13—计算机　14—打印机

停按钮 9：下夹持器停止。

降按钮 10：下夹持器下降。

上夹按钮 5：上夹持器交替开、闭。

下夹按钮 6：下夹持器交替开、闭。

自动按钮 7：第 1 次按该按钮时上夹持器关闭，第 2 次按该按钮时下夹持器关闭，同时下夹持器开始下降进行拉伸试验。在拉伸试验过程中若再按该按钮可中断拉伸试验，上、下夹持器自动打开，下夹持器上升至原位。

仪器的主要技术指标如下。

(1) 力值测量范围为 0~100cN。

(2) 力值测量误差为≤±1%。

(3) 力值测量分辨率为 0.01cN。

(4) 伸长测量范围为 100 mm。

(5) 伸长测量误差为≤0.05 mm。

(6) 伸长测量分辨率为 0.1%。

(7) 下夹持器下降速度为 1~100 mm/min。

(8) 下夹持器动程为 100 mm。

五、仪器测试指标及试验参数选择

(一) 仪器测试可以得到的性能指标

1. 断裂强力

试样拉伸至断裂过程中的最大力值，单位为 cN。

2. 断裂伸长率

对应于断裂强力点的伸长值与试样初始长度之比的百分率。

3. 强度

试样单位线密度的强力，单位为 cN/dtex。

4. 模量

试样拉伸曲线（图 2-36）初始直线部分的斜率，单位为 cN/dtex；计算公式如下：

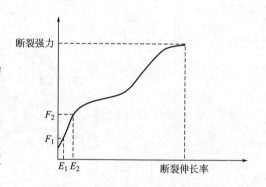

$$M = \frac{F_2 - F_1}{(E_2 - E_1) \cdot T_{dt}} \quad (2-72)$$

式中：M 为模量（cN/dtex）；E_1 和 E_2 分别为拉伸曲线初始直线部分两个点的伸长率值（%）；F_1 和 F_2 为对应于 E_1 和 E_2 点的力值（cN）；T_{dt} 为试样线密度（dtex）。

图 2-36　拉伸曲线示意图

5. 断裂比功

（力/线密度）—伸长率曲线下的面积，单位为 cN/dtex。

6. 定伸长强度

试样拉伸过程中，在设定伸长率下的强度，单位为 cN/dtex。

7. 定负荷伸长率

试样拉伸过程中，在设定负荷下的伸长率。

仪器在试验试样拉伸至断裂后，计算机自动计算上述指标，显示屏上显示下列试验结果：断裂强力、断裂伸长率、强度、模量、断裂比功和定伸长强度等纤维性能指标数据。

(二) 仪器试验参数的设置

开始试验前，根据不同试样的拉伸特性，仪器试验参数要进行预先设置选择，包括以下内容。

1. 夹持距离

根据纤维名义长度，按表 2-20 规定选择夹持距离。

表 2-20　夹持距离和纤维名义长度的关系

纤维名义长度/mm	夹持距离/mm
<38	10
≥38	20

纤维名义长度小于 15 mm 时，可采用协议双方认可的夹持长度，建议使用具有特殊设计夹持器的工程纤维强伸度仪。纤维强伸度细度联机测试只适用于名义长度 ≥38 mm 的纤维。

2. 下夹持器下降速度

根据纤维试样的平均断裂伸长率，按表 2-21 规定选择下夹持器下降速度。

表 2-21　下夹持器下降速度和断裂伸长率的关系

断裂伸长率/%	下夹持器下降速度/（mm·min^{-1}）
<8	50%名义夹持长度
≥8~<50	100%名义夹持长度
≥50	200%名义夹持长度

3. 预张力值

聚酯纤维（涤纶）、聚酰胺纤维（锦纶）、聚丙烯纤维（丙纶）、聚乙烯醇纤维（维纶）等：$0.05~0.20$cN/dtex。可作一次拉伸曲线确定。

当与 XD-1 型纤维振动式细度仪联机测试时，所用张力夹与振动式细度仪测试线密度值时一致，为（0.150 ± 0.015）cN/dtex。张力夹重量要满足测试精度要求。

4. 负荷范围

选择负荷范围，使拉伸曲线中断裂强力落在所选图形纵坐标量程合适的范围内。

5. 伸长率范围

选择伸长率范围，使拉伸曲线中断裂伸长率落在所选图形横坐标量程合适的范围内。

6. 模量的起点伸长率 E_1 和终点伸长率 E_2

要求 E_1 和 E_2 点在所作拉伸曲线的起始直线部分范围内（图 2-36）。

六、试验准备及操作使用方法

（一）试样准备

按照 GB/T 14334—2006《化学纤维　短纤维取样方法》规定取出实验室样品，从中随机取出约 5 g 聚酯（涤纶）短纤维。

（二）预调湿、调湿和试验用标准大气

1. 试样预处理

试样回潮率超过公定回潮率时，需要进行预调湿：温度不超过 50 ℃；相对湿度 5% ~ 25%；时间大于 30 min。

2. 试样调湿和试验用标准大气

按照 GB/T 6529—2008《纺织品　调湿和试验用标准大气》规定的纺织品的调湿和试验用标准大气，选择如下参数。聚酯纤维（涤纶）、聚丙烯纤维（丙纶）和聚丙烯腈纤维（腈纶）试样的调湿和试验用标准大气为：温度不超过（20±2）℃；相对湿度（65±5）%；调湿时间 4h。其他试样的调湿和试验用标准大气为：温度不超过（20±2）℃；相对湿度（65±2）%；推荐调湿时间 16h。其他规定，按照 GB/T 6529 执行。

（三）仪器使用前准备工作

用多芯电缆连接纤维强伸度仪主机与计算机系统，用进气管连接仪器主机与压缩气源，接通压缩机电源，令气源压力升至规定数值，调节仪器内部压力调节阀，一般纤维试样设置 0.4MPa 左右。

七、试验操作步骤

（1）打开纤维强伸度仪电源和计算机电源，预热 30 min。

（2）双击计算机桌面上"XQ-1A"强伸度仪的小图标，出现测试窗口，其左半部分为负荷—伸长曲线图，右半部分为测试信息和测试数据表，底部从左至右依次为设置、剔除、打印、保存、标定、查询、退出等功能的按钮。

（3）点击测试窗口中"标定"按钮，出现标定界面。在上夹持器无负荷的情况下，点击"校零"按钮，使力值显示为零。在上夹持器端面上放置 100cN 标准砝码，点击"满度"按钮，力值显示为 100（cN）。如此重复 1~2 次即可完成力值零位和满度校准，并点击"退出"按钮返回测试窗口。

（4）点击测试窗口中"设置"按钮，出现测试参数设置选项界面。根据不同测试选择和所做试样的测试需要，对夹持距离、拉伸速度、模量起点、模量终点、负荷范围、伸长率范围、定伸长率值、定负荷值等参数进行设置。测试参数选项设置完成后，点击选项界面中"确定"按钮，即可开始进行相应试验。

（5）将预张力夹夹持纤维试样的一端，用镊子轻轻夹持纤维试样另一端，把纤维试样引至强力仪夹持器钳口中间部位。若 XD-1 联机使用，先把纤维试样引至 XD-1 型细度仪测量其线密度，按细度仪上"确定"按钮后，再把该根纤维试样引至强力仪夹持器钳口中间部位。再按主机面板上的"自动"按钮，上夹持器钳口闭合；按"自动"按钮，下夹持器钳口闭合，同时下夹持器下降，开始拉伸纤维试样。试样断裂后，上、下夹持器钳口自动打开，下夹持器上升回复至原位，计算机屏幕显示该次试验结果各项性能指标。

（6）重复步骤（5），直至达到预定试验次数为止。

八、试验结果

由计算机自动计算打印出纤维强伸度测试结果的单值和统计值。

1. 平均断裂强力

$$F = \frac{\sum_{i=1}^{n} F_i}{n} \tag{2-72}$$

式中：F 为平均断裂强力（cN）；F_i 为第 i 根纤维试样的断裂强力（cN）。

2. 平均断裂强度

$$\sigma_t = \frac{\sum_{i=1}^{n} \dfrac{F_i}{T_{dti}}}{n} \tag{2-73}$$

式中：σ_t 为平均断裂强度（cN/dtex）；F_i 为第 i 根纤维试样的断裂强力（cN）；T_{dti} 为第 i 根纤维试样的线密度（dtex）。

3. 平均断裂伸长率

$$\varepsilon = \frac{\sum_{i=1}^{n} \dfrac{\Delta L_i}{L}}{n} \times 100 \tag{2-74}$$

式中：ε 为平均断裂伸长率（%）；ΔL_i 为第 i 根纤维试样的断裂伸长值（mm）；L 为名义隔距长度（mm）。

4. 平均定伸长强度

$$\sigma_e = \frac{\sum_{i=1}^{n} \dfrac{F_{ei}}{T_{dti}}}{n} \tag{2-75}$$

式中：σ_e 为平均定伸长强度（cN/dtex）；F_{ei} 为第 i 根纤维试样的定伸长强力值（cN）；T_{dti} 为第 i 根纤维试样的线密度（dtex）。

5. 平均初始模量

$$M = \frac{\sum_{i=1}^{n} M_i}{n} \tag{2-76}$$

式中：M 为平均初始模量（cN/dtex）；M_i 为第 i 根纤维试样的初始模量（cN/dtex）。

九、预加张力的求取方法

对于某些纤维，如规定的预张力不适用时，可由有关各方协商按以下方法确定。

（1）试验在等速伸长型（CRE）强伸仪上进行。

（2）试验时，纤维不加预张力，在松弛状态下进行拉伸试验，得到负荷—伸长曲线，如图 2-37 所示。

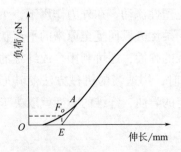

图 2-37　在负荷—伸长曲线上求预张力的示意图

（3）从图 2-37 上零负荷附近取负荷变化随伸长变化最大的 A 点作切线与伸长轴相交于 E，再由 E 作垂线与负荷—伸长曲线相交于 F_0，F_0 所表示的就是试样的预加张力负荷值。

思 考 题

1. 试述测量纤维比强度的意义。
2. 如何确定不同品种规格纤维试样的预加张力值。
3. 测试纤维强伸度时，如何设置夹持距离和下夹持器下降速度。
4. 有哪些因素影响纤维初始模量的测试结果。

第九节　纤维黏弹性能测试

一、实验目的

应用多功能纤维强伸度仪对单根弹性纤维试样进行定伸长弹性、循环定伸长弹性、定负荷弹性、循环定负荷弹性、松弛、蠕变等试验。通过实验，了解弹性纤维黏弹性能测试的原理和仪器基本结构，掌握实验操作方法。

二、基本知识

纤维受外力拉伸时产生的变形包括急弹性变形、缓弹性变形和塑性变形。急弹性变形是纤维在外力作用下，其内部分子间的平均距离增大，当外力去除后，几乎可以立刻回复原状的变形。缓弹性变形是由于线型大分子又由伸直状态逐渐弯曲起来，缓慢回缩的变形。塑性变形是纤维在外力作用下，在无定形区域的大分子部分链节相互之间产生滑移，有的大分子链本身发生断裂，产生不可回复的变形。纤维在一定外力作用下，变形随受力时间的延长而逐渐增加的现象称为蠕变。纤维受外力拉伸时将变形保持不变，则纤维的内应力随时间的增长而逐渐减小，这种现象称为应力松弛。

对于弹性纤维，纤维内部结构一般是纤维分子链之间有一定的固定点与巨大的局部流动性相结合的弹性结构，其分子由柔性大的链段和刚性大的链段共同构成的嵌段共聚物所组成。柔性嵌段使纤维分子链段具有巨大的局部流动性，刚性链段则能起结晶作用，在分子链之间形成牢固的分子间的键起着固定点的作用，使链段不发生塑性流动。在外力作用下，柔性链段伸直而不破坏刚性链段之间的分子间键，外力除去后，柔性嵌段回复至原来的平衡状态。这样就使纤维具有良好的弹性。另外，为了提高化学纤维的弹性，还可利用合成纤维的热塑性，将聚酰胺（锦纶）或聚酯长丝在高温下热处理的同时，用适当的机械方法使其形成卷曲，卷曲在冷却后固定下来，结果在纤维上形成许多稳定的卷曲，纤维的弹性就取决于单位长度上卷曲的数目和卷曲的稳定性。

三、试验仪器和用具

试验仪器为 XQ-2 型纤维强伸度仪，并需准备张力夹、镊子、黑绒板等用具。

四、仪器结构原理

XQ-2 型纤维强伸度仪通过计算机对下夹持器运动的控制，可实现对试样进行一次拉伸、定伸长弹性、循环定伸长弹性、定负荷弹性、循环定负荷弹性、松弛、蠕变等多种性能测试，得到有关弹性指标。

仪器的结构和技术指标与 XQ-1A 型纤维强伸度仪的基本相同，参见本章第八节相关内容。

五、黏弹性试验的原理、指标及参数选择

（一）定伸长弹性试验

1. 测试工作原理

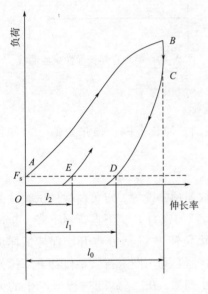

图 2-38 定伸长弹性试验曲线

试验中拉伸至最大伸长值保持一定，其值由仪器预先设置，定伸长弹性试验拉伸曲线如图 2-38 所示。试验过程中，预张力 F_s、定伸长率值 l_0、定伸长停留时间 t_1 以及原位回复时间 t_2 是预先设置的。试验开始，下夹持器下降，拉伸纤维试样至设定定伸长率 l_0 后停止，拉伸曲线由 A 至 B，从 B 点开始保持试样伸长不变，由于纤维试样内部应力松弛，负荷逐渐减小，经 t_1 时间后到达 C 点，BC 为应力松弛过程。然后下夹持器回升至原位，回复曲线由 C 至 O 过程中，当负荷逐渐减小到预张力时，相应于曲线上 D 点，对应伸长率为 l_1。下夹持器在原位松弛回复停留 t_2 时间后再次下降，拉伸纤维至出现张力时，相应于曲线上 E 点，对应伸长率为 l_2，然后，下夹持器回升结束黏弹性试验。由所得 l_1 和 l_2，用式（2-77）~ 式（2-80）计算各项弹性指标。

$$急弹性变形率(\%) = \frac{l_0 - l_1}{l_0} \times 100 \tag{2-77}$$

$$塑性变形率(\%) = \frac{l_2}{l_0} \times 100 \tag{2-78}$$

$$缓弹性变形率(\%) = \frac{l_1 - l_2}{l_0} \times 100 \tag{2-79}$$

$$弹性变形率(\%) = \frac{l_0 - l_2}{l_0} \times 100 \tag{2-80}$$

2. 测试参数设置

除一次拉伸试验所需设定的夹持距离、负荷范围、伸长范围等参数外，还需设置以下参数。

（1）定伸长时间。根据需要设置定伸长停留时间 t_1 和松弛回复时间 t_2。例如：$t_1 = 1\ \text{min}$，$t_2 = 3\ \text{min}$。

（2）定伸长率。非弹性化学纤维，参照日本 JIS 标准，定伸长率可取为 3%；弹性纤维根据试验要求定伸长率可取为 10%~30%。

（3）下夹持器下降速度。根据夹持距离和定伸长值，选择合适的下夹持器下降速度。

（4）预加张力。预加张力用于消除纤维卷曲，使试验时试样处于初始伸直状态，在此基础上进行弹性试验。

（二）循环定伸长弹性试验

试样先进行（$N-1$）次定伸长循环拉伸，在定伸长率处不停顿，第 N 次拉伸过程如上所述定伸长试验相同，循环定伸长试验曲线如图 2-39 所示。图中略去了中间过程各次拉伸循环曲线。试验过程中，预张力 F_s、定伸长率值 l_0、循环次数 N、定伸长停留时间 t_1 以及原位回复时间 t_2 是预先设置的，D 点和 E 点由仪器自动判别测得 l_1 和 l_2，由 l_0、l_1、l_2 计算各项弹性指标。

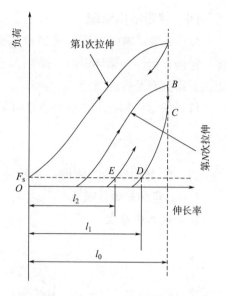

图 2-39　循环定伸长弹性试验曲线

试验前需设置参数：夹持距离、拉伸速度、负荷范围、伸长范围、预张力值、定伸长率、定伸长停留时间、松弛回复时间、循环次数等。

（三）定负荷弹性试验

试验中，拉伸至设定定负荷值并保持一定，其值由仪器预先设置。定负荷弹性试验拉伸曲线如图 2-40 所示。试验从 A 点开始，A 点对应的力为预加张力 F_s，下夹持器下降，拉伸纤维试样至拉伸曲线 B 点后停止，B 点负荷为设定的最大负荷 F_m。从 B 点开始保持试样负荷不变，由于纤维试样内部应力松弛、负荷减小，下夹持器必须不断进行微小位移下降拉伸纤维，以使试样负荷不变，在 t_1 时间内，拉伸曲线由 B 到 C，BC 是蠕变过程所产生的伸长。然后，下夹持器回升至原位，回复曲线由 C 至 O，当负荷逐渐减小到预张力 F_s 时，相应于曲线上 D 点，其对应伸长率为 l_1。下夹持器在原位保持松弛状态停留 t_2 时间后再次下降拉伸纤维，试样负荷增加至预张力 F_s 时，相应于曲线上 E 点，其对应伸长率为 l_2，然后，下夹持器回升，结束试验。试验过程中，预张力 F_s、定负荷值 F_m、定负荷停留时间 t_1 以及原位回复时间 t_2 是预先设置的，D 点和 E 点由仪器自动判别测得 l_1 和 l_2，由 l_0、l_1、l_2 计算各项弹性指标。

试验前需设置参数：夹持距离、拉伸速度、负荷范围、伸长范围、预张力值、定负荷值、定负荷停留时间、松弛回复时间等。

（四）循环定负荷弹性试验

试样先进行（$N-1$）次定伸长循环拉伸，到达定负荷时不停顿，第 N 次拉伸过程如上所述定负荷试验相同，循环定负荷试验曲线如图 2-41 所示。图中略去了中间过程拉伸循环曲线。试验过程中，预张力 F_s、定负荷值 F_m、循环次数 N、定负荷停留时间 t_1 以及原位回复时间 t_2 是预先设置的，D 点和 E 点由仪器自动判别测得 l_1 和 l_2，由 l_0、l_1 和 l_2 计算各项弹性指标。

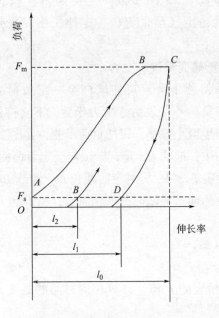

图 2-40　定负荷弹性试验曲线

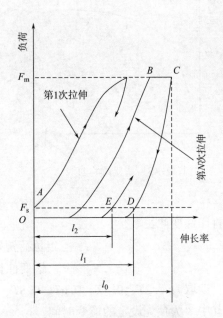

图 2-41　循环定负荷弹性试验曲线

试验前需设置参数：夹持距离、拉伸速度、负荷范围、伸长范围、预张力值、定负荷值、定负荷停留时间、松弛回复时间、循环次数等。

（五）松弛试验

下夹持器下降，拉伸试样至一定伸长后停止，保持伸长不变，试样内部应力松弛，负荷逐渐减小，如图 2-42 所示。图中 A 点对应的力是预张力，下夹持器下降拉伸纤维试样至设定伸长 B 点后停止，曲线 AB 是试样拉伸曲线，B 点对应力 F_B 是设定定伸长率时对应的负荷。以 B 点对应时间为起点时间 $t=0$，从 B 点开始试样伸长不变，由于纤维试样内部应力松弛而致负荷逐渐减小，测试各时间间隔的力值，经过 T 时间后到达 C 点，曲线 BC 为应力松弛过程，可得力—时间曲线，即应力松弛曲线。仪器可打印设定时间间隔的力值及应力衰减率。

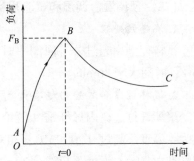

图 2-42　应力松弛试验曲线

仪器以 B 点的对应时间为时间起点，即 $t=0$，测试记录各时间的力值 F_t，由以式（2-81）、式（2-82）算应力松弛指标。

$$定伸长初始负荷 = F_B \tag{2-81}$$

$$应力衰减率(\%) = \frac{F_B - F_t}{F_B} \times 100 \tag{2-82}$$

式中：F_B 为定伸长初始负荷；读取 $t=0.2T$、$0.4T$、$0.6T$、$0.8T$、$1.0T$ 时相应的 F_t 值，计算相应时间的应力衰减率，其中 T 为预先设定的松弛时间。

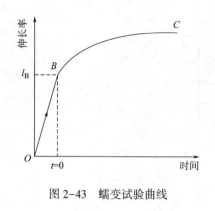

图 2-43　蠕变试验曲线

试验前需设置参数：夹持距离、拉伸速度、负荷范围、预张力值、定伸长率、松弛时间等。

（六）蠕变试验

下夹持器下降，拉伸试样至一定负荷后停止，保持负荷不变。由于应力松弛，下夹持器不断下降产生微小位移，以使负荷不变，如图 2-43 所示。图中，曲线 OB 是试样拉伸至定负荷曲线，B 点是设定负荷 F_m 所对应的伸长 l_B，曲线 BC 是蠕变产生的伸长 l_t 随时间变化曲线，由 l_t 和 l_B 可计算打印蠕变伸长率。

$$定负荷初始伸长率(\%) = l_B \qquad (2-83)$$
$$蠕变伸长率(\%) = l_t - l_B \qquad (2-84)$$

式中：读取 $t = 0.2T$、$0.4T$、$0.6T$、$0.8T$、$1.0T$ 时相应的 l_t 值，计算相应时间的蠕变伸长率，其中 T 为预先设定的蠕变时间。

试验前需设置参数：夹持距离、拉伸速度、伸长范围、预张力值、定负荷值、蠕变时间等。

六、试验准备及操作使用方法

（一）试样准备

按 GB/T 14334 规定取出实验室样品，从中随机取出约 5 g 弹性短纤维。

（二）预调湿、调湿和试验用标准大气

1. 试样预处理

试样回潮率超过公定回潮率时，需要进行预调湿：温度不超过 50 ℃；相对湿度 5%～25%；时间大于 30 min。

2. 试样调湿和试验用标准大气

聚酯纤维、聚丙烯纤维（丙纶）和聚丙烯腈纤维（腈纶）试样的调湿和试验用标准大气为：温度不超过（20±2）℃；相对湿度（65±5）%；调湿时间 4h。其他试样的调湿和试验用标准大气为：温度不超过（20±2）℃；相对湿度（65±2）%；推荐调湿时间 16h。其他规定，按照 GB/T 6529 执行。

（三）仪器使用前准备工作

（1）用多芯电缆连接强伸度仪主机与计算机系统，用进气管连接强伸度仪主机与压缩气源，接通压缩机电源，令气源压力升至规定数值，调节强伸度仪内部压力调节阀，一般纤维试样设置于 0.4MPa 左右。

（2）打开强伸度仪主机及计算机电源，启动计算机程序预热半小时。

七、试验操作步骤

（1）双击计算机桌面上"XQ-2"强伸度仪的小图标，出现测试窗口，其左半部分为负

荷-伸长曲线图，右半部分为测试信息和测试数据表，底部从左至右依次为设置、剔除、打印、保存、标定、查询、退出等功能的按钮。

（2）点击测试窗口中"标定"按钮，出现标定界面。在上夹持器无负荷的情况下，点击"校零"按钮，使力值显示为零。在上夹持器端面上放置100cN标准砝码，点击"满度"按钮，力值显示为100（cN）。如此重复1~2次即可完成力值零位和满度校准，并点击"退出"按钮返回测试窗口。

（3）点击测试窗口中"设置"按钮，出现测试参数设置选项界面，在测试功能选择中，可选择"定伸长试验""循环定伸长试验""定负荷试验""循环定负荷试验""松弛试验""蠕变试验"等项进行黏弹性试验。黏弹性试验需设定夹持距离、拉伸速度、负荷范围、伸长范围、伸长范围、预张力值等参数外，还需设置以下参数。

①定伸长试验时需设置参数：定伸长率、定伸长停留时间、松弛回复时间等。

②循环定伸长试验时需设置参数：循环次数、定伸长率、定伸长停留时间、松弛回复时间等。

③定负荷试验时需设置参数：定负荷值、定负荷停留时间、松弛回复时间等。

④循环定负荷试验时需设置参数：循环次数、定负荷值、定负荷停留时间、松弛回复时间等。

⑤松弛试验时需设置参数：定伸长率、松弛时间等。

⑥蠕变试验时需设置参数：定负荷值、蠕变时间等。

测试参数选项设置完成后，点击选项界面中"确定"按钮，即可开始进行相应试验。

（4）黏弹性试验的操作步骤如下。

①将预张力夹夹持纤维试样的一端，用镊子轻轻夹持纤维试样另一端，然后引至夹持器钳口中间部位，按下主机面板上的"上夹"按钮，上夹持器钳口闭合。

②按"下夹"按钮，下夹持器钳口闭合。

③再按下"降"按钮，下夹持器下降开始拉伸试样，试验结束后，上、下夹持器钳口自动打开，下夹持器回复上升至原位。

（5）重复步骤（4），直至达到预定试验次数为止。

八、试验结果

由计算机自动计算打印出纤维黏弹性测试结果的单值和统计值。

1. 急弹性变形百分率

$$\varepsilon_1 = \frac{l_0 - l_1}{l_0} \times 100 \tag{2-85}$$

式中：ε_1为急弹性变形百分率（%）；l_0为设定的定伸长率值（%）l_1为第N次下夹持器回升至预张力处对应的伸长率（%），其中N为弹性试验的循环次数。

2. 缓弹性变形百分率

$$\varepsilon_2 = \frac{l_1 - l_2}{l_0} \times 100 \tag{2-86}$$

式中：ε_2 为缓弹性变形百分率（%）；l_2 为第（$N+1$）次下夹持器拉伸至预张力处对应的伸长率（%）。

3. 弹性变形百分率

$$\varepsilon_{12} = \frac{l_0 - l_2}{l_0} \times 100 \tag{2-87}$$

式中：ε_{12} 为弹性变形百分率（%）。

4. 塑性变形百分率

$$\varepsilon_3 = \frac{l_2}{l_0} \times 100 \tag{2-88}$$

式中：ε_3 为塑性变形百分率（%）。

5. 应力衰减率

$$R_{\mathrm{F}} = \frac{F_{\mathrm{B}} - F_t}{F_{\mathrm{B}}} \times 100 \tag{2-89}$$

式中：R_{F} 为应力衰减率（%）；F_{B} 为拉伸至定伸长处时的负荷（cN）；F_t 为 $t = 0.2T$、$0.4T$、$0.6T$、$0.8T$、$1.0T$ 时对应的负荷（cN），其中 T 为拉伸至定伸长处后试样的松弛时间（s）。

6. 蠕变伸长率

$$\delta_1 = l_t - l_{\mathrm{B}} \tag{2-90}$$

式中：δ_1 为蠕变伸长率（%）；l_{B} 为拉伸至设定负荷处对应的伸长率（%）；l_t 为 $t = 0.2T$、$0.4T$、$0.6T$、$0.8T$、$1.0T$ 时对应的伸长率（%），其中 T 为拉伸至设定负荷处后试样的蠕变时间（s）。

九、注意事项

黏弹性试验时，用张力夹消除纤维卷曲，使试样处于伸直且不伸长的初始状态，在仪器软件中把张力夹的重力设为预张力值，该值被用于确定弹性试验曲线上 D 点和 E 点对应的伸长率，从而计算各弹性变形指标。

思 考 题

1. 简述测试纤维黏弹性的意义。
2. 简述纤维黏弹性试验的测试指标。
3. 简述纤维黏弹性试验前测试参数的设置方法。
4. 简述预张力对纤维黏弹性测试结果的影响。

第十节　化学短纤维卷曲性能测试

一、实验目的

应用纤维卷曲弹性仪测试化学纤维卷曲率、卷曲弹性率和卷曲数。通过实验，了解采用图像法测试纤维卷曲性能的原理和结构，掌握实验操作方法。

二、基本知识

卷曲可以使短纤维纺纱时增加纤维之间的摩擦力和抱合力，并使成纱具有一定的强力。卷曲还可提高纤维和纺织品的弹性，使手感柔软，突出织物的风格。同时，卷曲对织物的抗皱性、保暖性和表面光泽都有影响。天然纤维中，棉、羊毛均具有天然卷曲。一般合成纤维表面光滑，纤维摩擦力小、抱合差，纺纱加工困难，所以，在后加工时要用机械、化学或物理方法，使纤维具有一定卷曲。机械加卷曲早期用齿轮法，由于波纹太大，纤维卷曲效果不好，现已少用。目前，机械加卷曲的主要方法为填塞法，即将丝束推入卷曲匣内，丝束出口处用反压顶住，强迫纤维弯折，形成二维空间的平面卷曲。聚乙烯醇纤维（维纶）经热空气和热水处理时产生卷曲，称热风卷曲和热水卷曲。当纤维两侧分别由两种不同原液或聚合物合成，它们的收缩性能不同，经成形或热处理后，两侧应力不同而形成卷曲，这种卷曲可表现为三维空间的立体卷曲。化纤长丝由普通丝经加弹处理，属另一种加卷曲方式，但加弹处理的目的不是为了纺织加工的需要，而是为了改变纺织品的风格，使其具有质地厚实、手感丰满、外观有绒感等特点，改善了纤维的使用性能。

纤维卷曲指标及其计算方法如下。

1. 卷曲数

纤维在受轻负荷时，25 mm 长度内的卷曲个数 J_n。为了便于统一卷曲数计数方法，如碰到以下情况，可以参考以下规则计数。

（1）大卷曲内有小卷曲，则不计 ［图 2-44（a）］。

（2）小卷曲纤维按谷和峰计数 ［图 2-44（b）］。

（3）碰到圈状纤维时，应解除后再计数 ［图 2-44（c）］。

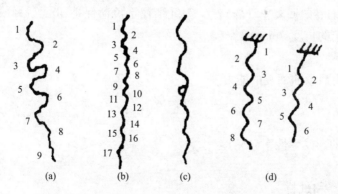

图 2-44　各种形状的卷曲计数

(4) 两端如超过峰或谷的顶点时，以一个计 [图2-44 (d)]。

2. 卷曲率

表示卷曲程度的指标，与卷曲数和卷曲波深度有关。

$$J = \frac{L_1 - L_0}{L_1} \times 100 \tag{2-91}$$

式中：J 为纤维的卷曲率（%）；L_0 为纤维在轻负荷下测得的长度（mm）；L_1 为纤维在重负荷下测得的长度（mm）。纤维卷曲测量时长度变化如图2-45所示。

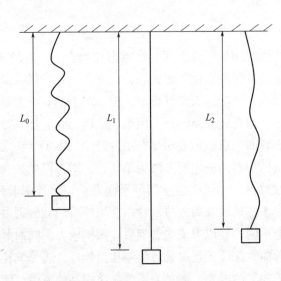

图2-45　纤维卷曲长度变化示意图

轻负荷设置为0.002 0 cN/dtex。重负荷：聚乙烯醇纤维（维纶）、聚酰胺纤维（锦纶）、聚丙烯纤维（丙纶）、聚氯乙烯纤维（氯纶）等设置为0.050cN/dtex；聚酯纤维（涤纶）、聚丙烯腈纤维（腈纶）设置为0.075cN/dtex。

3. 卷曲回复率

表示卷曲牢度的指标。

$$J_W = \frac{L_1 - L_2}{L_1} \times 100 \tag{2-92}$$

式中：J_W 为纤维的卷曲回复率（%）；L_2 为纤维在重负荷保持30 s后释放，经2 min回复，再在轻负荷下测定的长度（mm）。

4. 卷曲弹性率

表示纤维受力后卷曲回复的能力。

$$J_d = \frac{L_1 - L_2}{L_1 - L_0} \times 100 \tag{2-93}$$

式中：J_d 为纤维的卷曲弹性率（%）。

三、试验仪器和试样

试验仪器为XCP-1A型纤维卷曲弹性仪，试样为聚酯短纤维若干，并需准备卷曲弹性仪专用张力夹、砝码、镊子、黑绒板等用具。

四、仪器结构原理

XCP-1A 型纤维卷曲弹性仪是自动测试纤维卷曲率、卷曲弹性率和卷曲数的精密仪器，适用于各种单根化学纤维和天然纤维卷曲性能测试。仪器采用图像处理技术自动检测、计数纤维在轻负荷下 25 mm 长度内的卷曲数，消除了人工点数纤维卷曲数时的主观误差和测试结果的不确定性。通过测力传感器测试纤维受拉时所受轻负荷和重负荷大小，由仪器测试纤维在设定的轻、重负荷下的长度，计算纤维的卷曲率；测试纤维在承受重负荷松弛后的长度，计算卷曲弹性率。

（一）仪器工作原理

仪器外形及工作原理如图 2-46、图 2-47 所示。

图 2-46　XCP-1A 型纤维卷曲弹性仪外形图

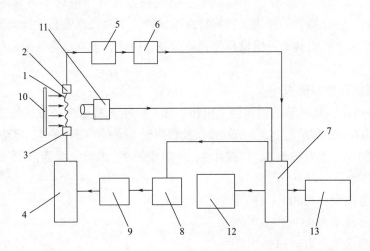

图 2-47　XCP-1A 型纤维卷曲弹性仪工作原理示意图

1—试样　2—上夹持器　3—下夹持器　4—传动装置　5—测力传感器　6—放大器

7—计算机　8—驱动器　9—步进电动机　10—照明装置　11—摄像头

12—显示器　13—打印机

纤维试样 1 松弛地夹入上夹持器 2 和下夹持器 3 之间，计算机 7 发出脉冲，通过脉冲分配器和驱动器 8、步进电动机 9 带动传动装置 4 使下夹持器 3 下降，拉伸纤维试样。测力传感器 5 测试纤维试样所受张力，通过放大器 6 送至计算机 7，当力值达到预先设置的轻负荷时，仪器自动记取试样初始长度 L_0，同时，由摄像头 11、照明装置 10、计算机 7 和显示器 12 所组成的图像处理系统显示纤维试样卷曲被放大数倍的图像，并自动测取纤维卷曲数。

下夹持器 3 继续下降拉伸纤维试样，测力传感器 5 测试纤维试样所受拉伸力，当力值达到所预先设置的重负荷时，仪器自动记取试样伸直长度 L_1，由所得 L_0 和 L_1 计算纤维卷曲率。在重负荷情况下，下夹持器停止运动使纤维试样承受重负荷 30 s 后下夹持器回升到原位，纤维试样在松弛状态下回复 2 min，下夹持器再次下降拉伸纤维试样至轻负荷，记取试样的回复长度 L_2。由所得的 L_0、L_1 和 L_2 计算纤维弹性卷曲率。最后由打印机 13 打印测试结果。

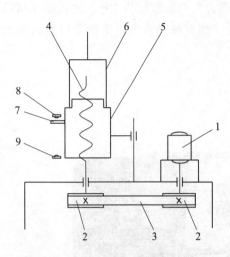

图 2-48 XCP-1A 型纤维卷曲弹性仪
传动装置结构示意图

1—步进电动机 2—齿轮 3—皮带 4—丝杆
5—螺块 6—套筒 7—凸块 8—上限微动
开关 9—下限微动开关

传动装置结构如图 2-48 所示，步进电动机 1 通过齿轮 2、皮带 3、丝杆 4、螺块 5、套筒 6 带动下夹持器做升降运动。计算机发出的脉冲，通过脉冲分配器及驱动器带动步进电动机。当下夹持器上升至初始设定位置时，螺块上的凸块 7 与上限微动开关 8 接通，下夹持器停止运动。下夹持器的下降极限位置由下限微动开关 9 进行控制。

下夹持器通过外拉手柄压缩弹簧，使活动夹块外移，夹块钳口张开，用钳子将纤维试样下端放入钳内。放开手柄，依靠弹簧的弹力夹紧握持纤维试样。下夹持器安装在传动装置中的套筒轴上。通过手柄在水平面内转动纤维试样使其绕自身轴回转，至纤维卷曲呈最佳投影状态进行卷曲测试。

（二）仪器操作控制面板

如图 2-49 所示，测试箱的箱体由上机箱 1 和下机箱 2 所组成，测试装置安装在上机箱内，上机箱上装有有机玻璃门 3。下机箱操作控制面板上装有电源开关 4、启动按钮（ST1）5、启动按钮（ST2）6、上升按钮 7、停按钮 8、下降按钮 9、内校电位器 10 等。

仪器主要技术指标如下。

（1）测力范围为 0~2000（$\times 10^{-3}$cN）。

（2）力值分辨率为 0.1（$\times 10^{-3}$cN）。

（3）力值测量误差为 $\leqslant \pm 1\%$。

（4）试样夹持长度为 20 mm。

（5）下夹持器行程为 40 mm。

（6）长度分辨率为 0.01 mm。

（7）定时为自动。

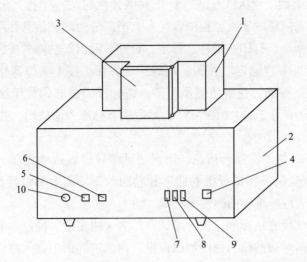

图 2-49　XCP-1A 型纤维卷曲弹性仪外形及操作面板示意图

1—上机箱　2—下机箱　3—有机玻璃门　4—电源开关　5—启动按钮（ST1）　6—启动按钮（ST2）

7—上升按钮　8—停按钮　9—下降按钮　10—内校电位器

（8）卷曲数测量为自动。

（9）卷曲计数长度为 25 mm。

五、试验准备

（一）试样准备

按 GB/T 14334 规定取出实验室样品，从中随机取出不少于 10g 聚酯（涤纶）短纤维。纺织品的调湿和试验用标准大气参照 GB/T 6529 规定。从已达平衡的样品中随机取出 20 束纤维（卷曲未被破坏），置于绒板上以备测定。试验时，从每束纤维中用张力夹随机夹取一根纤维试样。

（二）预加张力

（1）轻负荷。设置为（0.002 0±0.000 2）cN/dtex。

（2）重负荷。聚乙烯醇纤维（维纶）、聚酰胺纤维（锦纶）、聚丙烯纤维（丙纶）、聚氯乙烯纤维（氯纶）等为（0.050±0.005）cN/dtex；聚酯纤维（涤纶）、聚丙烯腈纤维（腈纶）为（0.075 0±0.007 5）cN/dtex。

对于不适合以上标准预加张力的纤维，可采用本章第一节的预加张力的求取方法，规定其他值。

（三）试验根数

通常试验 20 根纤维。对确定 95% 的置信水平时，除已经规定的试验根数外，当置信区间半宽值超过算术总平均值的 ±3%，按规定增加试验根数。

六、试验操作步骤

（1）打开纤维卷曲弹性仪电源和计算机电源，预热 30 min。

（2）双击计算机桌面上"XCP-1A"纤维卷曲弹性仪的小图标，出现测试窗口，其左上部分为试样卷曲状态信息的实时监控图像，右上半部分为测试信息和测试数据表，底部从左至右依次为设置、剔除、打印、保存、标定、查询、退出等功能的按钮。

（3）点击测试窗口中"标定"按钮，出现标定界面。在上夹持器挂在测力杆钩子上的情况下，点击"校零"按钮，使力值显示为零。将标准力值砝码挂于测力杆钩子上，点击"满度"按钮，力值显示为 2 000（10^{-3}cN）。然后取下标准力值砝码，并按下"退出"按钮退出。

（4）点击测试窗口中"设置"按钮，出现测试参数设置选项界面。在测试区分中，选"试验 1"项，卷曲试验仅需测试纤维卷曲率和卷曲数，不需要测试纤维卷曲弹性率指标；选"试验 2"项，可进行纤维卷曲弹性率测试。

根据纤维卷曲率试验方法标准，由纤维试样的名义线密度，确定卷曲试验时的轻负荷和重负荷值，在选项界面对应的输入框中加以设定。在选项界面中输入测试员、样品标注等测试信息。

测试参数选项设置完成后，点击选项界面中"确定"按钮退回测试窗口，即可开始进行相应试验。

（5）用镊子将上夹持器从测力杆钩子上取下，夹持纤维试样一端，然后将上夹持器用镊子轻轻挂在测力杆钩子上，用镊子将纤维试样下端松弛地夹入下夹持器钳口中。下夹持器钳口的启闭通过用左手外拉或放开下夹持器的手柄即可。

（6）按启动按钮 ST1，下夹持器下降至纤维试样受力达到轻负荷时停止，力值显示为轻负荷值，长度显示为试样的初始长度 L_0 值。

（7）转动下夹持器至计算机显示屏中展示的纤维卷曲形态达到最佳状态，此时，计算机屏幕上自动显示纤维试样 25 mm 长度中的卷曲数。

（8）按启动按钮 ST2，下夹持器继续下降至纤维试样受力达到重负荷，力值显示为重负荷值，长度显示为纤维伸直长度 L_1。如果试验类型选择为"试验 1"，此时下夹持器将自动回升至起始位置，自动计算测试结果的卷曲率 J。如果试验类型选择为"试验 2"，此时下夹持器将停止运动，纤维试样承受重负荷 30 s 后下夹持器自动回升至起始位置，纤维试样在松弛状态下停留 2 min，下夹持器再次下降拉伸纤维至轻负荷，长度显示为纤维回复长度 L_2，下夹持器回升至原位后自动计算测试结果的卷曲弹性率 J_d。

（9）重复步骤（5）~（8），继续进行其他纤维试样的测试，直至达到预定试验次数为止。

（10）遇到某些纤维卷曲呈特殊形态时，也可以采用"手动计数"卷曲数。手动计数分以下三种情况。

①卷曲测试过程中，测试步骤（7）完成后，若测试数据表上方的蓝底白字卷曲数数字与目测卷曲数不符时，按键盘中"↑"（向上）键或"↓"（向下）键，使卷曲数数字增加 0.5 或减少 0.5，直至卷曲数数字与目测卷曲数一致。

②卷曲测试完成后，即测试步骤（8）完成后，若要修改测试数据表中已测试纤维的卷曲数，在测试窗口中鼠标左键双击测试数据列表中所对应的数据记录，出现手动修改卷曲数界面，输入目测的卷曲数，并按"确定"按钮，则完成该纤维对应卷曲数的修改。

③全部纤维试样的卷曲测试完成后，也可点击测试窗口中"剔除"按钮，出现数据过滤界面，如上操作方法进行卷曲数修改。

七、试验结果

由计算机自动计算打印出纤维试样卷曲性能测试结果的单值和统计值。

1. 平均卷曲数

$$J_n = \frac{\sum_{i=1}^{n} J_{ni}}{n} \tag{2-94}$$

式中：J_n 为平均卷曲数（个/25 mm）；J_{ni} 为第 i 根纤维试样的卷曲数（个/25 mm）。

2. 平均卷曲率

$$J_i = \frac{L_{1i} - L_{0i}}{L_{1i}} \times 100 \tag{2-95}$$

$$J = \frac{\sum_{i=1}^{n} J_i}{n} \tag{2-96}$$

式中：J_i 为第 i 根纤维试样的卷曲率（%）；L_{0i} 为第 i 根纤维试样在轻负荷下测得的长度（mm）；L_{1i} 为第 i 根纤维试样在重负荷下测得的长度（mm）；J 为平均卷曲率（%）；n 为试验根数。

3. 平均卷曲回复率

$$J_{Wi} = \frac{L_{1i} - L_{2i}}{L_{1i}} \times 100 \tag{2-97}$$

$$J_W = \frac{\sum_{i=1}^{n} J_{Wi}}{n} \tag{2-98}$$

式中：J_{Wi} 为第 i 根纤维试样的卷曲回复率（%）；L_{1i} 为第 i 根纤维试样在重负荷下测得的长度（mm）；L_{2i} 为第 i 根纤维试样在重负荷保持30 s后释放，经2 min回复，再在轻负荷下测得的长度（mm）；J_W 为平均卷曲回复率（%）；n 为试验根数。

4. 平均卷曲弹性率

$$J_{di} = \frac{L_{1i} - L_{2i}}{L_{1i} - L_{0i}} \times 100 \tag{2-99}$$

$$J_d = \frac{\sum_{i=1}^{n} J_{di}}{n} \tag{2-100}$$

式中：J_{di} 为第 i 根纤维试样的卷曲弹性率（%）；L_{0i} 为第 i 根纤维试样在轻负荷下测得的长度（mm）；L_{1i} 为第 i 根纤维试样在重负荷下测得的长度（mm）；L_{2i} 为第 i 根纤维试样在重负荷保持30 s后释放，经2 min回复，再在轻负荷下测得的长度（mm）；J_d 为平均卷曲弹性率（%）；n 为试验根数。

八、注意事项

（1）定期对仪器的测力部分进行如下校正检查：XCP-1A 卷曲弹性仪程序启动运行后，点击测试窗口中"标定"按钮，检查仪器力值显示数字在 50 左右（在上夹持器挂在测力杆上的情况下）。如果偏离太大，应通过面板左下方的内校电位器 32 进行调整。该数值在仪器自动校零时会自动消除，使用中该数值有所偏移并不影响测试结果，但要保持一定数值不能过大。

（2）纤维试样放入下夹持器钳口中时应该松弛放入，要掌握其松弛程度使纤维试样拉伸至轻负荷时，试样长度应大于 26 mm，且下夹持器钳口落在显示屏所显示 25 mm 定长黑框以外。

思 考 题

1. 简述纤维卷曲数的计数方法。
2. 简述纤维卷曲性能指标的定义。
3. 简述纤维卷曲试验时如何设定轻负荷和重负荷。

第十一节　化学短纤维热收缩率测试

一、实验目的

应用纤维热收缩测试仪测定化学短纤维干热收缩率。通过实验，了解采用图像法测试纤维干热收缩率的原理和结构，掌握实验操作方法。

二、基本知识

纤维干热收缩率是纤维经干热空气处理前后长度的差值对处理前长度的百分率，表征生产过程中热处理效果和纤维内部分子微细结构变化的影响，关系纺织加工和纤维制品的尺寸稳定性。

纺织品一般要经过纺织、印染、后整理等工艺，经受一系列湿热和干热处理，其长度的收缩率是一项重要检验指标。合成纤维一般是线型或支链型的高分子聚合物，在加工过程中已经过多次拉伸和热定形，大分子间的取向和结晶已达到一定程度。但由于大分子间还存在一定内应力，当纤维经干热或湿热作用时，会改变原来大分子间的取向度与结晶状态，有序排列的分子链段松弛，发生链折叠和重结晶现象，使纤维产生不可逆的收缩。这种收缩称作纤维的热收缩。各种化学纤维的热收缩的温度和热收缩率不同，甚至同一种纤维，因加工工艺条件不同，其收缩率也有差异。如果把热收缩率差异较大的化学纤维混纺和交织，在印染加工过程中会造成纱线收缩不一，致使布面产生疵点。合成纤维的热收缩性能主要从湿热和干热收缩两个方面考核。对具有一定吸湿性的纤维，如聚酰胺纤维（锦纶），它的湿热收缩率远大于干热收缩率，对于吸湿性低的纤维，如聚酯纤维（涤纶），它的干热收缩率远大于湿热收缩率。温度高低影响纤维的收缩率，如聚氯乙烯纤维（氯纶）在 70 ℃热水中就开始收缩，在 100 ℃沸水中的收缩率可达 50%以上，聚乙烯醇纤维（维纶）在沸水中的收缩率可达 5%以上。因此，对不同的合成纤维，应根据不同的后加工要求，选择相应的热处理温度、时间和热收缩方法来考核纤维的热收缩性能。

三、试验仪器和用具

试验仪器为 XH-1 型纤维热收缩测试仪和恒温烘箱，并需准备 35 只热收缩仪专用张力夹、镊子、黑绒板等用具。

四、仪器结构原理

XH-1 型纤维热收缩测试仪是采用图像法测试化学纤维干热收缩率的仪器，其外形如图 2-50 所示。仪器通过摄像装置依次读取试样圆筒架上纤维加热前和加热后纤维长度的变化，自动计算纤维平均热收缩率及其变异系数。由计算机监视测试过程并自动显示和打印测试结果。仪器结构精密，应用图像处理技术测量快速，测试结果准确、稳定，操作简便，故障率小。

图 2-50　XH-1 型纤维热收缩仪外形图

仪器工作原理如图 2-51 所示。试样圆筒架 1 上的上夹持器 2 夹持纤维试样 3 的一端，试样下端悬挂张力夹 4。通过摄像头 5 采集纤维试样长度信息进入计算机 6，通过测量纤维加热前后的长度变化计算纤维热收缩率，由打印机 7 打印测试结果。

试样圆筒架沿圆周装有 35 个试样，由计算机 6 发出脉冲信号经脉冲分配器 8 送入步进电动机 9，带动试样圆筒架转动，摄像头对试样圆筒架上的纤维试样依次进行长度测量。试样圆筒架的起始测量位置处装有一个计量标准块，用于仪器测量值的标定。仪器测量分辨率为 0.01 mm。测量时，试样圆筒架转动一周得到 35 个测试结果数据，按规定仪器自动从中取若干个有效数据并计算平均值作为试样实际热收缩率平均值。

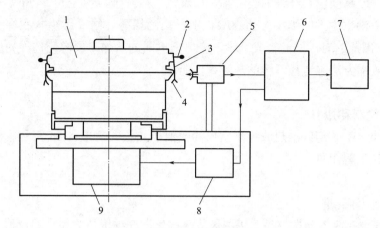

图 2-51 纤维热收缩测试仪原理图

1—试样圆筒架 2—上夹持器 3—试样 4—张力夹 5—摄像头 6—计算机
7—打印机 8—脉冲分配器 9—步进电动机

仪器采用封闭式机箱，可以避免环境光线强弱对测试结果的影响，外形如图 2-52 所示。操作时打开上罩盖，放入试样圆筒架，然后合上罩盖，在封闭条件进行纤维长度测试。

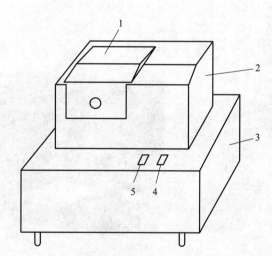

图 2-52 纤维热收缩率测试仪外形图

1—上罩盖 2—上机箱 3—下机箱 4—电源开关 5—定位开关

仪器主要技术指标：热收缩率测量范围 0~25%，测量精度±0.01 mm，热收缩率测量误差≤±0.1%，上下夹持器间距（20±1）mm，试样圆筒架可测试纤维根数 35 根。

五、试验准备

（一）仪器校准

仪器采用标准块进行自动校准。标准块装在试样圆筒架起始位置的测量处。在启动测试纤维长度运行程序之前，要求测试人员先关闭传动试样圆筒架部分的定位开关，用手自由转动试样圆筒架，使其下部转盘上的标记刻度与机座定位指针相对齐，然后合上定位开关接通电路，此时摄像头正好对准标准块。启动测试程序后，摄像装置首先读取标准块对应的像素数，得到单个像素对应的标准长度。然后以此为基础，将以后摄像装置读取的纤维像素数换算成相应的长度值。本仪器测量装置单个像素的长度值不大于 0.01 mm，可满足纤维热收缩率长度测试精度要求。

（二）试样准备

按 GB/T 14334 规定取出实验室样品，从中随机取出约 5 g 聚酯短纤维，参照 GB/T 6529 进行预调湿和调湿，使试样达到吸湿平衡，若试样回潮率在公定回潮率以下可不必进行预调湿。

热收缩仪专用张力夹 35 只，每只重力值（0.075 0±0.007 5）cN/dtex，按试样名义线密度计算；恒温烘箱设置加热温度 180 ℃（或按有关规定温度），允许误差±1 ℃；

六、试验操作步骤

（1）在打开电源以前，先确认定位开关应拨在"关"的位置，然后打开热收缩仪电源和计算机电源，预热 30 min。

（2）将试样圆筒架 1 放置于转盘 3 上，如图 2-53 所示。注意圆筒架下部三个销钉 2 对准插入转盘的三个孔眼中，并且使试样圆筒架上部标记 6 与转盘标记 5 相对齐，两者安装配合时应轻放。将纤维逐根挂至试样圆筒架上。

（3）转动试样圆筒架 1，使转盘标记刻度 5 与机座定位指针 4 对齐，如图 2-53 所示，接通定位开关进行定位。然后合上仪器上罩盖准备试样测试。

（4）双击计算机桌面上"XH-1"热收缩仪的小图标，出现测试窗口，其左半部分为试样长度信息的实时监控图像，右半部分为测试信息和测试数据表，底部从左至右依次为测试、剔除、打印、保存、查询、退出等功能的按钮。

（5）点击测试窗口中"测试"按钮，出现选项界面。测试区分中选择"烘前测试"项。在数据处理中，选"A"项，保存全部有效的测试数据；选"B"项，仅保存 30 个有效的测试数据。输入测试员、样品标注等测试信息。

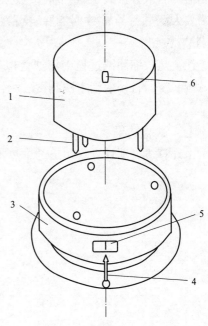

图 2-53　试样圆筒架、转盘及
机座定位安置图

1—圆筒架　2—三个销钉　3—转盘
4—定位指针　5—转盘标记
6—上部标记

（6）点击选项界面中"确定"按钮，仪器开始进行烘前测试，待 35 根纤维测试完毕后，出现本次烘前测试已结束的提示界面，点击"确定"按钮，烘前测试完毕。

（7）转动试样圆筒架上方的升降旋钮，使张力夹被升降圆环托起，纤维松弛，然后将试样圆筒架从转盘上取下，放入烘箱内进行热烘处理。

（8）在纤维到达热烘处理 30 min 后，从烘箱中取出试样圆筒架，放在恒温恒湿环境下，进行温湿度平衡 30 min。

（9）将试样圆筒架轻轻放在转盘上，但要注意试样圆筒架上方的标记、转盘的标记刻度与机座定位指针三者对齐，然后旋转试样圆筒架上方的旋钮，使张力夹脱离升降圆环支撑，纤维自然伸直，并注意张力夹下端要被挡靠住，不能自由转动。

（10）点击测试窗口中"测试"按钮，在选项界面内的测试区分中选择"烘后测试"项，点击"确定"按钮，仪器自动进行烘后测试，待 35 根纤维测试完毕后，出现本次烘后测试已结束的提示界面，点击"确定"按钮，烘后测试完毕。

（11）点击测试窗口中"保存"按钮，保存当前测试结果。

（12）按上步骤（5）~（11），继续可进行下一批试样测试。

（13）点击测试窗口中"剔除"按钮，出现数据过滤界面，仪器按 FZ/T 50004—2011 规定的离群值判别及处理方法，自动剔除无效数据，当选项界面中数据处理为"A"项时，数据过滤界面内的列表显示全部有效数据；当选项界面中数据处理为"B"项时，若剔除离群值后的有效数据大于 30 个时，数据过滤界面内的列表仅显示 30 个有效数据。如遇特殊情况需要人工进行异常数据删除，可在数据过滤界面内的列表中选定要删除的数据，点击"删除"按钮。

注：热收缩测试过程中，如要取消本次测试，按"Pause/Break"键或"F12"键，等待片刻，仪器自动取消本次测试。

七、试验结果

由计算机自动计算打印出纤维热收缩率测试结果的单值和统计值：

$$S_i = \frac{L_{0i} - L_{1i}}{L_{0i}} \times 100 \tag{2-101}$$

$$S = \frac{\sum_{i=1}^{n} S_i}{n} \tag{2-102}$$

$$CV = \frac{\sqrt{\dfrac{\sum_{i=1}^{n} (S_i - S)^2}{n-1}}}{S} \times 100 \tag{2-103}$$

式中：S_i 为第 i 根纤维试样的热收缩率（%）；L_{0i} 为第 i 根纤维试样热处理前的长度（mm）；L_{1i} 为第 i 根纤维试样热处理后的长度（mm）；n 为试验根数；S 为平均热收缩率（%）；CV 为变异系数（%）。

八、注意事项

热收缩试验时，为使收缩率测量结果准确可靠，应注意以下问题。

（1）所选烘箱要有足够的功率和良好的加热恒温性能。试样圆筒架放入烘箱内的位置对测试结果有较大影响，操作时应安放在靠近烘箱内的温度传感器部位。试样圆筒架放入烘箱后，轻轻关上烘箱门，待温度升至 180 ℃时，才开始计时，加热时间 30 min。一个烘箱内只能放一个试样圆筒架，由于放两个试样圆筒架用时长，烘箱内温度下降很多，关门后回升至 180 ℃所花时间长，热收缩率会偏小。

（2）纤维所加张力应保持所有纤维试样都伸直至卷曲消失；对于卷曲较大的纤维，要适当增加其张力，以免影响测试结果。

思 考 题

1. 简述测试纤维热收缩率的意义。
2. 简述有哪些因素影响纤维热收缩测定的结果。
3. 试述纤维热收缩测试结果数据的异常值处理方法。

第十二节　纤维摩擦因数测试

一、实验目的

应用纤维摩擦因数测试仪测定纤维静摩擦因数和动摩擦因数。通过实验，了解测定纤维摩擦因数的原理和结构，掌握实验操作方法。

二、基本知识

纤维的摩擦因数与纺织生产和纱线性能关系十分密切。整个纺纱过程，都要引起纤维与纤维、纤维与金属以及纤维与合成橡胶之间的摩擦，这些都涉及纺织纤维的摩擦因数。纤维的静、动摩擦因数影响纤维在纺纱过程中的分梳性能和牵伸情况，对纤维成纱的抱合力也有一定影响。为了使纺纱能顺利地进行，某些情况下需要增加纤维之间的摩擦，如罗拉加压、纱线加捻等；另一些场合则需要减小纤维之间的摩擦，如化纤上油剂使纤维通道光洁等。在纺纱生产中掌握了纤维的静、动摩擦因数，可以知道纤维的可纺性，制订纺纱工艺，加强成纱质量的控制。由于化学纤维摩擦因数的大小与所上油剂品种及油剂吸附量有关系，所以，也可根据摩擦因数的大小来判断纤维含油率的情况。

合成纤维表面都有油剂，油剂的性质及含量成为决定纤维摩擦性质的重要因素。对于纺织纤维，在加油量不同时其润滑状态不一样，加油少时为境界润滑，加油多时为流体润滑，当纤维少量上油会降低纤维的摩擦因数，但当摩擦因数达到最低值，继续增加纤维上含油量，使摩擦由境界润滑变成流体润滑，因而纤维的摩擦因数增大。

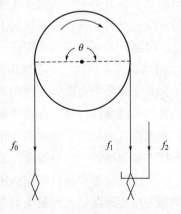

图 2-54　测量纤维摩擦因数的原理示意图

通常采用罗得氏法（Roeder）测量纤维摩擦因数，其原理为单根纤维两端被具有相同重力 f_0 的张力夹夹持后绕跨在摩擦辊上，如图 2-54 所示，其中右端张力夹挂在与测力装置相连的挂钩上，左端张力夹依靠重力自然下垂伸直纤维，此时纤维两端施加与张力夹重力相等的张力 f_0，测试力装置受力为零。当转动摩擦辊时，由于纤维与摩擦辊表面存在摩擦力，带动纤维使右端张力夹作用于挂钩，测力装置测得负荷 f_2，其值等于纤维与摩擦辊表面间的摩擦力，此时右端纤维张力减小为 f_1，其数值为 f_0 与 f_2 的差值。

$$f_1 = f_0 - f_2 \tag{2-104}$$

根据欧拉公式有

$$\frac{f_0}{f_1} = e^{\mu\theta} \tag{2-105}$$

式中：f_0、f_1 为纤维两端所受张力；μ 为纤维与摩擦辊表面的摩擦因数；θ 为纤维与摩擦辊表面的接触角（弧度单位）；e 为自然常数。θ 等于 π 时，纤维摩擦因数为

$$\mu = \frac{1}{\pi \lg e} \times \lg \frac{f_0}{f_1} = 0.732936 \times \lg \frac{f_0}{f_1} = 0.732936 \times \lg \frac{f_0}{f_0 - f_2} \tag{2-106}$$

三、试验仪器和试样

试验仪器为 XCF-1A 型纤维摩擦因数测试仪，试样为聚酯（涤纶）短纤维若干，并需准备两只相同重力的专用张力夹、镊子、黑绒板等用具。

四、仪器结构原理

XCF-1A 型纤维摩擦因数测试仪是一种数字式纤维静摩擦因数、动摩擦因数测试仪器。仪器通过高精度测力传感器测试纤维摩擦力大小，实时显示测试过程中摩擦力变化曲线，自动计算纤维静摩擦因数和动摩擦因数，由计算机控制操作过程，显示打印和存储测试结果以便对测试数据进一步分析。仪器力值测试精度和测试量程均比扭力天平测力方法有显著的提高。

（一）仪器工作原理

纤维摩擦因数测试仪的工作原理如图 2-55 所示。

试验时，用两个重力相等的张力夹 4 分别夹住纤维试样 1 的两端，将纤维试样骑挂到摩擦辊 2 上，其中一个张力夹 4 挂在与测力传感器相连的挂钩 3 上，张力夹自由悬挂在摩擦辊另一端，此时，骑挂在摩擦辊上的纤维试样两端受到相同张力，测试力传感器上受力为零。

仪器开始测试纤维摩擦时，计算机 7 发出脉冲信号通过脉冲分配器 20 驱动步进电动机 19 带动摩擦辊转动。由于摩擦力作用使纤维试样在摩擦辊与测力传感器相连一端的张力减小，其下端张力夹重力缓慢加载到测力传感器相连的挂钩上，计算机接收到测力传感器 5 和放大器 6 的负荷信号，自动计算摩擦力大小并在显示器 8 上显示实时负荷—时间曲线。当达到预先设定时间后，摩擦辊停止转动，计算机自动分析负荷—时间曲线，得到纤维试样的静摩擦力和动摩擦力，根据欧拉公式计算纤维静摩擦因数和动摩擦因数。

摩擦试验过程是以一定的速度转动摩擦辊，纤维开始与摩擦辊相对静止，摩擦辊转动后摩擦力由零逐渐增大到最大峰值为静摩擦力 f_s，然后纤维与摩擦辊相对移动，产生滑动摩擦，摩擦力逐渐减小到谷值为动摩擦力 f_d，如此摩擦力变化循环一段时间，仪器绘制摩擦力变化曲线，如图 2-56 所示。

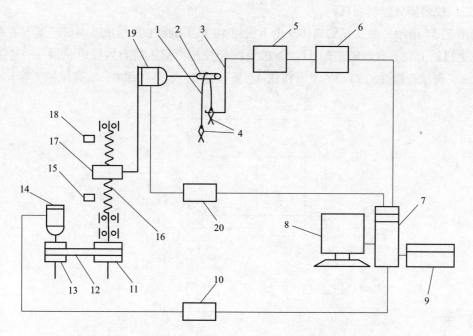

图 2-55　XCF-1A 型纤维摩擦因数测试仪工作原理示意图

1—试样　2—摩擦辊　3—挂钩　4—张力夹　5—测力传感器　6—放大器　7—计算机　8—显示器

9—打印机　10—脉冲分配器　11—齿轮　12—同步齿轮带　13—齿轮　14—步进电动机

15—下限位器　16—丝杆　17—滑块　18—上限位器　19—步进电动机　20—脉冲分配器

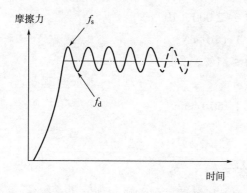

图 2-56　摩擦力变化曲线示意图

　　仪器采用摩擦辊转动方式测试纤维摩擦，其摩擦力大小与摩擦辊转动速度有关，必须在相同的转动速度下其摩擦力测试结果才可相互比较，目前较通用的摩擦辊转动速度为 30 r/min。另外，摩擦力大小还与摩擦辊材料、纤维表面形态结构、纤维粗细、纤维横截面形状、羊毛纤维顺鳞片和逆鳞片方向摩擦、化学纤维含油率大小等因素有关。仪器提供不同材料直径为 8 mm 的摩擦辊，包括铝合金辊、钛合金辊、尼龙辊、橡胶辊、纤维辊架等多种摩擦辊，以供试验研究时使用。更换摩擦辊只需将原有摩擦辊用手旋下，换上需要试验的摩擦辊即可。

（二）仪器操作控制面板

如图 2-57 所示，测试箱的箱体 9 由上机箱 10 和下机箱 8 所组成，测试装置安装在上机箱内，上机箱上装有有机玻璃门 11。下机箱操作控制面板上装有内校电位器 1、复位按钮（ST1）2、测试按钮（ST2）3、上升按钮 4、停按钮 5、下降按钮 6、电源开关 7 等。

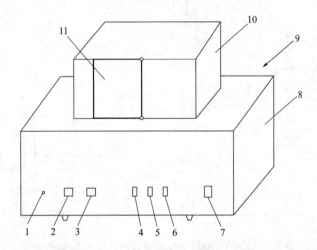

图 2-57　XCF-1A 型纤维摩擦因数测试仪的外形及操作面板示意图

1—内校电位器　2—复位按钮（ST1）　3—测试按钮（ST2）　4—上升按钮　5—停按钮　6—下降按钮

7—电源开关　8—下机箱　9—测试箱箱体　10—上机箱　11—有机玻璃门

仪器主要技术指标如下。

（1）力值测量范围为 0～2 000（10^{-3}cN）。

（2）力值分辨率为 0.1（10^{-3}cN）。

（3）力值测量误差为 ≤±1%。

（4）摩擦辊直径为 8 mm。

（5）摩擦辊转速为 0.1～50 r/min。

五、试验准备

（一）仪器使用前准备工作

（1）用多芯电缆连接摩擦因数测试仪主机与计算机系统。

（2）打开仪器主机及计算机电源，启动计算机程序预热 30 min。

（二）试样准备

按 GB/T 14334 规定取出实验室样品，从中随机取出不少于 10 g 聚酯（涤纶）短纤维。纺织品的调湿和试验用标准大气参照 GB/T 6529 规定。从已达平衡的样品中随机取出 20 束纤维（卷曲未被破坏），置于绒板上以备测定。试验时，从每束纤维中用张力夹随机夹取一根纤维试样。

六、试验操作步骤

（1）双击计算机桌面上"XCF-1A"纤维摩擦因数测试仪的小图标，出现测试窗口，其左半部分为负荷—时间曲线图，右半部分为测试信息和测试数据表，底部从左至右依次为测试、剔除、打印、保存、标定、查询、退出等功能按钮。

（2）点击测试窗口中"标定"按钮，出现标定界面。在挂钩无负荷的情况下，点击"校零"按钮，使力值自动校正显示为零，将 2 cN 标准力值砝码挂于挂钩上，点击"满度"按钮，力值校正显示为 2 000（10^{-3}cN），然后取下标准力值砝码。如此重复 1~2 次即可完成力值零位和满度校准，并点击"退出"按钮返回测试窗口。

（3）点击测试窗口中"设置"按钮，出现测试参数设置选项界面。

在选项界面的测试区分中，选"摩擦辊转动"项。

根据纤维试样摩擦因数试验要求，确定适当的张力夹重力、摩擦辊转速、负荷范围、测试时间等参数，在参数输入框中进行设定，并输入测试员、样品标注、摩擦辊材料等测试信息。

测试选项设置完成后，点击"确定"按钮，即可开始准备进行纤维摩擦试验。

（4）按复位按钮（ST1），将两端各被 1 个张力夹夹持的纤维试样挂在摩擦辊上，其中一个张力夹靠挂在挂钩上，另一个张力夹自由悬挂在摩擦辊另一面，此时骑挂在摩擦辊上的试样两端受到相同张力作用。

（5）按测试按钮（ST2），摩擦辊开始转动，张力夹重力缓慢地加载到挂钩上，仪器实时显示负荷—时间曲线，到设定时间后，摩擦辊停止转动，计算机自动分析负荷—时间曲线，得到纤维试样的静摩擦力和动摩擦力，根据欧拉公式计算出纤维静摩擦因数和动摩擦因数。

（6）重复步骤（4）和（5），继续进行其他纤维试样的测试。

七、试验结果

由计算机自动计算打印出纤维摩擦因数测试结果。

$$\mu_s = 0.732936 \times \lg \frac{f_0}{f_0 - \bar{f_s}} \quad\quad (2-107)$$

$$\mu_d = 0.732936 \times \lg \frac{f_0}{f_0 - \bar{f_d}} \quad\quad (2-108)$$

式中：μ_s 为静摩擦因数；f_0 为张力夹的重力（10^{-3}cN）；$\bar{f_s}$ 为静摩擦力的平均值（10^{-3}cN）；μ_d 为动摩擦因数；$\bar{f_d}$ 为滑动摩擦力的平均值（10^{-3}cN）。

八、注意事项

定期对仪器的测力部分进行如下校正检查：XCF-1A 型纤维摩擦因数测试程序启动运行后，点击测试窗口中"标定"按钮，检查仪器力值显示数字在 50 左右（在挂钩无负荷的情况下）。如果偏离太大，应通过面板左下方的内校电位器进行调整。该数值在仪器自动校零时会自动消除，使用中该数值有所偏移并不影响测试结果，但要保持一定数值不能过大。

思 考 题

----

1. 简述测试纤维摩擦因数的意义。

2. 简述纤维摩擦因数的测量原理。

3. 试述有哪些因素影响摩擦因数的测试结果。

第十三节　纤维比电阻测试

一、实验目的

应用纤维比电阻测试仪测定纤维比电阻。通过实验，了解采用纤维试样自动压缩和数字测量技术测试纤维比电阻的原理和结构，掌握实验操作方法。

二、基本知识

纺织材料一般为绝缘物质，具有较高的电阻率，尤其是大多数合成纤维的回潮率较低，比电阻大大高于天然纤维，其制成品容易在加工和使用中产生静电。天然纤维及再生纤维的纺织品有较好的抗静电性，但在干燥环境下，仍会明显地产生静电。在纺织品加工或使用过程中，纤维材料相互间或同其他物体接触摩擦，都会产生带电现象。纤维材料受压缩或拉伸，或者周围存在带电体，或者在空气中烘干，也会产生带电现象。若电荷不断积累而未能消除，就会产生静电现象。在化纤制造及纺织加工过程中，消除静电现象的方法有：提高车间的相对湿度；纤维上加油剂；配置适当材质的导纱器件；安装静电消除器；改善纤维本身的导电性；混纺。

对纤维进行抗静电及导电处理，可制得抗静电纤维及导电纤维。一般认为，抗静电纤维是能降低或消除在使用过程中产生静电的合成纤维，体积比电阻通常为 $10^7 \sim 10^8\ \Omega \cdot cm$；导电纤维是通过电子传导和电晕放电而消除静电的功能性纤维，通常是指在标准状态（温度 20 ℃、相对湿度 65%）下体积比电阻在 $10^6\ \Omega \cdot cm$ 以下的纤维。抗静电纤维的抗静电动机理主要是通过吸湿使产生的大部分静电泄漏，利用了漏电效应。导电纤维的抗静电动机理主要是当导电纤维接近带电体时，利用电场引起自身电晕放电，使静电中和，属于放电效应。

导电纤维一般采用混溶、蒸镀、电镀和复合纺丝等方法，在纤维中添加炭黑、石墨、金属粉或金属化合物等导电介质制得，具有远高于抗静电纤维的抗静电性能，且导电性能持久不变并基本不受湿度影响。导电纤维可用于抗静电纺织品、防电磁辐射纺织品、智能纺织品和军工纺织品等领域。用导电纤维制成的具有抗静电效果的工作服，适用于油田、石油加工、煤矿、电子工业、感光材料工业以及其他易燃易爆的场合，也适合于作为无尘无菌服或特种过滤材料等。利用导电纤维的电磁波屏蔽性，可将其用于制作精密电子元件、高频焊接机等电磁波屏蔽罩，制作有特殊要求的房屋的墙壁、天花板及吸收无线电波的贴墙布等。用柔韧的导电纤维制成的智能纺织品，具有轻便、易携带等优点，在各个领域都有广泛的应用。大部分导电纤维对电、热敏感，导电纤维织制成的织物能防止热成像设备的侦察，由此可制成单兵热成像防护服。

由于纤维比电阻对纤维加工性能及其制成品性能有很大影响，因此，需测定纤维比电阻。根据测试对象不同，纤维比电阻测试可分为短纤维比电阻测试和长丝比电阻测试。

1. 短纤维比电阻测试

由欧姆定律，导体的电阻 R 与导体的长度 l 成正比，与导体的截面积 S 成反比。

$$R = \rho_v \frac{l}{S} \tag{2-109}$$

$$\rho_v = R \frac{S}{l} \tag{2-110}$$

式中：ρ_v 为体积比电阻（$\Omega \cdot cm$）。

由于纤维很细，单根测试较难，实际测试体积比电阻是将一定质量的纤维集合体放入矩形盒子内进行的，矩形盒子中放置两平板金属极板，纤维集合体压缩后所占平行极板面积为 S，两平行极板间距为 l。由于纤维间存在空隙，纤维在测试盒内所占的实际极板的面积不是 S，而是 $S \cdot f$，其中 f 为填充系数，可由式（2-111）计算：

$$f = \frac{V_f}{V_T} = \frac{\dfrac{m}{d}}{S \cdot l} = \frac{m}{S \cdot l \cdot d} \tag{2-111}$$

式中：V_T 为纤维所在测试盒的容积；V_f 为纤维的实际体积；m 为纤维质量；d 为纤维密度。

所以，纤维的体积比电阻可以表示为：

$$\rho_v = R \cdot \frac{S \cdot f}{l} = R \cdot \frac{m}{l^2 \cdot d} \tag{2-112}$$

若测试盒子的极板面积 S 单位为 cm^2，l 单位为 cm 时，ρ_v 单位为 $\Omega \cdot cm$。当 $S = 1\ cm^2$，$l = 1\ cm$ 时，体积比电阻是电流通过纤维体积为 $1\ cm^3$ 时的电阻。

仪器测试纤维比电阻所用测试盒的金属极板高度 h 为 $6\ cm$，纤维所占极板宽度 b 为 $4\ cm$，两极板间距 l 为 $2\ cm$，试样质量 m 为 $15\ g$，由此可计算：

$$f = \frac{m}{S \cdot l \cdot d} = \frac{m}{h \cdot b \cdot l \cdot d} = \frac{15}{48d} \tag{2-113}$$

$$\rho_v = 12Rf = \frac{15}{4} \cdot \frac{R}{d} \tag{2-114}$$

一般所称的纤维比电阻为体积比电阻，在需要采用质量比电阻时，可按式（2-115）计算质量比电阻 ρ_m，单位为 $\Omega \cdot g/cm^2$。

$$\rho_m = \rho_v \cdot d \tag{2-115}$$

2. 长丝比电阻测试

将长丝试样两端涂以规定的导电液，夹持于距离 L 为 $10\ cm$ 的两夹持器中，测量两夹持器之间试样的电阻 R，计算下列指标。

（1）单位长度电阻。单位长度电阻 R_L 为试样单位长度的电阻，单位为 Ω/cm。

$$R_L = \frac{R}{L} \tag{2-116}$$

（2）体积比电阻。

$$\rho_v = \frac{R \cdot T_{dt}}{L \cdot d} \times 10^{-6} \qquad (2\text{-}117)$$

式中：T_{dt} 为长丝试样线密度（dtex），取名义线密度值或线密度实测值；L 为两类持器间试样的长度（cm）；d 为试样的密度（g/cm^3）。

三、试验仪器和试样

试验仪器为 XR-1A 型纤维比电阻测试仪，试样为 30 g 以上化学短纤维，并需准备天平、镊子、黑绒板等用具。

四、仪器结构原理

XR-1A 型纤维比电阻测试仪符合 GB/T 14342—2015《化学纤维　短纤维比电阻试验方法》的要求，可用于多种化学纤维和天然纤维比电阻的测试，还可配附加装置进行化纤长丝比电阻的测试。

仪器采用纤维试样自动压缩和数字测量技术，比传统的纤维比电阻仪在电阻测试量程、测试精度及自动化程度上均有显著提高。仪器主要特点有：纤维集合体试样的压缩定位采用步进电动机精确控制，减少手摇螺杆目视指针定位而产生的测量误差；电阻测量范围为 $10 \sim 10^{14}$ Ω，测试量程扩大后，仪器可用于导电纤维比电阻的测试。仪器计量校准用电阻有 10^2 Ω、10^6 Ω 和 10^{10} Ω 三档，测量准确度比传统仪器有较大提高。此外，仪器测量结果采用数字化显示，减少电表指示人工读数的误差，操作试验前仪器校零和校满也由计算机自动进行，仪器测量结果显示数字稳定，读数漂移小。

（一）仪器工作原理

XR-1A 型纤维比电阻测试仪外形及结构如图 2-58、图 2-59 所示。

图 2-58　纤维比电阻测试仪外形图

按仪器面板上的启动按钮，计算机 16 发出脉冲信号通过脉冲分配器 15，驱动步进电动机 14 转动，通过齿轮 13、同步齿轮带 12、齿轮 11、丝杆 10 和螺块 8 带动压缩杆 6 从仪器后位限器 9 控制的初始位置处开始向左移动，与螺块 8 相连的压缩杆进入测试盒 2 内推动压块 5 压缩纤维试样 3，直至达到前位限器 7 控制的定位位置，计算机 16 停止发送脉冲信号，

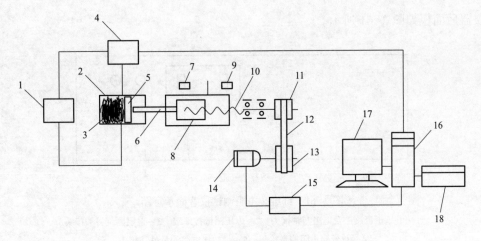

图 2-59　纤维比电阻测试仪结构示意图

1—直流稳压电源　2—测试盒　3—试样　4—高阻抗放大器　5—压块　6—压缩杆　7—前位限器

8—螺块　9—后位限器　10—丝杆　11—齿轮　12—同步齿轮带　13—齿轮　14—步进电动机

15—脉冲分配器　16—计算机　17—显示器　18—打印机

纤维试样处于规定体积下的压紧状态。根据所测纤维电阻大小，将仪器面板上的测试选择拨钮由放电档拨至高阻或低阻档，由直流稳压电源 1 给测试盒 2 的两电极板加上电压，计算机自动开始计时，通过试样的电流经高阻抗放大器 4 放大转换成电压，计算机采集该电压值并换算成电阻值及比电阻后，实时显示在显示器 17 屏幕上。

仪器操作控制面板如图 2-60 所示，高阻测试拨钮 5 共分 9 档，测量范围为 $10^5 \sim 10^{14}\ \Omega$，低阻测试拨钮 6 共分 6 档，测量范围为 $10 \sim 10^7\ \Omega$，测试选择拨钮 8 有高阻、放电和低阻三档，校准拨钮 7 有校零、满度和测试三档，而面板上的压缩按钮 2、停按钮 3 和退回按钮 4 仅在维护修理中使用，一般在测试操作中只用启动按钮 1，仪器自动控制试样压缩、压缩杆停止及退回等动作。

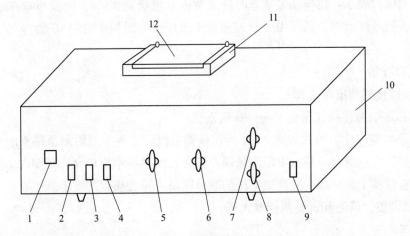

图 2-60　纤维比电阻测试仪正面示意图

1—启动按钮　2—压缩按钮　3—停按钮　4—退回按钮　5—高阻测试拨钮　6—低阻测试拨钮　7—校准拨钮

8—测试选择拨钮　9—电源开关　10—箱体　11—测试窗口　12—有机玻璃门

仪器后面板如图 2-61 所示。

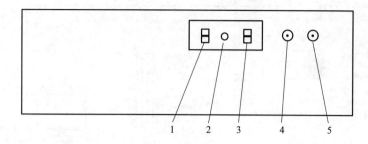

图 2-61　纤维比电阻测试仪背面示意图

1—电压正极接头及电阻测量接头　2—电压测量接地端　3—电阻测量另一接头

4—长丝比电阻测量接头　5—长丝比电阻测量另一接头

在仪器定期计量校准时，接头 1 和接头 3 用于接入校准电阻的两端，而接头 1 和接地端 2 用来检查高阻档电压 100 V 或低阻档电压 1 V 的电压准确度是否在规定允许范围内。接头 4 和接头 5 分别在测量长丝比电阻时与长丝比电阻测量装置（可选配）的连接线相连。

仪器主要技术指标如下。

（1）电阻测量分辨率为 0.01（10^n Ω，n=1，2，3，…，14）。

（2）电阻测量范围为 $10 \sim 10^{14}$ Ω。

（3）电阻测量误差为 ≤±5%（电阻≤10^{12} Ω），≤±10%（电阻>10^{12} Ω）。

（4）测试电压为 1 V 和 100 V 两档。

高阻测量范围：$10^5 \sim 10^{14}$ Ω（测量电压：100 V）；

低阻测量范围：$10 \sim 10^7$ Ω（测量电压：1 V）。

（5）电压偏差为 ≤±3%。

短纤维测试盒要求：试样压紧状态时纤维所占电极板宽 4 cm，极板高 6 cm，极板间距 2 cm，两电极间绝缘电阻不低于 10^{14} Ω 或不低于纤维比电阻预计值的 10 倍。

五、试验准备

（一）仪器使用前准备工作

（1）用多芯电缆连接仪器主机与计算机系统。

（2）仪器定期校正。可在如图 2-61 所示仪器主机后方两个电阻测量接头的弹簧夹中放上校准电阻进行校正对比，检查电阻测量误差是否在仪器技术指标允许范围内。同时，也可用万用表检查仪器 100 V 和 1 V 测试电压的准确度是否符合规定的要求。

（二）预调湿、调湿和试验用标准大气

1. 预调湿

（1）当样品符合下列条件之一时，需要进行预调湿：当试样回潮率超过公定回潮率；样品处于相对湿度高于实验室相对湿度上限的大气中；样品温度低于实验室温度 5 ℃。

（2）预调湿的条件为：温度不超过 50 ℃；相对湿度 10%~25%；时间大于 30 min。

2. 调湿和试验用标准大气

（1）公定回潮率小于4.5%的纤维调湿和试验用标准大气为：温度（20±2）℃、相对湿度（65±5）%。

（2）公定回潮率大于或等于4.5%的纤维调湿和试验用标准大气为：温度（20±2）℃、相对湿度（65±3）%。

（3）调湿时间按表2-22规定执行，纤维如经过预调湿，调湿时间取上限。各种纤维的公定回潮率见GB/T 9994—2018《纺织材料公定回潮率》。

表2-22　各种纤维的调湿时间表

公定回潮率/%	0~≤2	2~≤4.5	4.5~≤9	>9
调湿时间/h	2	2~4	4~6	6~8

（三）试样准备

从试验样品中随机均匀取出30 g以上纤维，经手扯松后，按上述规定进行预调湿、调湿处理。从经调湿平衡的样品中，随机称取15 g纤维（精确到0.1 g）两份，作为测试样品。

六、试验操作步骤

（1）双击计算机桌面上"XR-1A"比电阻仪的小图标，出现测试窗口，其左半部分有量程选择指示、控制状态、电阻、比电阻等信息显示栏，右半部分为测试信息、测试数据表等，底部从左至右依次为设置、剔除、打印、保存、查询、退出等功能按钮。

（2）点击测试窗口中"设置"按钮，出现测试选项界面。参数设置中输入试样名称、规格等信息，并将测试区分选择"短纤维测试"或"长丝测试"。选择或输入纤维品种的名称及密度等参数，再点击选项界面中"确定"按钮，退出选项界面。

（3）仪器校零和校满。根据试样电阻所在范围大小，将仪器面板上的测试选择拨钮拨至"高阻"或"低阻"档。将校准拨钮拨至"校零"位置，测试窗口中控制状态显示为"校零"，等待2~3 s，仪器自动校零完毕，控制状态"校零"显示消除，再将校准拨钮拨至"满度"位置，测试窗口中控制状态显示为"满度"，等待2~3 s，仪器自动校满完毕，控制状态"满度"显示消除，将校准拨钮拨至"测试"位置，即可开始准备进行相应试验。

（4）短纤维比电阻测试操作步骤

①将测试选择拨钮拨至"放电"位置。

②用专用钩子把压块从测试盒内取出，用镊子将15 g纤维试样均匀地填入测试盒，推入压块，然后把测试盒置于仪器上方的测试盒槽孔中。

③按"启动"按钮，开始自动压缩试样，显示屏指示"压缩"状态，压缩至压紧定位位置后，显示屏指示"给电"状态。

④将测试选择拨钮由"放电"位置手动拨至"高阻"或"低阻"档，此时测试盒两电极板加上电压，同时自动开始计时。

⑤根据量程选择指示条位置及数字显示，拨动高阻测试拨钮或低阻测试拨钮，选择适宜的电阻测试量程档位，一般量程选择指示显示数字在 10~100 为宜，超过此范围仪器软件会发出警示。

⑥等待 60 s 后仪器自动数据采样确认电阻值进入计算机；如果电阻显示数据稳定基本不变，可按"启动"按钮，确认当前所测电阻数据进入计算机。然后压缩杆自动退至原位，计算机屏幕显示该次试验结果的各项性能指标值。

⑦将测试选择拨钮由"放电"位置，拿出仪器槽孔中的测试盒，并从测试盒中取出纤维，并将测试盒内清洁干净。

⑧重复步骤②~⑦测试另一份纤维试样。

⑨取 2 个测试结果的平均值作为最终测试结果。

注：长丝比电阻测试的操作步骤与短纤维比电阻测试的相似，仅省略试样压缩程序。

七、试验结果

纤维的体积比电阻和质量比电阻计算公式如下。

$$\rho_v = R \cdot \frac{m}{l^2 \cdot d} \tag{2-118}$$

$$\rho_m = R \cdot \frac{m}{l^2} \tag{2-119}$$

式中：ρ_v 为体积比电阻（$\Omega \cdot cm$）；R 为试样的电阻（Ω）；m 为试样的质量（g）；l 为两极板间距（cm）；d 为试样的密度（g/cm^3）；ρ_m 为质量比电阻（$\Omega \cdot g/cm^2$）。

测试短纤维比电阻时，测试盒两极板间距 l 为 2 cm，试样质量 m 为 15 g，仪器按如下简化公式自动计算体积比电阻和质量比电阻。

$$\rho_v = 3.75 \times \frac{R}{d} \tag{2-120}$$

$$\rho_m = 3.75 \times R \tag{2-121}$$

八、注意事项

对于密度大的短纤维试样，由于 15 g 试样的体积较小，所以，无法填满测试盒内规定体积的空间，导致纤维间的空隙大，且可能造成纤维分布不均匀，这会影响比电阻测试结果的准确性和重现性。因此，需要增加纤维量，使测试盒内短纤维空隙小且分布均匀，以满足测试要求。但仪器仍按 15 g 试样来计算比电阻值，需通过下述公式手工换算成实际质量试样的测量结果数值。

$$\rho_{v1} = \rho_{v0} \times \frac{m_1}{15} \tag{2-122}$$

$$\rho_{m1} = \rho_{m0} \times \frac{m_1}{15} \tag{2-123}$$

式中：ρ_{v1} 为质量为 m_1 试样的体积比电阻（$\Omega \cdot cm$）；ρ_{v0} 为质量 m 取 15 时由式（2-118）计算所得的体积比电阻（$\Omega \cdot cm$）；m_1 为试样的质量（g）；ρ_{m1} 为质量为 m_1 试样的质量比

电阻（$\Omega \cdot g/cm^2$）；ρ_{m0} 为质量 m 取 15 时由式（2-119）计算所得的质量比电阻（$\Omega \cdot g/cm^2$）。

思 考 题

1. 简述测试纤维比电阻的意义。
2. 简述测试纤维比电阻的原理。
3. 简述影响短纤维比电阻测试结果的因素。
4. 简述如何测定化纤长丝的比电阻。

第十四节　纤维含油率测试

一、实验目的
通过实验，了解化学纤维含油率的测定原理，掌握化学纤维含油率测试的操作方法。

二、基本知识
由于纤维表面的含油量会影响纺纱工艺的参数设计和纺织成品的质量，因此，在化学纤维生产及纺织加工过程中，不论是半成品还是成品，要在纤维表面加上适量油剂，使纤维平滑柔软，控制纤维的摩擦，改善纤维的吸湿性能，防止静电产生，提高纺织产品的质量。

化学纤维的含油率是指化学纤维上含油干重占纤维干重的百分率。含油率的高低与纤维的可纺性能关系密切。含油率低的纤维容易产生静电现象；含油率过高则容易产生黏缠现象，都会影响纺织加工的正常进行。另外，含油率也是公量检验的依据。所以，对化纤含油率的测定不仅关系纺织工艺加工，而且也关系贸易双方的公量结算。测定纤维油剂含量，一般采用有机溶剂提取法，其原理是以有机溶剂处理纤维，将纤维中的油剂提取于有机溶剂中，然后再蒸出全部溶剂，称量残余物即为油剂质量。国内现行的纤维含油率试验方法主要有萃取法、快速挤压法、光折射率法等。

三、实验 A 萃取法
利用油剂能溶解于特定有机溶剂的性质，将适当的有机溶剂通过脂肪抽出器把试样中的油剂萃取出来，再蒸发溶剂，称量残留油剂的质量及处理后的纤维质量，计算得到试样的含油率。

当萃取剂或者萃取方法不适用于某种纤维或某类油剂时，应修改试验步骤。任何修改应在试验报告中表述。在称量蒸馏烧瓶、纤维的质量时，环境温度和湿度宜保持稳定，并快速完成称量，这对低含油率的试样尤其重要。

（一）试剂和材料
试验用试剂和材料如下。

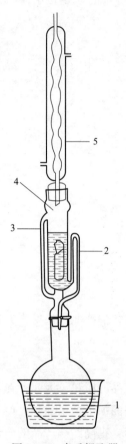

图 2-62　索氏提取器

1—蒸馏烧瓶　2—虹吸管　3—导气管

4—抽出筒　5—冷凝器

（1）乙醚。分析纯；如果乙醚不适用，可由相关方商定相应的溶剂。

（2）定性滤纸。不含脂。

（二）仪器

试验用仪器如下。

（1）脂肪抽出器（索氏提取器）如图 2-62 所示。冷凝管高度 240 mm，抽出筒直径 37 mm、长度 80 mm，蒸馏烧瓶 150 mL。

（2）烘箱。能保持温度（105±3）℃。

（3）天平。最小分度值为 0.1 mg、0.01 g 的天平各一台。

（4）恒温水浴锅。温度可调范围为室温至 100 ℃。

（5）称量容器、不锈钢镊子、干燥器等。

索氏提取器利用溶剂回流和虹吸原理，使试样每一次都能为纯的溶剂所萃取，所以，萃取效率较高。萃取前应先将纤维试样放在滤纸套内，置于抽出筒 4 中，加热蒸馏烧瓶 1，溶剂沸腾后，蒸汽通过导气管 3 上升至冷凝器 5，被冷凝为液体滴入抽出筒 4 中，当液面超过虹吸管 2 最高处时，即发生虹吸现象，溶液回流入蒸馏烧瓶 1，这样利用溶剂回流和虹吸作用，使固体中的可溶物富集到烧瓶内。

（三）试样制备

取 2 个试样，短纤维每份试样称取约 5 g，精确到 0.01 g；长丝合并绕一绞，保证每个卷装被取到，均匀地剪取；预取向丝、牵伸丝称取约 7 g，精确到 0.01 g；变形丝称取约 4 g，精确到 0.01 g。

（四）试验步骤

（1）将蒸馏烧瓶连续重复在（105±3）℃的温度下进行烘燥、冷却、称量操作，直至恒量（即前后两次称量差异不超过后一次称量的 0.05%），以后一次称量质量作为最终质量，记录萃取前蒸馏烧瓶烘干质量 m_1，精确到 0.1 mg。

（2）将制备好的试样，用定性滤纸包成圆柱状，置于脂肪抽出器的抽出筒内（圆柱高度不超过虹吸管最高处），下接已知烘干质量的蒸馏烧瓶，在抽出筒中注入约 1.5 倍脂肪抽出器抽出筒容量的溶剂，装上冷凝管。

（3）在恒温水浴锅上安装上述萃取装置，加热水浴锅。调节恒温水浴锅的温度，使回流次数控制在每小时 6~8 次，总回流时间不少于 2 h。

（4）用镊子从脂肪抽出器的抽出筒中取出试样并尽可能挤出试样中的溶剂，取下蒸馏烧瓶，回收溶剂。

（5）重新设定恒温水浴锅温度 90 ℃，将蒸馏烧瓶放置于加热的恒温水浴锅上，在恒温水浴锅上蒸发萃取瓶中残余溶剂近干，取下萃取后的蒸馏烧瓶。

（6）将萃取后的纤维连续重复在（105±3）℃的温度下进行烘燥、冷却、称量操作，直至恒量（即前后两次称量差异不超过后一次称量的 0.05%），以后一次称量质量作为最终质量，记录萃取后纤维的烘干质量 m_2，精确到 0.1 mg。

（7）将萃取后的蒸馏烧瓶连续重复在（105±3）℃的温度下进行烘燥、冷却、称量操作，直至恒量（即前后两次称量差异不超过后一次称量的 0.05%），以后一次称量质量作为最终质量，记录萃取后蒸馏烧瓶烘干质量 m_3，精确到 0.1 mg。

（五）试验结果

试样含油率按式（2-124）计算。

$$Q = \frac{m_3 - m_1}{m_2 + m_3 - m_1} \times 100 \tag{2-124}$$

式中：Q 为试样的含油率（%）；m_3 为萃取后蒸馏烧瓶烘干质量（g）；m_1 为萃取前蒸馏烧瓶烘干质量（g）；m_2 为萃取后纤维烘干质量（g）。

试验结果以两个试样的算术平均值表示，修约到小数点后两位。两次平行测试的相对差异大于 20% 时，重新试验。

四、实验 B　快速挤压法

快速挤压法的原理：利用油剂能溶解于特定有机溶剂的性质，将试样没泡在适当的有机溶剂中，在一定力的作用下，油剂溶解于有机溶剂中，然后蒸发溶剂，根据试样溶解下来的油剂质量计算试样的含油率。

快速挤压法适用于聚酯（PET）纤维含油率的测定，其他种类的化学纤维可参照使用。

（一）试剂和材料

用到的试剂为甲醇（分析纯），如果甲醇不适用，可由相关方商定相应的溶剂。

（二）仪器和工具

（1）天平。最小分度值为 0.1 mg 的天平。

（2）纤维油脂快速抽出器（或其他满足条件的仪器），仪器应满足条件：具备提供加热的装置，控温精度为±1 ℃；具备提油筒，不锈钢质，下面开有小孔，并有止流装置；具备加压装置；带有蒸发皿，铝薄片，形状和尺寸适合纤维油脂抽出器加热器。

（3）不锈钢镊子、洗耳球、移液管 15 mL、干燥器等。

油脂快速抽出器的结构如图 2-63 所示，其加压挤出溶剂的方法是，用加压手柄 1 逐渐旋下加压螺杆 2，通过加压手杆 3 挤压提油筒 4 内的纤维，让溶剂从提油筒 4 下部的小孔中慢慢地滴到蒸发皿 5 上，同时，加热器 6 持续加热使蒸发皿 5 上的溶

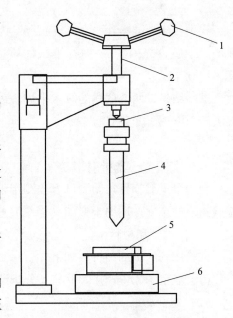

图 2-63　油脂快速抽出器示意图
1—加压手柄　2—加压螺杆　3—加压手杆
4—提油筒　5—蒸发皿　6—加热器

剂挥发。

（三）试样制备

随机均匀地抽取试样约 2 g，称其质量 m_1，精确到 0.1 mg。

（四）试验步骤

（1）用镊子将试样放入纤维油脂抽出器的油脂提取筒中，用压杆稍加压实。

（2）称量已清洗干净、烘至恒量（即前后两次称量差异不超过后一次称量的 0.05%）并冷却至室温的蒸发皿质量 m_2，精确到 0.1 mg，置于纤维油脂快速抽出器加热圈上并固定，加热台温度高于溶剂沸点。

（3）用移液管移取约 15 mL（以能浸没试样为准）甲醇缓慢加入到纤维油脂抽出器的油脂提取筒中，压上压盖起到止流作用，浸泡 10 min。

（4）去掉压盖，油脂提取筒中的溶液缓慢滴入蒸发皿中，注意防止液体溢出、飞溅、过沸。

（5）当提油筒内溶液不再下滴时，将加压杆放入提油筒内，挤压至无液滴流出。

（6）将被挤压的试样用镊子翻动、扯松，移取约 10 mL（以能浸没纤维为准）甲醇重复步骤（3）~（5）。

（7）当第二次萃取液蒸发完成后，将蒸发皿继续加热 10 min。结束后取出放入干燥器中冷却至室温，称其质量 m_3，精确到 0.1 mg。

（五）试验结果

试样含油率按式（2-125）计算。

$$Q = \frac{m_3 - m_2}{m_1(1-0.4\%)} \times 100 \tag{2-125}$$

式中：Q 为试样含油率（%）；m_3 为处理后蒸发皿的烘干质量（g）；m_2 为处理前蒸发皿的烘干质量（g）；m_1 为纤维试样质量（g）；根据聚酯（PET）公定回潮率折算的含水率，取 0.4%。

试验结果以两个试样的算术平均值表示，修约到小数点后两位。两次平行测试的相对差异大于 20% 时，重新试验。

五、实验 C　光折射率法

利用全反射临界角的测试方法测定未知物质的折光率，定量地分析溶液中的某些成分，检验物质的纯度。适用于聚酯（涤纶）短纤维含油率的测定。

（一）试剂和材料

试验用到的试剂和材料如下。

（1）乙醚（分析纯）、甲醇（分析纯），或其他试剂。

（2）定性滤纸。不含脂。

（3）实验室用三级水。

（二）仪器和工具

试验用到的仪器和工具如下。

（1）折射率仪。附钠光灯的折射率仪。

（2）脂肪抽出器。冷凝管高度 240 mm，抽出筒直径 37 mm、长度 80 mm，蒸馏烧瓶 150 mL。

（3）烘箱。能保持温度（105±3）℃。

（4）天平。最小分度值 0.1 mg。

（5）恒温水浴槽。可调节温度范围为室温~100 ℃。

（6）量筒、吸管、不锈钢镊子、一端附有橡皮管的不锈钢丝（直径 2.5 mm，长 150 mm）。

（7）称量容器和不含脂的定性滤纸、擦镜纸、干燥器。

（三）试样制备

随机均匀地抽取试样约 5 g，精确到 0.1 mg。

（四）工作曲线的制作

（1）按所用的油剂，用有效成分［计算如式（2-126）］配成浓度分别为 0.5%、1.0%、1.5%、2.0%、2.5%、3.0%的水溶液。

$$B = 100 - W \qquad (2-126)$$

式中：B 为油剂的有效成分（%）；W 为油剂的含水率（%）。

（2）在折射率仪上于 30 ℃测定其折射率对油剂浓度的关系直线，绘出相应的折射率和纤维含油率的工作曲线（图 2-64）。

（3）当变换油剂或发现原工作曲线有差异时，须重新制作工作曲线。

（五）试验步骤

（1）试样用定性滤纸包成圆柱状，置于脂肪抽出器的抽出筒内，使其不超过虹吸管最高处，下接已知质量的蒸馏烧瓶，在抽出筒中注入约 1.5 倍脂肪抽出器抽出筒容量的溶剂，装上冷凝管。

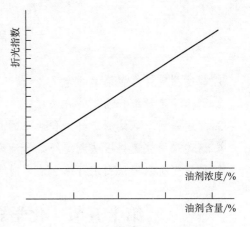

图 2-64　折光指数对油剂浓度及含量关系线

（2）在恒温水浴锅上安装脂肪抽出器，加热水浴锅。调节恒温水浴锅的温度，使回流次数控制在每小时 6~8 次，总回流时间不少于 2 h。

（3）用镊子从脂肪抽出器的抽出筒中取出试样并尽可能挤出试样中的溶剂，取下蒸馏烧瓶，回收溶剂。

（4）根据溶剂的沸点重新设定恒温水浴锅的温度，将蒸馏烧瓶放置于加热的恒温水浴锅上，在恒温水浴锅上蒸发萃取瓶中残余溶剂近干，取下萃取后的蒸馏烧瓶。

（5）将萃取后的蒸馏烧瓶经连续重复烘燥［温度（105±3）℃］、冷却至室温（冷却 30~45 min）、称量操作，直至恒量（即前后两次称量差异不超过后一次称量的 0.05%）。

（6）用吸管吸取，加入 0.5 mL 水于烘干后的蒸馏烧瓶中，用附有橡皮管的不锈钢丝刮下附在瓶内壁的油剂并充分地搅拌溶解，静置 10 min。

（7）开启折射率仪，按规定温度校正水在钠光下的折射率。

（8）当测试温度恒定在（30±0.1）℃，测试样品的折射率，读取到小数点后第四位。

（9）取2个试样，每份试样约5 g，精确到0.01 g。将试样快速放入称量容器，按GB/T 6503—2017《化学纤维　回潮率试验方法》测定含水率，取两个试验结果的平均值作为试样含水率 W。

（10）由折射率对纤维含油率的工作曲线中查出相应的油剂浓度 c，按式（2-127）计算试样的含油率。

（11）平行测试两次。

（六）试验结果

试样的含油率按式（2-127）计算。

$$Q = \frac{0.5c}{m(100-W)} \times 100 \tag{2-127}$$

式中：Q 为试样的含油率（%）；c 为由折射率求得的横坐标上的油剂浓度（%）；m 为试样质量（g）；W 为纤维含水率（%）。

试验结果以两个试样的算术平均值表示，两次平行测试的相对差异大于20%时，重新试验。

思 考 题

1. 简述测定纤维含油率的意义。
2. 简述测定纤维含油率的方法。
3. 简述采用萃取法测定纤维含油率的原理。
4. 简述采用快速挤压法测定纤维含油率的原理。
5. 采用光折射率法测定纤维含油率时制作工作曲线的方法。

第十五节　化学短纤维长度及疵点测试

一、实验目的

通过束纤维中段称量法测定化学纤维短纤维长度，掌握化学纤维短纤维长度测试的操作方法。通过原棉杂质分析机测定化学短纤维疵点含量，了解在气流离心力和机械作用下使纤维与杂质分离的原理和结构，掌握化学短纤维疵点含量测试的操作方法。通过手拣法进行纤维长度和疵点测试，测得化学短纤维的超长、倍长和疵点的含量。

二、基本知识

长度是化学短纤维的重要质量指标之一。纤维长度及长度差异，对纺纱工艺条件的制订，纺纱过程能否顺利进行及纱线质量的优劣，都起着很重要的作用。

化学纤维可根据需要切割成适当的长度，但必须与纺纱设备的形式和纺制品的规格相适应，例如：棉型产品要求长度在 40 mm 以下，要有良好的整齐度，严格控制其过长纤维；毛型产品要求纤维较长，一般粗梳毛纺产品希望纤维长度在 64~76 mm，精梳毛纺产品长度在 89~114 mm。毛型产品长度的整齐度则无严格要求，反而希望纤维长度形成一个不等长的斜度，有圆滑的长度分布曲线，使其尽可能与羊毛的长度分布相似，以利于获得较好质量的纱线。根据长度大小，化学短纤维可分为倍长纤维、超长纤维和过短纤维。倍长纤维：名义长度的两倍及以上者（包括漏切纤维）。超长纤维：名义长度在 30 mm 以下的纤维超过名义长度 5 mm 并小于名义长度 2 倍者；名义长度在 31~50 mm 的纤维超过名义长度 7 mm 并小于名义长度 2 倍者；名义长度在 51~70 mm 的纤维超过名义长度 10 mm 并小于名义长度 2 倍者。过短纤维：名义长度在 31~50 mm 的纤维，小于 20 mm 者；名义长度在 51 mm 以上的纤维，小于 30 mm 者。

纤维长度的测定方法有很多，如罗拉长度分析器测定法、束纤维中段称量法、手扯法、排列图测有效长度法等，由于目前国内生产的短纤维的规格大多数是等长的，且整齐度较好，所以，一般采用快速而准确的束纤维中段称量法。束纤维中段称量法测定纤维长度的原理是，将纤维梳理整齐，切取一定长度的中段纤维，在过短纤维极少的情况下，纤维的平均长度与中段纤维长度成正比，比例系数为总质量与中段纤维质量之比，从而求得平均长度、长度偏差率，以及称量计算出超长纤维率和倍长纤维含量。

化学短纤维的外观疵点包括纤维的含杂和疵点两项内容。含杂是指除纤维以外的夹杂物，疵点是生产过程中形成的不正常异状纤维。化学短纤维的疵点是指僵丝、并丝、硬丝、注头丝、未牵伸丝、胶块、硬板丝、粗纤维等异状纤维，其中，僵丝为脆而硬的丝；并丝为黏合在一起不易分开的数根纤维；硬丝为由于纺丝不正常而产生的比未牵伸丝更粗的丝；注头丝为由于纺丝不正常，中段或一端呈硬块的丝；未牵伸丝为未经牵伸或牵伸不足而产生的粗而硬的丝；胶块为没有形成纤维的小块聚合体；硬板丝为因卷曲机挤压形成的纤维硬块；粗纤维为直径为正常纤维 4 倍及以上的单纤维；油污黄纤维为由于化纤生产工艺不当而形成的带黄色或沾有油污的纤维。化学短纤维的疵点含量是指每百克试样中所含的疵点质量（mg/100 g）。

对于聚酯（PET）纤维，导致成品丝疵点降等的相关工艺主要有纺丝温度、组件压力、环吹工艺、拉伸倍数和温度、定型温度等。

（1）纺丝温度是影响纺丝顺利进行的重要参数，应根据 PET 的特性黏度和熔点来确定。温度过高时，熔体黏度低，会造成纺丝断头，产生疵点；而温度过低时，熔体黏度增加，纺丝困难，挤出不畅，同样会造成纺丝断头，产生疵点。

（2）组件压力也是影响纺丝顺利进行的一个重要参数。压力过高，会造成熔体挤出量过大，产生粗丝；而压力过小，则会造成挤出量小，断流，产生注头丝等。

（3）环吹风的作用是使熔体细流内外冷却，提高卷绕丝均匀性，它的主要工艺参数有风温、风量、风速和风湿，前三个参数对疵点产生的影响比较大。风温过高，致使丝束冷却不足，容易产生并丝；风量不足或吹风不匀，使丝束内外层冷却条件差异很大，造成原丝断面不匀率增大，则容易产生并丝、熔着丝和僵丝；而风量过大，风速过高，则使气流不但穿透丝束层到达丝束中心，并会在靠近喷丝板处形成强烈的涡流，致使丝条摇晃不定，往往会造成丝条的单丝线密度不匀。

（4）拉伸倍数设定过小，就会造成成品中未拉伸丝或拉伸不足的丝增多，从而引起疵点降等。拉伸倍数的选择与原丝预取向度有着比较重要的关系，而在影响原丝预取向度的因素中，纺丝速度起着决定性的作用，也就是后处理拉伸倍数与前纺的纺丝速度必须相匹配，拉伸倍数与纺丝速度不匹配，造成拉伸不足的丝比较多，所以会造成成品品质下降。

（5）要保证成品的品质，拉伸和定型温度都必须选择在纤维的玻璃化温度以上，熔点温度以下。拉伸定型温度不稳定，时过高或过低，会造成疵点较多。

三、实验 A　纤维长度测定

（一）试验仪器和用具

试验仪器和用具如下。

（1）天平。最小分度值为 0.01 mg、0.1 mg、0.1 g 的天平各一台。

（2）切断器。规格为 10 mm、20 mm、30 mm，允许误差±0.01 mm。

（3）钢梳。规格为 10 针/cm、20 针/cm。

（4）绒板。其颜色与试验纤维颜色成对比色。

（5）限制器绒板、压板、一号夹子、钢尺及镊子等。

（二）试验准备

1. 取样

按短纤维取样规程规定取出实验室样品，从实验室样品中随机均匀取出大于 50 g 纤维。

2. 预调湿、调湿和试验用标准大气

（1）预调湿。当试样回潮率超过公定回潮率时，需要进行预调湿：温度不超过 50 ℃；相对湿度 5%~25%；时间大于 30 min。

（2）调湿和试验用标准大气。聚酯纤维（涤纶）、聚丙烯腈纤维（腈纶）和聚丙烯纤维（丙纶）试样的调湿和试验用标准大气：温度（20±2）℃；相对湿度（65±5）%；调湿时间 4 h。其他化学纤维试样的调湿和试验用标准大气为：温度（20±2）℃；相对湿度（65±2）%；推荐调湿时间 16 h。

3. 试样制备

（1）从已调湿平衡的样品中随机均匀地抽取纤维试样，称量试样总质量 W_z，取 $W_z = 50$ g，精确到 0.1 g。

（2）从上述样品中抽取相当于 5 000 根纤维质量的试样，作平均长度和超长纤维试验用，均匀地铺放在绒板上，取出纤维的质量可按式（2-128）计算，精确到 0.1 mg。

$$W = \frac{T_{dtm} \times L_m \times 5\,000}{10\,000} \tag{2-128}$$

式中：W 为纤维的质量（mg）；T_{dtm} 为纤维的名义线密度（dtex）；L_m 为纤维的名义长度（mm）。

（三）试验操作步骤

（1）将抽取一定量纤维后剩余的试样用手扯松，放在绒板上，用手将倍长纤维（包括漏切纤维）挑出。

（2）取一份作为平均长度和超长纤维试验用的样品，称量长度试样质量 W_0，精确到0.01 mg，进行手扯整理，用钢梳将游离纤维梳下。

（3）将梳下的纤维加以整理，长于过短纤维界限的纤维仍归入纤维束中，再手扯一次，使纤维束一端较为整齐。

（4）在限制器绒板上整理手扯后的纤维束，使其成为一端整齐的纤维束，并梳去游离纤维。

（5）将梳下的游离纤维整理后仍归入纤维束中，并对过短纤维进行整理，量出最短纤维长度 L_{ss}（mm），并称量过短纤维质量 W_s，精确到0.01 mg。

（6）从纤维束中取出超长纤维，称量超长纤维质量 W_{op}，精确到0.01 mg，仍并入纤维束中。

（7）操作者双手各持纤维束的一端，对纤维束施加适当的力，使纤维伸直但不伸长，将纤维束放在切断器上，纤维束应与切断器刀口垂直，并保证纤维束整齐的一端靠近切断器刀口，操作切断器切取中段纤维，切取中段纤维长度 L_c 规定见表2-23。

注意：切断纤维时，操作者应先用下颚下压切断器的上刀柄，确认纤维压紧后松开握持纤维的双手，用一手压紧切断器的上刀柄，抬起下颚，再用手操作切断器的手柄，切断纤维。

表2-23 切取中段纤维长度取值表

名义长度 L_m/mm	$25 \leq L_m < 38$	$38 \leq L_m < 65$	$L_m \geq 65$
切取中段长度 L_c/mm	10	20	30

注 有过短纤维时建议切取长度为10 mm。

（8）称量切下的中段纤维质量 W_c 和两端纤维质量 W_t，精确到0.1 mg。

（9）测试长度时发现倍长纤维，拣出后并入倍长纤维一起称量 W_{sz}，精确到0.01 mg。

（四）试验结果

1. 平均长度

平均长度按式（2-129）计算：

$$L = \frac{W_0}{\dfrac{W_c}{L_c} + \dfrac{2W_s}{L_s + L_{ss}}} \tag{2-129}$$

式中：L 为纤维的平均长度（mm）；W_0 为长度试样质量（mg）；W_c 为中段纤维质量（mg）；L_c 为切取中段纤维长度（mm）；W_s 为过短纤维界限以下的纤维质量（mg）；L_s 为过短纤维界限（mm）；L_{ss} 为最短纤维长度（mm）。

当无过短纤维或过短纤维含量极少，可以忽略不计时，平均长度按式（2-130）计算：

$$L = \frac{L_c W_0}{W_c} = \frac{L_c(W_c + W_t)}{W_c} \tag{2-130}$$

式中：W_t 为两端纤维质量（mg）。

2. 长度偏差率

长度偏差率按式（2-131）计算：

$$D_{L} = \frac{L - L_{m}}{L_{m}} \times 100 \tag{2-131}$$

式中：D_{L} 为长度偏差率（%）；L_{m} 为纤维的名义长度（mm）。

3. 超长纤维率

超长纤维率按式（2-132）计算：

$$Z = \frac{W_{op}}{W_{0}} \times 100 \tag{2-132}$$

式中：Z 为超长纤维率（%）；W_{op} 为超长纤维质量（mg）。

4. 倍长纤维含量

倍长纤维含量按式（2-133）计算：

$$B = \frac{W_{sz}}{W_{z}} \times 100 \tag{2-133}$$

式中：B 为倍长纤维含量（mg/100 g）；W_{sz} 为倍长纤维质量（mg）；W_{z} 为试样总质量（g）。
试验结果修约至小数点后一位。

四、实验 B　纤维疵点含量测定

（一）试验仪器和试样

试验仪器为 Y101 型（或 YG041 型、YG042 型）原棉杂质分析机和天平（最小分度值为 0.1 g、0.000 1 g 各一台）。试样为聚酯（涤纶）短纤维若干，并需准备镊子、黑绒板等用具。

（二）仪器结构原理

原棉杂质分析机的结构原理见本章第六节。

（三）试验准备

从实验室样品的正反两面，在 20 个不同点上共取 100 g 纤维，精确到 0.1 g；批量样品中的实验室样品抽取按 GB/T 14334 规定。

不要抽取在运输途中意外受潮、包装破损或是已经被打开的包装件。

原棉分析仪的工作环境：温度（20±5）℃，相对湿度（65±10）%。

（四）试验操作步骤

（1）关上前后门和进风网。

（2）将 100 g（精确到 0.1 g）试验试样撕松，平整均匀地铺满于给棉接板和给棉台上。遇有棉籽、籽棉及其他粗大杂质应随时拣出，并作记录。

（3）按下绿色按钮，开机运转正常后，以两手手指微屈靠近给棉罗拉，把试验试样喂入给棉罗拉与给棉台之间，待棉纤维出现于净棉箱后，能自动喂棉，出现空档时用手帮助喂棉，约需 10 min 进行开松处理。

（4）试验试样开松完毕后，红色按钮按到底 3~4 s，刺辊即可停止运转。注意：红色按钮按到底的时间不能过长，刺辊停转就应松开，否则机器会反转。

（5）刺辊停转后，从净棉箱中取出第一次开松后的全部净棉，纵向平铺于给棉接板与给棉台上，按第 1 次开松方法［见步骤（3）、（4）］作第 2 次开松，然后取出全部净棉。

（6）关机收集杂质盘内的杂质。注意收集杂质箱四周壁、横档、给棉接板与给棉台上的全部细小杂质。如果杂质盘内落有小棉团、索丝、游离纤维等，应将附在表面的杂质抖落后拣出。

（7）将收集的杂质与拣出的粗杂质合并称量，精确到 0.000 1 g。从称量试样质量到称量杂质质量这段时间内，室内温湿度应保持相对稳定。

（8）开松出的杂质质量（mg）除以试样质量（g）的商再与 100 的乘积即为杂质率（mg/100 g）。

（五）试验结果

1. 纤维疵点含量按式（2-134）计算：

$$Q = \frac{m_1}{m} \times 100 \tag{2-134}$$

式中：Q 为疵点含量（mg/100 g）；m_1 为疵点质量（mg）；m 为试样质量（g）。

2. 油污黄纤维含量按式（2-135）计算：

$$Q_y = \frac{m_2}{m} \times 100 \tag{2-135}$$

式中：Q_y 为油污黄纤维含量（mg/100 g）；m_2 为油污黄纤维质量（mg）；m 为试样质量（g）。

试验结果修约至小数点后一位。

五、实验 C　手拣法测定纤维长度和疵点

（一）试验仪器和用具

试验仪器和用具如下。

（1）天平。最小分度值为 0.1 g、0.1 mg、0.01 mg 的天平各 1 台。

（2）钢梳。规格为 10 针/cm、20 针/cm。

（3）绒板、镊子、钢尺等。

（二）试验准备

1. 纤维调湿和试验用标准大气

调湿和试验用标准大气：温度（20±2）℃，相对湿度（65±3）%。

2. 试样准备

按短纤维取样规程规定取出实验室样品，从实验室样品中随机均匀取出大于 50 g 纤维作为超长、倍长和疵点测试样品，进行预调湿和调湿，使样品达到吸湿平衡。若试样回潮率在公定回潮率以下可不必进行预调湿。中测样品可以不进行预调湿和调湿。

（三）试验操作步骤

（1）从准备好的样品中随机均匀地抽取纤维试样，称量试样质量 W，取 W=50 g，精确至 0.1 g，再从该样品中均匀地取出一定质量纤维作为超长分析用（棉型称取 30~40 mg，中

长型称取 50~70 mg)，称量超长纤维分析用试样质量 W_0，精确至 0.01 mg。

（2）将超长分析用纤维进行手扯整理，用梳子将游离纤维梳下，将梳下的纤维加以整理仍归入纤维束中，再手扯一次，使纤维束一端较为整齐，按此步骤重复两次。

（3）从纤维束中取出超长纤维，并称量超长纤维质量 W_1，精确至 0.01 mg。

（4）将超长分析用之外的试样用手扯松，在绒板上用手拣法将倍长纤维（包括漏切纤维）和疵点拣出，分别称量倍长纤维质量 W_2 和疵点质量 W_3（分别精确至 0.01 mg 和 0.1 mg，如一次称量不下分批称量）。

（5）测试超长时，若发现倍长纤维和疵点，拣出后分别并入倍长纤维和疵点中一起称量。

（6）测试过程中应详细清楚记全原始记录，测试完毕后，所有用具放回原处，并做好清洁工作。

（四）试验结果

1. 超长纤维率按式（2-136）计算

$$Z = \frac{W_1}{W_0} \times 100 \tag{2-136}$$

式中：Z 为超长纤维率（%）；W_1 为超长纤维质量（mg）；W_0 为超长纤维分析用试样质量（mg）。

2. 倍长纤维含量按式（2-137）计算

$$B = \frac{W_2}{W} \times 100 \tag{2-137}$$

式中：B 为倍长纤维含量（mg/100 g）；W_2 为倍长纤维质量（mg）；W 为试样质量（g）。

3. 疵点含量按式（2-138）计算

$$Q = \frac{W_3}{W} \times 100 \tag{2-138}$$

式中：Q 为疵点含量（mg/100g）；W_3 为疵点质量（mg）；W 为试样质量（g）。

试验结果计算到小数点后三位，按照 GB/T 8170—2008《数值修约规则与极限数值的表示和判定》规定修约到小数点后两位。

思 考 题

1. 简述化学纤维短纤维长度指标。
2. 简述采用束纤维中段称量法测定纤维长度的过程。
3. 简述测定化学短纤维疵点含量的意义。
4. 简述化学短纤维有哪些疵点。
5. 简述采用手拣法测定纤维长度和疵点的操作步骤。

第十六节　化学纤维熔点及聚酯切片检验

一、实验目的

了解纤维级聚酯（PET）切片的特性黏度、熔点、水分、二氧化钛含量、灰分等项目的测试分析方法，熟悉纤维级聚酯切片化验的操作方法。

二、基本知识

聚酯（PET）切片是无定型结构的高分子聚合体。将聚酯切片加热到一定温度，其无定型结构可转变为具有一定结晶度的晶体结构，密度为 $1.33 \sim 1.38 \ g/cm^3$，其具有良好的耐热性和较好的耐光性、耐酸性，与氧化剂、还原剂接触时不易发生作用，但耐碱性较差、吸湿性低、导电性差。聚酯切片的分类：按组成和结构可分为共混、共聚、结晶、液晶、环形等；按性能可分为着色、阻燃、抗静电、吸湿、抗起球、抗菌、增白、低熔点、增黏（高黏）等；按用途可分为纤维级、瓶级、膜级等。

纤维级聚酯（PET）切片按其中消光剂含量不同可分为有光、半消光、全消光聚酯切片。有光聚酯切片是未进行消光处理的聚酯切片。半消光聚酯切片是二氧化钛含量大于 0.20% 且小于或等于 0.50%（质量分数）的聚酯切片。全消光聚酯切片是二氧化钛含量大于或等于 1.50%（质量分数）的聚酯切片。凝集粒子是在聚酯切片中测定大于或等于 10 μm 的粒子。异状切片：长度大于或等于正常切片的 4 倍；厚度、宽度或直径大于或等于正常切片的 2 倍；小于常规颗粒（或规定尺寸）的 1/4；以及非规整形状的聚酯切片。

纤维级聚酯切片适用于纺制各种聚酯短纤维和长丝等，制作各种服饰面料、帘子线和编织造纸过滤网等。为更好地组织生产，获得优质产品，对纤维级聚酯切片进行测试分析是相当重要的，其主要检验项目有特性黏度、熔点、水分、二氧化钛含量、灰分等。

一般纤维级聚酯切片的特性黏度为 0.645，这里所说的特性黏度是工业上用来表征聚酯分子量的大小。测定特性黏度不仅能正确评价聚酯的质量，而且为制订纺丝的工艺条件提供了重要的依据，特性黏度太低，聚酯分子量小，纺丝过程拉伸困难，甚至不具可纺性，容易出现断头等；黏度太高，拉伸时拉伸应力过大，大分子不好取向，所以，特性黏度对纺丝的运转稳定性、长丝的条干均匀性和染色均匀性均有影响。因此，保证特性黏度的稳定，对于提高纺丝的质量有较大的帮助。

聚酯熔点就是结晶的固态物质加热到一定温度时，由固态转变为液态时的温度，在一定程度上反映了聚酯的纯度，一般来说，纯聚酯是一部分结晶的高聚物，熔点在 265 ℃。在实际生产中，因为各种副反应的存在，使得聚酯中存在部分杂质，同时，聚合物结晶的缺陷和各处结晶度的差异也会影响聚酯的熔点，所以，聚酯的实际熔点都在 265 ℃以下，同时，熔点不一定是某一点，而是某一个范围，国家标准规定聚酯熔点应在 252~262 ℃。

切片的水分是指黏附在切片表面的物理结合水分，与切片的干燥程度、储存时间、空气湿度、环境稳定等因素有关。切片水分含量的高低不仅影响用户的原料消耗，而且对纺丝的生产也有影响。

二氧化钛（TiO$_2$）作为消光剂加入聚酯产品中，其用量根据用户的需求确定，通常，聚酯产品的二氧化钛含量在 0.28% ~ 0.3%。二氧化钛不仅起到消光作用，而且影响化纤加工热处理效果。当热处理条件相同时，随二氧化钛含量增加，纤维密度也随之增加，即纤维结晶度也相应提高，这时纤维的模量也会提高。

灰分就是聚酯中的无机杂质，包括来源于精对苯二甲酸（PTA）、乙二醇（EG）原料中无机杂质，也来自于催化剂残留物，以及二氧化钛（TiO$_2$）研磨时带入的杂质，还有重要的一个方面就是在袋装 PTA 投料时，外袋杂质进入引起。灰分含量过高可能堵塞组件，造成断丝增加，影响纺丝生产的连续性，降低纺丝装置熔体过滤器的使用寿命。

三、特性黏度的测定

黏度又称黏滞系数，是量度流体黏滞性大小的物理量，表征流体流动难易的程度，越难流动的物质黏度越大。高分子溶液常用到以下黏度：相对黏度是溶液的黏度与溶剂的黏度之比；增比黏度（又称比黏度）是溶液的黏度与溶剂的黏度之差被溶剂的黏度除得之商；比浓黏度（又称换算黏度或黏度数）是单位浓度的溶液的增比浓度；比浓对数黏度（又称对数黏度）是相对黏度的自然对数被溶液（或分散相）的浓度除得之商；特性黏度（又称极限黏度）是浓度趋于零时比浓黏度的极限值。

特性黏度是指高分子溶液黏度的最常用的表示方法，表示单个分子对溶液黏度的贡献，反映高分子特性黏度，其值不随浓度而变，常以 [η] 表示，单位是分升每克（dL/g）。由于特性黏度与高分子的相对分子质量存在定量的关系，所以，常用 [η] 的数值来求取相对分子质量，或作为分子量的量度。

（一）方法 A 毛细管黏度计法

测定 25 ℃的溶剂和浓度为 0.005 g/mL 的 PET 溶液的流出时间，根据测量所得的流出时间和试样的溶液浓度计算其特性黏度。毛细管黏度计选用 1B 型，达到使黏度计的动能校正项不予考虑的要求。

1. 仪器和设备

（1）恒温浴。温度控制在（25.00±0.05）℃。

（2）乌氏黏度计。符合 ISO 3105 规定的气承液柱式乌氏黏度计（图 2-65），型号为 1B，也可使用在 ISO 3105 中列出的其他类型黏度计，须保证其测定结果与上述规定的乌氏黏度计相等。有争议时，应使用乌氏黏度计。

（3）具塞三角烧瓶。容量为 100 mL。

（4）移液管或加液器。规格为 25 mL。

（5）天平。最小分度值为 0.1 mg。

（6）过滤器具。不锈钢丝网 70 ~ 120 μm 或相应的砂芯漏斗。

（7）计时器。精度为 0.01 s。

（8）加热装置。温度控制精度为 2 ℃。

（9）真空干燥箱。压力小于 133.3 Pa，温度控制在（105±5）℃。

2. 溶剂

（1）苯酚/1, 1, 2, 2-四氯乙烷（质量比 50：50）。两种溶剂以质量比 50：50 充分混匀，称量精度至少为 1%。在 (25.00±0.02) ℃时其密度范围为 (1.280±0.003) g/cm³。

（2）苯酚/1，1，2，2-四氯乙烷（质量比 60∶40）。两种溶剂以质量比 60∶40 充分混匀，称量精度至少为 1%。在 (25.00±0.02) ℃时其密度范围为 (1.235±0.003) g/cm³。

（3）溶剂的储存。溶剂应保存在棕色玻璃瓶中，避光保存，并保持在 (25±2) ℃环境温度，避免结晶。严格控制配制好的溶剂含水率小于 0.5%。对于高黏度、高结晶度切片，溶剂的含水率需要加严控制。

（4）溶剂的选择。PET 切片的特性黏度计算方法与所用的溶剂有关。可选用上述两种不同的溶剂。

（5）溶剂稳定性试验。定期重复测量所用溶剂的流出时间。如果溶剂的流出时间超过初始值的 1%（初始值为溶剂配制后测量的溶剂流出时间），则应将溶剂废弃并配制新的溶剂。

3. 毛细管黏度计

经常应用的毛细管黏度计为乌伯勒德（Ubbelohde）黏度计，简称乌氏黏度计（图 2-65）。

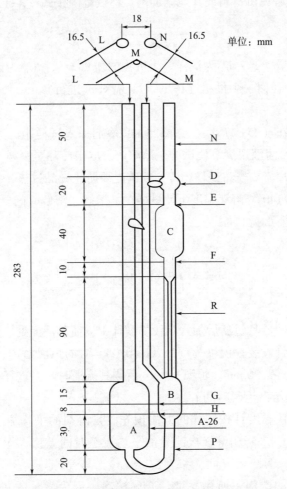

图 2-65 乌氏黏度计

A—下贮器 B—悬挂水平球 C—计时球 D—上贮器 E—上计时标线 F—下计时标线

G、H—装液标线 L—夹持管 M—下通气管 N—上通气管 P—连接管 R—工作毛细管乌氏黏度计的使用方法：首先关闭 M 管，由 N 管将液体吸至 D 球的一半时，开启 M 管，此时空气进入 B 球，毛细管 R 下端的液面下降，N 管液面下降，记录其经过计时球 C 的上计时标线 E 和下计时标线 F 的时间，两者之差为流经时间。在毛细管内流下的液体形成一个气承悬液柱，出毛细管下端时，将沿管壁流下。这样可以避免出口处产生湍流的可能，而且悬液柱的高度与 L 管内液面的高低无关，因此，流经时间与加入 L 管内的液体体积没有关系。

注意：当黏度计毛细管直径为 0.88 mm（偏差为±2%）时，C 球容积为 4.0 mL（偏差为±5%），P 管的内径为 6.0 mm（偏差为±5%），其余图示尺寸偏差为±10%。

4. 试样准备

（1）称取（0.125±0.005）g 试样，精确至 0.1 mg，放入具塞三角烧瓶中。若试样含水量高于 0.5%，则需将试样放在真空干燥箱中，压力低于 133.5 Pa，温度为 105 ℃，干燥 3 h，然后在干燥器中冷却待测。或用丙酮清洗除去其表面水分，在 80 ℃烘箱中放置 15~20 min，以除去残余丙酮。

（2）如试样中含有无机材料或其他添加剂。称量范围按式（2-139）计算：

$$m = \frac{0.125}{1 - (w_i + w_0)} \pm 0.005 \tag{2-139}$$

式中：m 为试样的质量（g）；w_i 为试样中无机物的质量分数；w_0 为试样中其他添加剂的质量分数。当 w_i、w_0 中任何一个量超过 0.5%时，需对 m 进行修正。

5. 溶液的制备

使溶剂温度保持在（25±2）℃，量取 25 mL 溶剂加入试样中，盖上瓶塞置于加热装置上加热。在 90~100 ℃溶液温度下使试样全部溶解。取出冷却至室温。

注意：高结晶切片需要先将试样粉碎，粉碎时要防止样品过热，可以用干冰或液氮保护以保持低温。在 135~140 ℃溶液温度下使试样全部溶解。溶解时间要求控制在 45 min 以内，超过此时间则样品需要重新制备。

试样在溶液中的浓度 c（g/100 mL）按式（2-140）计算：

$$c = m\left[1 - (w_i + w_0)\right] \times \frac{100}{25} \tag{2-140}$$

6. 试验步骤

（1）将溶液经过滤器具过滤后加入乌氏黏度计中，使其液面处于装液标线之间。

（2）将乌氏黏度计安装在温度为（25.00±0.05）℃的恒温浴内，确保黏度管垂直，且上标线低于水浴表面至少 30 mm。恒温 15 min 后测其流经时间，重复测量 3 次，极差不应大于 0.2 s，其平均值为溶液流经时间 t_1。

（3）用同一支乌氏黏度计按同样的方法预先测量溶剂的平均流经时间 t_0。重复测量 5 次，极差不应大于 0.1 s。若相继 2 次测量的平均流经时间差值大于 0.4 s，应清洗乌氏黏度计。

（4）乌氏黏度计的洗涤：所用黏度计必须洗净，因为微量的灰尘油污等会导致局部堵塞现象，影响溶液在毛细管中流动，引起较大的误差，所以，在实验前应彻底洗净烘干。先用热洗液（经砂芯漏斗过滤）浸泡，再用自来水、蒸馏水分别冲洗几次。每次都要注意反复流洗毛细管部分，洗好后烘干备用。其他容量瓶、移液管等都要彻底洗净，做到无尘。

7. 结果计算

（1）苯酚/1，1，2，2-四氯乙烷（质量比 50：50）作溶剂的试验，按式（2-141）~式（2-143）计算相对黏度、增比黏度和特性黏度：

$$\eta_r = \frac{t_1}{t_0} \tag{2-141}$$

$$\eta_{sp} = \frac{t_1 - t_0}{t_0} = \eta_r - 1 \tag{2-142}$$

$$[\eta] = \frac{\sqrt{1 + 1.4\eta_{sp}} - 1}{0.7c} \tag{2-143}$$

式中：η_r 为相对黏度；t_1 为溶液流经时间（s）；t_0 为溶剂流经时间（s）；η_{sp} 为增比黏度；$[\eta]$ 为特性黏度（dL/g）；c 为溶液浓度（g/100 mL）。

（2）PET 切片的稀溶液黏度也可用黏数（I）（mL/g）来表示，按式（2-144）计算：

$$I = \frac{100 \times \eta_{sp}}{c} \tag{2-144}$$

（3）苯酚/1，1，2，2-四氯乙烷（质量比 60：40）作溶剂的试验，其结果按式（2-145）计算：

$$[\eta] = \frac{0.25(\eta_r - 1 + 3\ln\eta_r)}{c} \tag{2-145}$$

特性黏度的计算结果以两个平行样品测试值的平均值表示，按照 GB/T 8170 规定修约到小数点后三位。

重复性条件是指在同一实验室，由同一操作员使用相同的设备，按相同的测试方法，在短时间内对同一被测对象，相互独立进行的测试条件。在重复性条件下获得的两次独立测试结果的测定值，特性黏度在 0.630~0.720 dL/g 时，这两个测试的绝对差值不超过重复性限（0.006 dL/g），超过重复性限（0.006 dL/g）的情况不超过 5%。

再现性条件是指在不同实验室，由不同操作员，使用不同的设备，按相同的测试方法，对同一被测对象相互独立进行的测试条件。在再现性条件下获得的两次独立测试结果的绝对差值，特性黏度在 0.630~0.720 dL/g 时，不大于再现性限（0.010 dL/g），超过再现性限（0.010 dL/g）的情况不超过 5%。

（二）方法 B　相对黏度仪法

将 PET 切片试样溶解在苯酚和四氯乙烷的混合溶剂中，然后该溶液和不含试样的空白溶剂分别流过在黏度仪的两根毛细管，产生的压力差服从泊肃叶定律，即压力差与黏度、流速、毛细管阻力成正比。黏度仪监测 1 号毛细管上压力差 p_1 和 2 号毛细管上压力差 p_2，由 p_2 和 p_1 之比求得相对黏度，最后通过数学模型求得试样的特性黏度。相对黏度仪测试原理如图 2-66 所示。

本方法的溶剂与上述毛细管黏度计法的相同。

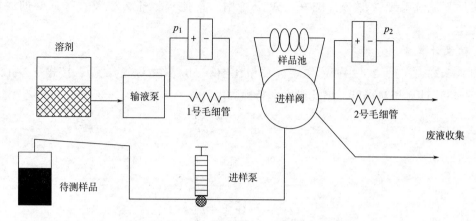

图 2-66 相对黏度仪测试原理示意图

1. 仪器和设备

（1）相对黏度仪。包括主机系统、温控系统、称样系统、自动加液系统、自动加样系统、仪器控制系统和数据处理系统。

（2）溶样瓶。专用溶样瓶或具塞三角烧瓶 100 mL。

（3）加热装置。温度控制精度 2 ℃。

（4）过滤器具。不锈钢滤网 120~200 μm 或相应的过滤漏斗。

（5）天平。最小分度值为 0.1 mg。

2. 试验步骤

（1）仪器常数的确定。设置好仪器的初始参数，用所选用的混合溶剂进行仪器常数的测定。

参考设定条件：混合溶剂压力范围为 28~35 kPa，控制温度为 25 ℃，恒温时间 30 s，数据采集时间 12 s。

（2）测量。称取 0.125~0.128 g 试样，精确到 0.1 mg，放入溶样瓶，加一定量的溶剂，配制成试样浓度为（0.500 0±0.007 0）g/100 mL，放在加热装置上溶解，试样溶解后冷却至室温，将滤液用相对黏度仪进行测定。如试样中含水率高于 0.5%，用上述毛细管黏度计法所用的方法处理；如试样中含有无机材料或其他添加剂，且其质量分数分别超过 0.5% 时，要将其质量分数作为杂质输入到仪器参数设定表中。

（3）根据所选择的溶剂及相对应的数学模型，仪器自动计算试样特性黏度值。

四、熔点的测定

熔点的测定是加热 PET 试样，测量其由固态转变为液态时的温度。PET 从开始熔化（始熔）至完全熔化（全熔）的温度范围叫作熔点距（熔程），也叫熔点范围。纯 PET 的熔点距很小，一般为 0.5~1.0 ℃，但是，混有少量杂质的 PET 的熔点一般会下降，熔点距增大，因此，从测定 PET 的熔点可鉴定其纯度。

（一）方法 A 显微镜法

试样在升温控制单元内以一定的速率升温，在偏光显微镜下观察其熔融过程，晶粒引起的光效应消失时的温度即为熔点。

1. 设备和用具

（1）切片机。可调节厚度，最小值为 2 μm。

（2）偏光显微镜。放大倍数 100 倍以上。

（3）升温控制单元（包括加热台和控制装置）。温度指示精度为 0.1 ℃。

（4）载玻片（厚度 1 mm）、盖玻片（厚度 0.17 mm）、剪刀等。

2. 推荐的熔点标准物

糖精，GBW（E）130141，228.8 ℃；咖啡因，GBW（E）130142，236.6 ℃；偶氮苯，GBW（E）130133，241.2 ℃；酚酞，GBW（E）130143，262.6 ℃。

3. 温度指示的校正方法

（1）取 5~10 mg 熔点标准物放于载玻片上，用盖玻片压紧晶粒，使其互相接触，在显微镜下观察是一个单层。

（2）将装有标准物的载玻片放在加热台上加热，在熔点 20 ℃前以 2 ℃/min 的速率升温。

（3）在显微镜下观察，当晶粒引起的光效应消失时，所显示的温度即为该标准物的熔点。

（4）根据标准物的熔点和显示出的温度，计算出温度指示的修正值。

4. 显微镜法测试熔点的步骤

（1）用切片机将试样切成厚为 25 μm 的薄片，再用剪刀取约 0.5 mm² 的试样，放在载玻片上，用盖玻片压紧。

（2）将载玻片放在加热台上，快速升温至 180 ℃，然后以 10 ℃/min 的速率升温至 240 ℃（其他功能性聚酯可视其熔点高低进行适当调整），再以 2 ℃/min 的升温速率升温，根据需要观察初熔，记下读数。

（3）试样达到初熔后，快速升温至 280 ℃，使其在此温度下保持 3 min，然后快速降低到 180 ℃，再以 10 ℃/min 的升温速率升温至 240 ℃，最后以 2 ℃/min 的速率升温，观察终熔，所显示的温度即为试样熔点。

计算结果按两次测试值的平均值表示，按照 GB/T 8170 规定修约到小数点后一位。在重复性条件下获得的两次独立测试结果的测定值，给出的熔点在 250.0~263.0 ℃时，这两个测试的绝对差值不超过重复性限（0.5 ℃），超过重复性限（0.5 ℃）的情况不超过 5%。在再现性条件下获得的两次独立测试结果的绝对差值，给出的熔点在 250.0~263.0 ℃时，不大于再现性限（1.0 ℃），超过再现性限（1.0 ℃）的情况不超过 5%。

（二）方法 B　差示扫描量热法（DSC）

差示扫描量热仪在程序温度控制下，测量输入到试样和参比样的热流速率随温度和时间变化的关系，由 DSC 曲线得到试样的熔点。

1. 仪器和用具

（1）差示扫描量热仪，温度指示精度为 0.1 ℃。

（2）压片机、天平（最小分度值为 0.1 mg）、平口钳、铝皿等。

2. 推荐的熔点标准物

铟：156.6 ℃；锡：231.9 ℃；锌：419.6 ℃。

3. 温度校正

用熔点标准物校正仪器，升温速率为 10 ℃/min，铟从 130 ℃升至 175 ℃，锡从 210 ℃升至 255 ℃，锌从 390 ℃升至 450 ℃。

4. 试验步骤

（1）用平口钳将 PET 切片夹扁、夹平，称取 5~10 mg 试样，放于铝皿中，盖上盖子，用压片机压好，放于仪器试样盘位置。

（2）推荐采用氮气或其他惰性气体进行保护，流速为 30~50 mL/min。

（3）以 10 ℃/min 的升温速率将温度升至 280 ℃，保温 3 min，以 10 ℃/min 的速率冷却至 140 ℃（或结晶峰以下 50 ℃），再以 10 ℃/min 的速率重新升温至 280 ℃，记录下 DSC 曲线。

（4）从 DSC 仪曲线上读取重结晶后的熔融温度峰值作为试样的熔点，按照 GB/T 8170 规定修约到小数点后一位。

五、水分的测定

（一）方法 A　称量法

将 PET 切片试样加热，使水分挥发，根据试样干燥前后质量的变化，计算试样的水分。

1. 仪器和设备

（1）天平。最小分度值为 0.1 mg 的天平。

（2）真空干燥箱或通风式烘箱或电热鼓风干燥箱。使用温度范围 20~200 ℃。

（3）称量瓶。Φ65 mm×35 mm。

（4）干燥器。

2. 试验步骤

（1）把称量瓶放在干燥箱里（若用真空干燥箱，残余压力要低于 400 Pa），温度为 120 ℃的条件下干燥 2 h。打开干燥箱（若用真空干燥箱，打开干燥箱前要先除去真空），把称量瓶迅速移入干燥器中，冷却 30 min。

（2）称取试样质量 m，取 m=20g，将试样放入上述称量瓶，称量干燥试样前试样和称量瓶的质量 m_1。称量均精确到 0.1 mg。

（3）按步骤（1）进行烘干操作，称量干燥试样后试样和称量瓶的质量 m_2。

3. 试验结果

水分按式（2-146）计算：

$$X_1 = \frac{m_1 - m_2}{m} \times 100 \qquad (2-146)$$

式中：X_1 为试样水分的质量分数（%）；m_1 为干燥试样前试样和称量瓶的质量（g）；m_2 为干燥试样后试样和称量瓶的质量（g）；m 为试样的质量（g）。

试验结果以两次平行样测试值的平均值表示，按照 GB/T 8170 规定修约到小数点后两位。

在重复性条件下获得的两次独立测试结果的测定值，水分在 0.10%~0.40% 时，这两个测试的绝对差值不超过重复性限（0.05%），超过重复性限（0.05%）的情况不超过 5%。

（二）方法 B　卤素水分仪法

试样在卤素加热单元内，水分快速逸出，当仪器显示值保持稳定时，根据失重计算试样的水分。

1. 仪器和设备

（1）卤素水分测定仪。

（2）铝制试样盘。

2. 试验步骤

（1）首次开机预热 30 min，待仪器稳定后，设置关机模式为 140 s 内失重小于 1 mg，升温模式为阶梯升温模式。仪器加热温度设为 120 ℃，测试时间设为 30 min。

（2）称取试样 20 g 左右，放入卤素水分仪托盘中，样品应均匀分布于样品盘（不要呈堆积状）。

（3）启动逐步升温模式，当卤素水分仪托盘自动弹出时，其显示屏显示结果即为试样的实际水分。

（三）方法 C　压差法

压差法水分测定方法是一种比较法。先用不同质量的具有已知含水率的标准试样做试验，得出不同水分所对应的不同压力的标示，然后用待测样品做试验，试验结果同样用压力标示，那么，在所对应的压力处，根据原先用标准试样试验得到的结果，就可知道该待测样品的含水量。

国内厂家常用此法来测定烘干后的聚酯切片与聚酰胺纤维（锦纶）的含水量，一般试验温度：聚酯切片与聚酰胺 66 纤维（锦纶 66）为 220 ℃、聚酰胺纤维（锦纶）与聚酰胺 6 纤维（锦纶 6）为 180 ℃。

1. 仪器和用具

包括压差法水分测定仪、数只装料试管（附管塞）、加热铝块、真空泵、温度计 360 ℃、温度控制器、真空表、天平（最小分度值为 0.1 mg）、铝块支柱、仪器支架等。

2. 工作原理

压差法水分测定仪主要由测量、加热、温控三部分组成。测量部分是一套玻璃构件与真空泵、真空规的组合件，要求整个结构气密性很好。真空泵使测量部分在测试前已保持在高度真空状态。加热部分由加热器、具有试管浮动对中装置的炉膛及升降台组成，将升降台上移，使试管插入其中，即可对试样加热。试管插入套管，套管悬浮在炉膛中，因此，当试管 M 与锥形端口 N 连接而发生歪斜时（由于玻璃加工原因，这是不可避免的），仍能以自由状态置于炉膛中，套管与炉膛由导热油（或硅油）作热传导，使用一段时间后，导热油会蒸发及老化，应适时添加及清洗。温控部分由微型计算机控制温度，由轻触开关设定，温控精度更高。简而言之，压差法水分测定装置是一个由玻璃管道及试管、玻璃球泡 A 与 B 组成的气密系统。

压差法水分测定仪的结构如图 2-67 所示，工作原理是：在 U 型管道中，盛有一定量的硅油。在气阀 G 打开的情况下使系统达到高度真空，如果整个系统气密性良好，那么，将气阀 G 关闭，在硅油左右两侧的液面上，D 与 E 的气压应是一致的，硅油的二液面在同一水平面上。如果由于某种原因，右侧的气压升高，则右液面 D 的压力升高，硅油的液面产生升降变化，右液面下降，左液面上升。如果在试管中，预先放入某种含水物质，其中的水分只能在某种条件下（如加热）才能释放出来，那么，在未达到水分释放的条件时，D、E 液面压力相等；达到水分释放条件后，由于水汽的作用使右侧管道内水汽压力升高，D 液面下降，E 液面上升，D、E 液面形成的压力差与右侧的水汽的压力相平衡。

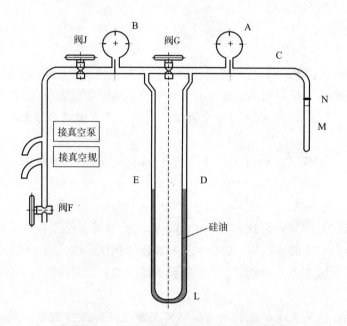

图 2-67 压差法水分测定仪结构示意图

A、B—缓冲球 C—玻璃管道 D、E—硅油液面 F—与大气连通的开关阀 G—中间阀，开关
D、E 两个液面间的通道 J—旁阀，开关真空系统与外界的连接 L—U 形管
M—试管 N—与试管连接的锥形端口

3. 标定方法

标定的目的是为了找到本装置的液位差（即 U 形管左右液位差）和含水量之间的对应关系，以便在实际测试时对照使用。标定结果与玻璃装置状况、测试环境温度有关。

（1）精确称取 4 mg、8 mg、12 mg、16 mg、20 mg（左右）5 种分量的钼酸钠，分别放入试管内置于干燥皿中备用。

（2）开启水分测定装置的电源开关，设置温度（与待测试温度同），待温度稳定，打开中间阀 G，将待测试样的试管套入接口并密封。

（3）关闭开关阀 F、旁阀 J，启动真空泵，缓缓打开旁阀 J，抽真空至小于 100 Pa。

（4）依次关闭旁阀 J、中间阀 G，打开开关阀 F 与大气连通，关闭真空泵。

（5）顺时针摇动右侧手柄，提升已恒温的加热筒，使试管 M 插入筒内。

（6）试样保温 10 min 或至液位标尺指示的液位差保持恒定，读取 U 形管的液位变化值。

（7）缓慢、平稳地打开中间阀 G，再打开旁阀 J（次序千万不能搞错），降下加热筒，调换预先准备的试样进行试验。

将所得数据绘制到含水量-液位升高关系图上，如图 2-68 所示。由图可知，E 点左侧含水量 $m \cdot w$ 与液位变化值 Δh 呈线性关系，可以系数 k（即直线的斜率）来表示。而 E 点右侧曲线发生弯曲，说明当总的水分含量增加到一定值后，液位变化量减少，意味着已进入蒸汽的过饱和状态。E 点所对应的水分含量即为该装置可能测定的最高含水量。

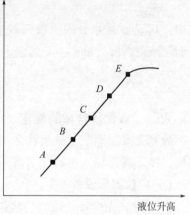

图 2-68　含水量-液位升高关系示意图

计算直线段系数 k 值：

$$k = \frac{m \cdot w}{\Delta h} \qquad (2\text{-}147)$$

式中：m 为试样质量（g）；w 为每克试样（如钼酸钠）中的水分含量（g/g），可通过分子量来计算；Δh 为加热前后，U 形管内的液位变化值（mm）。

用不同分量作出的 k 值应该一致，因为水分含量与液位差存在线性关系。

每克试样含水量（w）由下式求出：

$$w(\text{试样}) = \frac{\text{结晶水分子量}}{\text{分子量}} \qquad (2\text{-}148)$$

例如：钼酸钠（$Na_2MoO_4 \cdot 2H_2O$）的分子量为 241.92，结晶水分子量为 36，则

$$w(Na_2MoO_4 \cdot 2H_2O) = \frac{36}{241.92} = 0.14881 \qquad (2\text{-}149)$$

标定试样也可用钨酸钠（$Na_2WO_4 \cdot 2H_2O$），以前也多用硫酸铜（$CuSO_4 \cdot 5H_2O$），相应地，其含水量为：

$$w(Na_2WO_4 \cdot 2H_2O) = \frac{36}{329.78} = 0.10916 \qquad (2\text{-}150)$$

$$w(CuSO_4 \cdot 5H_2O) = \frac{72^*}{249.6} = 0.2885 \qquad (2\text{-}151)$$

$CuSO_4 \cdot 5H_2O$ 在实验所示温度下只能释放 4 个 H_2O。

4. 测定方法

测定方法与标定方法类似，测试聚酯切片水分的步骤如下。

（1）在干燥的装料试管中，称取 1.0~1.5 g（精确至 0.000 1 g）聚酯切片，打开中间阀 G，将试管装在仪器的试管接口上，先关闭开关阀 F，再关闭旁阀 J，启动真空泵，缓缓打开旁阀 J，抽真空至小于 100 Pa。依次关闭旁阀 J、中间阀 G，读出 U 形管右侧的液位高度（h_1/mm），打开开关阀 F 与大气连通，关闭真空泵。

（2）套上预热至 220 ℃的加热器，在温度为（220±2）℃的条件下加热 20 min，再读出 U 形管右侧管内的液位高度（h_2/mm）。放下加热铝块，停止加热，先慢慢打开中间阀 G，再打开旁阀 J（次序千万不能搞错）。取下装料试管。

5. 结果表述

水分按式（2-152）计算。

$$X_1 = \frac{(h_2 - h_1) \times k}{m} \times 100 \qquad (2\text{-}152)$$

式中：X_1 为试样水分的质量分数（%）；h_2 为加热后 U 形管液位高度（mm）；h_1 为加热前 U 形管液位高度（mm）；k 为液位升高值与含水量的关系系数（g/mm）；m 为样品的质量（g）。

六、二氧化钛含量的测定

分光光度法测定二氧化钛含量的原理是，试样在加热情况下，用浓硫酸和适量过氧化氢溶解，冷却后再加入过氧化氢溶液形成黄色络合物，在分光光度计 410 nm 处测定其吸光值。

（一）仪器和设备

（1）分光光度计。适宜的波长范围，推荐波长 320~810 nm，备有 3 cm 的比色皿。根据样品中二氧化钛含量，可以选择其他规格的比色皿。

（2）天平。最小分度值为 0.1 mg。

（3）加热装置。

（4）容量瓶。规格为 100 mL、1 000 mL。

（5）刻度移液管。规格为 2 mL、5 mL、10 mL。

（6）烧瓶。50 mL 凯氏烧瓶或 250 mL 三角烧瓶。

（7）烧杯。规格为 100 mL、2 000 mL。

（8）试剂瓶。容量为 1 000 mL。

（二）试剂

（1）硫酸。

（2）硫酸铵。

（3）硫酸溶液：$c(H_2SO_4) = 5$ mol/L。

（4）过氧化氢。

（5）过氧化氢溶液：3%。

（6）二氧化钛：纯度 99.9%。

（7）钛标准溶液：1 mg/mL。将 166.8 mg 二氧化钛（相当于 100 mg 钛）、5 g 硫酸铵和 10 mL 硫酸，加入到 100 mL 烧杯中加热溶解，自然冷却后，将此溶液转移至 100 mL 容量瓶中，用蒸馏水稀释至刻度线，摇匀。

（三）工作曲线的绘制

（1）用刻度移液管移取钛标准溶液 0 mL、0.2 mL、0.4 mL、0.6 mL、0.8 mL、1.0 mL 分别注入 6 个 100 mL 容量瓶。

（2）在上述容量瓶中，各加入 50 mL 蒸馏水和 20 mL 5 mol/L 硫酸溶液，摇匀后用移液管各加入 10 mL 3%过氧化氢溶液，最后，用蒸馏水稀释至刻度线，摇匀。

（3）在分光光度计 410 nm 波长处，用 3 cm 比色皿分别测定上述 6 种溶液的吸光度。

（4）根据钛含量对应的吸光度绘制工作曲线。

（四）试验步骤

（1）称取适量试样（半消光 PET 切片约 250 mg；全消光 PET 切片约 40 mg），放入 50 mL 凯氏烧瓶中，加入 10 mL 浓硫酸。

（2）将凯氏烧瓶置于加热装置上加热到试样完全溶解，溶液呈深褐色。稍冷后，立即逐滴加入过氧化氢，使溶液脱色至无色透明并冷却至室温，转移到 100 mL 容量瓶中，加入 10 mL 3%过氧化氢溶液，以蒸馏水稀释至刻度线，用 3 cm 比色皿，在 410 nm 波长处测定吸光度。

（五）试验结果

1. 二氧化钛含量按式（2-153）计算

$$X_2 = \frac{q \times 1.67}{m} \times 100 \qquad (2-153)$$

式中：X_2 为试样的二氧化钛含量（%）；q 为在工作曲线上查得的试样溶液中钛的量（mg）；1.67 为二氧化钛摩尔质量与钛摩尔质量之比；m 为试样的质量（mg）。

计算结果以两次平行样测试值的平均值表示，按照 GB/T 8170 规定修约到小数点后三位。

2. 精密度

在重复性条件下获得的两次独立测试结果的测定值，二氧化钛含量在 0.250%~0.350% 时，这两个测试的绝对差值不超过重复性限（0.020%），超过重复性限（0.020%）的情况不超过 5%；当二氧化钛含量在 2.00%~3.00%时，这两个测试的绝对差值不超过重复性限（0.120%），超过重复性限（0.120%）的情况不超过 5%。

在再现性条件下获得的两次独立测试结果的绝对差值有以下几种情况：二氧化钛含量在 0.250%~0.350%时，这两个测试的绝对差值不超过再现性限（0.040%），超过再现性限（0.040%）的情况不超过 5%；当二氧化钛含量在 2.00%~3.00%时，这两个测试的绝对差值不超过再现性限（0.20%），超过再现性限（0.20%）的情况不超过 5%。

七、灰分

试样经炭化，高温灼烧，根据灼烧残渣及二氧化钛含量，算出灰分，最低检出限为 0.005%。

1. 仪器和设备

（1）天平。最小分度值为 0.1 mg。

（2）瓷坩埚。规格为 50 mL 或 100 mL。

（3）马弗炉。温度控制在（650±25）~（1 000±25）℃。

（4）电炉或灰化炉、坩埚钳、干燥器等。

2. 试验步骤

（1）把瓷坩埚放入马弗炉中，于 850 ℃灼烧 60 min，取出后移至干燥器中，冷却 30 min，称得坩埚质量 m_1，准确至 0.1 mg。重复上述步骤，直到灼烧至两次称量之差不大于 0.4 mg。

（2）在上述坩埚中称入 m 克试样（全消光 PET 切片、半消光 PET 切片各称 5 g，有光 PET 切片称 10 g），放在电炉或灰化炉上，不燃烧地进行炭化，直至全部试样炭化完毕。

（3）将坩埚转移到 850 ℃马弗炉中，继续灼烧 60 min，取出后移至干燥器中，冷却至室温，称得残渣质量 m_2，准确至 0.1 mg。重复上述步骤，直到灼烧至两次称量之差不大于 0.4 mg。

3. 试验结果

试样的灰分按式（2-154）计算：

$$X_3 = \frac{m_2 - m_1}{m} \times 100 - X_2 \qquad (2\text{-}154)$$

式中：X_3 为试样的灰分的质量分数（%）；m_2 为灼烧残渣和空坩埚的质量（g）；m_1 为空坩埚的质量（g）；m 为试样的质量（g）；X_2 为当二氧化钛含量参与灰分计算时，此值为原始测试值。

计算结果以两次平行样测试值的平均值表示，按照 GB/T 8170 规定修约到小数点后三位。

在重复性条件下获得的两次独立测试结果的测定值，灰分在 0.01%~0.07% 时，这两个测试的绝对差值不超过重复性限（0.01%），超过重复性限（0.01%）的情况不超过 5%。在再现性条件下获得的两次独立测试结果的绝对差值，灰分在 0.01%~0.07% 时，不大于再现性限（0.015%），超过再现性限（0.015%）的情况不超过 5%。

思 考 题

1. 简述测试分析纤维级聚酯切片的意义。
2. 纤维级聚酯切片化验有哪些项目。
3. 特性黏度有哪些测试指标。
4. 使用乌氏黏度计测定聚酯黏度的方法。
5. 相对黏度仪法测定聚酯黏度的原理。
6. 测定聚酯熔点的原理。
7. 简述采用显微镜法测定聚酯熔点的试验步骤。
8. 简述采用差示扫描量热法（DSC）测定聚酯熔点的试验步骤。
9. 简述测定聚酯切片水分的三种方法。
10. 简述采用压差法水分测定仪的标定方法。
11. 简述采用分光光度法测定二氧化钛含量的原理。
12. 简述测定聚酯切片灰分的试验步骤。

第十七节 纤维制品中各纤维组分含量的溶解法测试

一、实验目的

通过实验，了解混纺产品中纤维含量分析的基本原理，掌握二组分混纺产品中纤维含量的测试方法及操作过程。

二、基本知识

随着化学纤维的不断发展，采用化纤与棉、毛、丝、麻等天然纤维混纺和交织以及各种化纤混纺和交织越来越多，混纺和交织的目的，就在于发挥各种纤维的优良性能，取长补短，满足各种用途的不同要求，并且可增加品种，降低成本。因此，纤维混纺产品的混纺比测定，对于合理选配原料和准确检验产品具有重要的意义。

混纺比的测定方法很多，常用定量化学分析方法，广泛应用于二组分、三组分、四组分等纤维混纺产品。其基本原理是混纺产品的组分经定性鉴别确定后，选择适当的试剂溶解一种或几种组分，将不溶解的组分烘干、称量，从而计算出各组分纤维的百分含量。也用显微镜观察法，利用纤维不同的外观形态（包括横截面和纵面），区别不同纤维，计其根数并测量直径，从而计算各组分纤维的百分含量。

对混纺纺织品进行纤维含量分析是纺织生产、贸易和科研中经常性的工作。现行的国家标准有纺织品二组分、三组分、四组分纤维混纺产品定量化学分析方法，这些标准用于纤维混纺及交织产品的定量化学分析。本实验以涤棉混纺产品为例介绍二组分含量化学分析方法，它也适用于除去非纤维物质后的天然或再生纤维素纤维和聚酯纤维（涤纶）的混纺产品。

三、试验仪器与用具

二组分含量化学分析所需仪器与用具如下。

（1）玻璃砂芯坩埚。容量为 30~40 mL，微孔直径为 90~150 μm 的烧结式圆形过滤坩埚。坩埚应带有一个磨砂玻璃瓶塞或表面玻璃皿。也可用其他能获得相同结果的仪器代替玻璃坩埚。

（2）抽滤装置。

（3）干燥器。装有变色硅胶。

（4）干燥烘箱。能保持温度在（105±3）℃。

（5）分析天平。精度为 0.000 2 g 或以上。

（6）索氏萃取器。其容积（mL）是试样质量（g）的 20 倍，或其他能获得相同结果的仪器。索氏萃取器使用方法见第三章第七节纤维含油率测定。

（7）恒温水浴锅、温度计及烧杯等。

（8）具塞三角烧瓶，容量不少于 500 mL。

（9）加热设备，能保持温度在（50±5）℃。

四、二组分纤维混纺产品定量化学分析方法

混纺产品的组分经定性鉴定后，选择适当试剂溶解，去除一种组分，烘干、称量不溶解的纤维，从而计算各组分纤维的百分含量。纤维素纤维与聚酯纤维混合物（硫酸法）的定量化学分析方法是，用硫酸把纤维素纤维从已知干燥质的混合物中溶解去除，收集残留物，清洗、烘干、称量，用修正后的质量计算其占混合物干燥质量的百分率，即聚酯纤维质量百分率，由 1 与它的差值得到纤维素纤维质量的百分率。

(一) 试样的预处理

1. 一般预处理方法

主要去除纤维上的油脂、蜡,以及其他水溶性物质。将试样放在索氏萃取器中,用石油醚萃取,待试样中的石油醚挥发后,把试样浸入冷水中浸泡,再在温水中浸泡,并不时搅拌溶液,然后抽吸或离心脱水、晾干。

2. 特殊预处理方法

试样上的水不溶性浆料、树脂等非纤维物质,如不能用石油醚和水萃取,则需用特殊方法处理,同时,要求这种处理对纤维组成没有影响。虽然一些未漂白的天然纤维(如黄麻、椰子皮)用石油醚和水的正常预处理时不能将所有天然的非纤维物质全部除去,但也不采用附加的预处理,除非试样上具有在石油醚和水中都不溶的保护层。

(二) 溶解试验测定混纺比的方法

将预处理的试样放入称量瓶内,盖子打开放入烘箱内烘干,盖上瓶盖迅速移入干燥器中冷却、称量,直至恒量。经溶解处理后,将不溶纤维放入已知质量的玻璃砂芯坩埚,放入烘箱内烘干后,盖上盖子迅速移入干燥器内冷却、称量,直至恒量。由预处理后试样的烘干质量和不溶纤维的烘干质量计算各组分纤维质量百分率。

五、试验准备

(一) 试样及制备

(1) 取试样 5 g 左右,放在索氏萃取器中,用石油醚萃取 1 h,每小时至少循环 6 次,以去除非纤维物质,然后取出试样,待试样中的石油醚挥发后,把试样浸入冷水中浸泡 1 h,再在 (65±5) ℃的水中浸泡 1 h,水与试样之比为 100:1,并不时搅拌溶液,然后抽吸(或离心脱水)、晾干。

(2) 测试样如果是织物,应拆为纱线。毡类织物剪成细条或小块;纱线剪成 10 mm 长。

(3) 每个试样至少 2 份,每份不少于 1 g。

(二) 调湿和试验大气

因为是测定试样烘干质量,所以试样不需要调湿,在普通的室内条件下进行分析。

(三) 试剂选配

(1) 硫酸 (质量分数为 75%)。将 700 mL 浓硫酸 ($\rho = 1.84$ g/mL) 小心地加入 350 mL 水中,溶液冷却至室温后,再加水 1 L。硫酸溶液浓度允许范围为 73%~79% (质量分数)。

(2) 稀氨水溶液。将 80 mL 浓氨水 ($\rho = 0.880$ g/mL) 加水稀释至 1 L。

所用的全部试剂为分析纯。石油醚,馏程为 40~60 ℃。水为蒸馏水或去离子水。

六、试验操作步骤

(1) 将预处理的试样放入称量瓶内,盖子打开放入烘箱内,在 (105±3) ℃温度下烘 4~16 h,如烘干时间小于 14 h,则需烘至恒量。烘干后,盖上瓶盖迅速移入干燥器中冷却、称量,直至恒量 (前后两次质量差值不超过后一次质量的 0.05%),以后一次质量作为试样预处理后的烘干质量 m_0。

(2) 将试样放入具塞三角烧瓶中,每克试样加入 200 mL 75%的硫酸,盖紧瓶塞,用力搅拌，使试样浸湿。

（3）将三角烧瓶放在温度为（50±5）℃恒温水浴锅内，保持 1 h，每隔 10 min 摇动 1 次，加速溶解。

（4）取出三角烧瓶，将全部剩余纤维倒入已知干重的玻璃砂芯坩埚内过滤，用少量硫酸溶液洗涤烧瓶。真空抽吸排液，再用硫酸倒满玻璃砂芯坩埚，靠重力排液，或放置 1 min 用真空泵抽吸排液，再用冷水连续洗数次，用稀氨水洗 2 次，然后用蒸馏水充分洗涤，洗至用指示剂检查呈中性为止。每次洗涤先靠重力排液，再真空抽吸排液。

（5）将不溶纤维连同玻璃砂芯坩埚（盖子放在边上）放入烘箱，烘至恒量后，盖上盖子迅速放入干燥器内冷却，干燥器放在天平边，冷却时间以试样冷至室温为限（一般不能少于 30 min）。冷却后，从干燥器中取出玻璃砂芯坩埚，在 2 min 内称量不溶纤维的烘干质量 m_1，精确至 0.000 2 g。

注意：在干燥、冷却、称量操作中，不能用手直接接触玻璃砂芯坩埚、试样、称量瓶等。

七、试验结果

1. 净干含量百分率的计算

$$P_1 = \frac{m_1 d}{m_0} \times 100 \tag{2-155}$$

$$P_2 = 100 - P_1 \tag{2-156}$$

式中：P_1 为不溶解纤维的净干含量百分率（%）；m_1 为剩余的不溶纤维的烘干质量（g）；d 为不溶纤维处理前的烘干质量与处理后的烘干质量之比（不溶纤维质量损失时，d 值大于1；质量增加时，d 值小于1。纤维素纤维与聚酯纤维混合物的 d 值为1）；m_0 为预处理后试样烘干质量（g）；P_2 为溶解纤维的净干含量百分率（%）。

2. 结合公定回潮率的含量百分率的计算

$$P_m = \frac{P_1(1 + a_1/100)}{P_1(1 + a_1/100) + P_2(1 + a_2/100)} \times 100 \tag{2-157}$$

$$P_n = 100 - P_m \tag{2-158}$$

式中：P_m 和 P_n 分别代表不溶纤维和溶解纤维结合公定回潮率的含量百分率（%）；P_1 和 P_2 分别代表不溶纤维和溶解纤维的净干含量百分率（%）；a_1 和 a_2 分别代表不溶纤维和溶解纤维的公定回潮率（%）。

3. 包括公定回潮率和预处理中纤维损失和非纤维物质除去量的百分率的计算

$$P_A = \frac{P_1[1 + (a_1 + b_1)/100]}{P_1[1 + (a_1 + b_1)/100] + P_2[1 + (a_2 + b_2)/100]} \times 100 \tag{2-159}$$

$$P_B = 100 - P_A \tag{2-160}$$

式中：P_A 和 P_B 分别代表不溶纤维和溶解纤维结合公定回潮率和预处理损失的含量百分率（%）；P_1 和 P_2 分别代表不溶纤维和溶解纤维的净干含量百分率（%）；a_1 和 a_2 分别代表不溶纤维和溶解纤维的公定回潮率（%）；b_1 代表不溶纤维的质量损失率（%），和/或不溶纤维中非纤维物质的去除率（%）；b_2 代表溶解纤维的质量损失率（%），和/或溶解纤维中非纤维物质的去除率（%）。

若使用特殊处理，b_1 和 b_2 的数值必须从实际中测得，将纯纤维放在测试所用的试剂中测得，一般纯纤维不含有非纤维物质，除非有时在纤维制造时加入或天然伴生的物质。

八、注意事项

试剂选配应注意以下几点。

（1）操作人员做好防护，注意安全。

（2）初次操作人员一定要在指导老师的陪同和指导下完成。

（3）稀释硫酸时，将浓硫酸沿着器壁缓缓注入水里，并用玻璃棒不断搅拌。

（4）切忌将水倒入浓硫酸中。

<hr>

思 考 题

1. 简述二组分纤维混纺产品定量化学分析方法的原理。

2. 简述用溶解法测定二组分混纺产品中各组分纤维质量百分率的过程。

3. 简述二组分混纺产品中各纤维含量试验结果的计算方法。

第十八节　羽绒羽毛成分分析和质量评定

一、实验目的

通过实验，了解采用显微镜对鹅绒和鸭绒进行分类的分析方法，掌握羽绒羽毛的浊度、耗氧量、蓬松度、残脂率等检验项目的操作方法。

二、基本知识

在棉花、羊毛、蚕丝和羽绒四大天然保暖材料中，经过综合测定，羽绒的保暖性能最佳。羽绒是指从鹅鸭（水禽）体表采集的羽毛绒，这些原料毛需要经过多次水洗，然后在 120~130 ℃高温高压下，烘干消毒 30 min 后再进行分毛处理。羽绒是星朵状结构，每根绒丝在放大镜下均可以看出是呈鱼鳞状，有数不清的微小孔隙，含蓄着大量的静止空气。由于空气的传导系数最低，形成了羽绒良好的保暖性，加之羽绒又充满弹性，对含绒率为 50% 的羽绒进行测试，它的轻盈蓬松度相当于棉花的 2.5 倍、羊毛的 2.2 倍，所以，羽绒被不但轻柔保暖，而且触肤感也很好。一般而言，寝具环境里最舒适的温度保持在 32~34 ℃、相对湿度保持在 50% 左右，羽绒被等羽绒寝具能完美地做到这一点。

鹅绒、鸭绒的分子组成和结构相似，难以用化学方法分类，所以，国内外均采用显微镜微观结构分析法对鹅绒和鸭绒进行分类。目前，国际上采用国际羽绒羽毛局（IDFB）检验规则，国内采用 GB/T 17685—2016《羽绒羽毛》、GSB 16-2763—2011《羽绒羽毛标准样照》、GB/T 10288—2016《羽绒羽毛检验方法》、FZ/T 80001—2002《水洗羽毛羽绒试验方法》等标准。IDFB 检验规则明确规定了无法分类部分的二次分类方法和计算方法，比国内标准更能准确检测出鹅绒中鸭绒的含量，对于鹅绒和鸭绒的分类检测更加详细、合理，有利于检验操作。羽绒制品需要检测的项目包括成分分析、鹅鸭种类鉴定、浊度、耗氧量、蓬松度、残脂率、充绒量等，其中最关键的是蓬松度和充绒量。蓬松度是决定羽绒品质最重要的指标，同样绒子含量，同等重量的羽绒，蓬松度越高，说明羽绒的保暖性和舒适度越好，羽绒的品质就越高。在挑选羽绒及制品时，认准蓬松度高低即可初步判断羽绒的档次。充绒量实际上是指一件羽绒服填充的全部羽绒的质量（g），在羽绒种类、蓬松度、含绒量等相同的条件下，充绒量越高，羽绒服的保暖性能更加优异。羽绒羽毛纤维本身的化学性质比较稳定，但是其所含的有机或无机的还原性物质化学活性较强，在潮湿和微碱性的环境下，能为微生物的繁殖和生长提供养分，帮助细菌繁殖，造成羽绒羽毛纤维受损，强度下降，影响羽绒羽毛的品质。因此，羽绒羽毛需要测试耗氧量，即通过高锰酸钾在氧化反应中的消耗量来评定羽绒羽毛中所含有的有机或无机的还原性物质。

假设需要检测一条羽绒被，检测人员首先用电子秤称量，获得初始质量，随后剪开羽绒被，把里面的羽绒全部取出，称取被壳质量后，用羽绒被初始质量减去被壳质量获得充绒量，接着把羽绒搅拌均匀（拌样），按标准规定分别取相应质量的羽绒进行以下各项检测：成分分析（分拣箱）、浊度（振荡器、清洁度管、磁力搅拌器）、残脂率（通风柜、水浴锅、干燥皿），这些项目由不同人员检测，一般可同时进行，无所谓先后。成分分析完成后，进行鹅、鸭毛绒种类鉴定；浊度测试时，羽绒震荡后的水可同时用于检测浊度和耗氧量；蓬松度检测时，试样经前处理后，须在恒温恒湿环境下平衡一定时间，然后用蓬松度仪检测。蓬松度也是由不同人员检测，可同时进行，但因为需要平衡的时间，一般比其他几项检测结果耗时长。

三、羽绒羽毛成分及检验项目

（一）羽绒羽毛定义

（1）羽毛绒。生长在水禽类动物身上的羽绒和羽毛的统称。其中，标称值为"绒子含量"大于或等于50%的称为"羽绒"，标称值为"绒子含量"小于50%的称为"羽毛"。常见种类有鹅毛绒和鸭毛绒。

（2）绒子。包括朵绒、未成熟绒、类似绒、损伤绒。

（3）朵绒。一个绒核放射出许多绒丝并形成朵状者。

（4）未成熟绒。未长全的绒，呈伞状。

（5）类似绒。毛型带茎，其茎细而较柔软，梢端呈丝状而零乱。

（6）损伤绒。从一个绒核放射出两根及以上绒丝者。

（7）异色毛绒。白鹅、白鸭毛绒中的有色毛绒。

（8）绒丝。从绒子或毛片根部脱落下来的单根绒丝。

（9）羽丝。从毛片羽面上脱落下来的单根羽枝。

（10）毛片。生长在鹅、鸭全身的羽毛，两端对折而不断。

（11）长毛片。长度大于或等于7 cm的鸭毛片或大于或等于8 cm的鹅毛片，或纯毛片中超过约定长度的鸭毛片或鹅毛片。

（12）大毛片。长度大于或等于12 cm或羽根长度大于或等于1.2 cm的毛片。

（13）未成熟毛。全根毛有三分之二以上形成毛片状、下半部带有血管的毛。

（14）损伤毛。虫蛀、霉烂以及加工时机械损伤的毛片。包括折断毛和损伤面积超过总面积的三分之一以上的毛片。

（15）陆禽毛。以陆地为栖息习性的禽类的羽毛。常见种类有鸡、鸽、鸵鸟类。

（二）检验项目

（1）杂质。灰沙、粉尘、皮屑、小血管及其他外来异物。

（2）蓬松度。在一定直径的容器内，一定量的羽绒羽毛样品在规定的压力下所占的体积。

（3）耗氧量。羽绒羽毛样品经振荡过滤后，其滤出液中还原性物质在氧化过程中消耗高锰酸钾中氧的量，以 100 g 试样所含氧的 mg 数表示。

（4）浊度。羽毛绒样品的水洗过滤液用浊度计测量所得的测量值，表示羽绒羽毛清洁的程度。

（5）残脂率。羽绒羽毛内含有的脂肪和吸附其他油脂的质量对羽绒羽毛质量的百分率。

四、试样准备

（一）抽样方式

可选择从尚未打包的临时包中、已打包好的包装中、羽绒羽毛制品中抽取，试样应具有代表性。

（二）抽样数量

大货（包括羽绒羽毛包装和羽绒羽毛制品包装）的抽样数量应符合表 2-24 的规定。

表 2-24　大货的抽样数量

货物数量/ （箱、包、件）	开包数 （每包取样点≥3）	单个样品质量/g ≥	样品总质量/g ≥
1	1	135	405
2~8	2	70	420
9~25	3	45	450
26~90	5	30	450
91~280	8	20	480
281~500	9	20	540
501~1 200	11	20	660
1 201~3 200	15	15	675
>3 200	19	15	855

（三）抽样要求

1. 羽毛绒抽样方法

从单个包装的上、中、下三个部位分别取样。

2. 羽毛绒制品抽样方法

单个样品标称充绒量 500 g 及以上的羽绒寝具等大件产品，应至少从 3 个部位分别取样；其他羽绒制品应取全部填充物作为试验样品。

3. 抽样用容器

水分率/回潮率检验试样应放置在清洁、完好、密封容器中；其他检验项目试样放置在普通样袋中即可。

（四）试验用大气条件和样品平衡

成分分析、种类鉴定和蓬松度试验应在恒温恒湿条件下进行，试验用大气条件按 GB/T 6529 规定执行，样品需平衡 24 h 及以上。其他检验项目可在室温或实际条件下进行。

（五）试样处理

1. 仪器和设备

混样槽：长（150~200 cm）×宽（80~100 cm），深度（20~30 cm），底面离地面高度（55~65 cm），用木质或不锈钢等抗静电材质制成。

2. 匀样和缩样

（1）将全部样品置于混样槽中，采用"先排后铺"的方法，先用手将样品均匀，铺绒方法左起右落，右起左落，交叉逐层铺平，然后用四角对分法反复缩至 100 g。在样品中心到边缘的中间圆形取样区，选择均匀分布的 5 点用手指夹取取样。取样时注意应从顶部取到底部。若发现缩样后的样品仍不均匀，则需反复缩样至规定的试样质量。

（2）根据指定检验项目，按表 2-25 规定，分别称取相应质量的试样。

（3）剩余样品用作留样。

3. 各检验项目所需试样数量

各检验项目所需的试样数量应符合表 2-25 规定。

表 2-25　各检验项目所需试样数量

检验项目		单份试样质量/g	试样份数
成分分析	绒子含量≥50%	≥2	3（2 份用于检验，1 份备用）
	绒子含量<50%	≥3	3（2 份用于检验，1 份备用）
	纯毛片	≥30	3（2 份用于检验，1 份备用）
蓬松度		30±0.1（前处理：40）	1
耗氧量		10±0.1	2
浊度		10±0.1	2
残脂率	绒子含量≥50%	2~3	2
	绒子含量<50%	4~5	2
气味		10±0.1	2
酸度（pH）		1±0.1（样品准备：5）	2
水分率/回潮率	绒子含量≥50%	≥25	2
	绒子含量<50%	≥35	2

注　表中"绒子含量"均为标称值。

（六）留样

在通风、干燥、防虫的条件下至少保存半年。留样应注明标签，水洗和未水洗分开放置。

五、成分分析

成分分析包括绒子、绒丝、羽丝、水禽羽毛、水禽损伤毛、陆禽毛、长毛片、大毛片、杂质的分离。成分分析分两步进行：初步分拣，需要分离出包含绒子/绒丝/羽丝的混合物、水禽羽毛、水禽损伤毛、陆禽毛（含陆禽损伤毛和陆禽丝）、长毛片、大毛片、杂质；第二步分拣，从包含绒子/绒丝/羽丝的混合物中分离出绒子、绒丝和羽丝，如第二步分拣时仍存在水禽羽毛、杂质等其他成分，则需进一步分离。样品如为纯毛片，不需要进行第二步分拣。比照 GSB 16-2763 的规定将试样归类分离。

（一）仪器和设备

（1）分拣箱。顶部为透明，箱内应保证充足的照明，易于操作。箱体尺寸：底部 60 cm×40 cm，前高 25 cm，后高 40 cm。

（2）分析天平。精确度为 0.000 1 g。

（3）不锈钢直尺。长度为 15 cm 及以上，精度为 1.0 mm。

（4）可用于盛放和称量各分离成分的容器，如烧杯等。

（5）镊子。

（二）试样制备

按表 2-25 规定，称取 3 份试样，放置在规定的大气条件下，调湿 24 h 后精确称量，记录初始质量，精确到 0.000 1 g。

（三）初步分拣

1. 初步分拣操作方法

将检验试样及七个烧杯置于分拣箱内。用镊子挑出各类毛片，再用拇指和食指轻拂毛片，去除附着的其他成分。将完整的水禽羽毛、水禽损伤毛、陆禽毛（含陆禽损伤毛和陆禽羽丝）、长毛片、大毛片、包含绒子/绒丝/羽丝的混合物、杂质 7 种成分分别置于不同容器中。

2. 初步分拣的计算

分拣后分别称量并记录各容器中内容物的质量，精确到 0.000 1 g。将 7 个容器中内容物的质量相加，得出分拣后的总质量（m_1）。

以按式（2-161）计算水禽羽毛含量为例，分别计算初步分拣所得的各种成分质量占分拣后总质量的百分比，计算结果用%表示，按照 GB/T 8170 规定修约至 0.1。

$$水禽羽毛含量(\%) = \frac{m_F}{m_1} \times 100 \qquad (2-161)$$

式中：m_F 为水禽羽毛的质量（g）；m_1 为初步分拣后所得的各种成分总质量（g）。

（四）异色毛绒分拣和计算

1. 异色毛分拣操作方法

完成初步分拣后，将各成分中的异色毛绒（含异色绒子、绒丝、羽丝、水禽羽毛、水禽损伤毛、陆禽毛及其损伤毛、丝）一并拣出，进行称量（m_3），精确到 0.000 1 g，然后将异色毛绒成分各自放回原先的各成分中。

2. 异色毛绒的计算

按式（2-162）计算异色毛绒含量，计算结果用%表示，按照 GB/T 8170 规定修约至 0.1：

$$异色毛绒含量(\%) = \frac{m_3}{m_1} \times 100 \qquad (2-162)$$

式中：m_3 为异色毛绒的质量（g）；m_1 为初步分拣后所得的各种成分总质量（g）。

（五）第二步分拣

1. 第二步分拣的试样制备

将包含绒子/绒丝/羽丝的混合物在混样槽中混匀，采用"四角对分法"取 0.2 g 以上的代表性试样（精确到 0.000 1 g），并将五个及以上的容器置于分拣箱中。

2. 第二步分拣操作方法

将试样中的绒子、绒丝、羽丝分别分拣后放入不同容器中。如果仍发现有水禽羽毛、陆禽毛（含陆禽损伤毛和陆禽丝）、杂质等其他成分，应分别置于不同容器中。

3. 绒子分拣方法

用镊子小心地夹住绒子（包括朵绒、未成熟绒、类似绒和损伤绒），上下轻摇 5 次，将附着物抖落。用镊子小心地挑去缠绕在绒子上的羽丝或夹杂的杂质、小毛片等其他成分，不要特意挑出缠绕在绒子上的绒丝。人为意外拉断的绒丝应放入绒子成分中。

4. 第二步分拣的计算

第二步分拣结束后分别称量，并记录各容器中内容物的质量，精确到 0.000 1 g。将各容器中内容物质量相加，得出第二步分拣后的总质量（m_2）。以按式（2-163）计算绒子含量为例，分别计算第二步分拣后所得的各种成分占分拣后总质量的百分比，计算结果用%表示，修约至 0.1：

$$绒子含量(\%) = \frac{m_D}{m_1} \times \frac{m_I}{m_2} \times 100 \qquad (2-163)$$

式中：m_1 为初步拣后所得的各种成分总质量（g）；m_2 为第二步分拣后所得的各种成分总质量（g）；m_D 为初步分拣所得绒子/绒丝/羽丝的混合物质量（g）；m_I 为第二步分拣后的绒子质量（g）。

（六）最终报告结果

（1）初次分拣与第二步分拣相同成分的结果相加之和即为本次试验的该成分含量结果。例如：第二步分拣的杂质含量与初步分拣的杂质含量之和为本次试验的杂质含量。

（2）最终报告结果包括绒子、绒丝、羽丝、水禽羽毛、水禽损伤毛、陆禽毛、长毛片、大毛片、杂质。

（3）按同样方法对第二份试样进行检验，以两次试验结果的平均值为最终结果，用%表示，修约至 0.1。

六、鹅、鸭毛绒种类鉴定

鹅、鸭毛绒种类鉴定具体要求如下。

一是样品标称鹅毛（绒）的，应进行鹅、鸭毛绒种类鉴定。

二是样品标称鸭毛（绒）的，无须进行种类鉴定。

三是标称绒子含量<80%的鹅毛（绒）需分别进行毛、绒种类鉴定，标称绒子含量≥80%的鹅绒仅需进行绒的种类鉴定。

（一）仪器和设备

（1）投影仪或显微镜。要求70倍以上。

（2）分析天平。精确度为0.0001g。

（3）可用于称量的容器。如烧杯。

（4）镊子。

（二）试样制备

1. 完成成分分析试验的试样制备

将成分分析分拣出的绒子置于混样槽内，混匀铺平，采用四角对分法取0.1g以上的试样（精确到0.0001g）。

将成分分析分拣出的水禽羽毛、水禽损伤毛混匀平摊在混样槽内，采用四角对分法取1g以上的试样（精确到0.0001g）。如毛片少于1g，则取全部试样进行检验。

2. 未进行成分分析试验的试样制备

直接在匀样和缩样的样品中采用四角对分法取足够的试样，在成分分拣箱内分离出0.1g绒子试样（精确到0.0001g）和1.0g羽毛（精确到0.0001g）。

（三）操作方法

用镊子取出绒子、毛片，分别整理，将绒子或毛片上黏着的绒丝等物去净，分别放在投影仪或显微镜下比照GSB 16-2763的相关内容进行分类鉴定。将确定的鸭毛（绒）、鹅毛（绒）和不可区分毛（绒）分别置于容器中，称取并记录各容器中内容物的质量（精确到0.0001g），分别计算其百分比含量。

（四）试验结果

1. 鹅、鸭毛绒种类含量的初始数据

初始数据包括鹅绒、鸭绒、不可区分绒、鹅毛、鸭毛、不可区分毛的含量百分率。

2. 完成成分分析试验后进行毛绒种类鉴定的鹅鸭毛绒计算

（1）初步结果计算。按式（2-164）~式（2-168）分别计算：

$$鹅毛绒(\%) = \left[\frac{鹅绒(\%) \times D(\%)}{100} + \frac{鹅毛(\%) \times F(\%)}{100} \right] \times 100 \qquad (2-164)$$

$$鸭毛绒(\%) = \left[\frac{鸭绒(\%) \times D(\%)}{100} + \frac{鸭毛(\%) \times F(\%)}{100} \right] \times 100 \qquad (2-165)$$

$$不可区分毛绒(\%) = \left[\frac{不可区分绒(\%) \times D(\%)}{100} + \frac{不可区分毛(\%) \times F(\%)}{100} \right] \times 100 \qquad (2-166)$$

式中：

$$D(\%) = \left[\frac{绒子(\%) + 绒丝(\%)}{100 - 杂质(\%) - 陆禽(\%)} \right] \times 100 \qquad (2-167)$$

$$F(\%) = \left[\frac{水禽羽毛(\%) + 羽丝(\%) + 损伤毛(\%) + 长毛片(\%) + 大毛片(\%)}{100 - 杂质(\%) - 陆禽(\%)} \right] \times 100$$

$$(2-168)$$

（2）最终计算。不可区分毛绒分别按已鉴别的鹅鸭比例归类后按式（2-169）和式（2-170）计算：

$$最终鹅毛绒(\%) = \left[鹅毛绒(\%) + \frac{不可区分毛绒(\%) \times 鹅毛绒(\%)}{鹅毛绒(\%) + 鸭毛绒(\%)} \right] \times 100$$

$$(2-169)$$

$$最终鸭毛绒(\%) = \left[鸭毛绒(\%) + \frac{不可区分毛绒(\%) \times 鸭毛绒(\%)}{鹅毛绒(\%) + 鸭毛绒(\%)} \right] \times 100$$

$$(2-170)$$

（3）未完成成分分析试验，仅进行毛绒种类鉴定的鹅鸭毛绒计算按式（2-171）~式（2-174）分别计算：

$$归类后鹅绒(\%) = \left[鹅绒(\%) + \frac{不可区分绒(\%) \times 鹅绒(\%)}{鹅绒(\%) + 鸭绒(\%)} \right] \times 100 \quad (2-171)$$

$$归类后鹅毛(\%) = \left[鹅毛(\%) + \frac{不可区分毛(\%) \times 鹅毛(\%)}{鹅毛(\%) + 鸭毛(\%)} \right] \times 100 \quad (2-172)$$

$$归类后鸭绒(\%) = \left[鸭绒(\%) + \frac{不可区分绒(\%) \times 鸭绒(\%)}{鹅绒(\%) + 鸭绒(\%)} \right] \times 100 \quad (2-173)$$

$$归类后鸭毛(\%) = \left[鸭毛(\%) + \frac{不可区分毛(\%) \times 鸭毛(\%)}{鹅毛(\%) + 鸭毛(\%)} \right] \times 100 \quad (2-174)$$

（4）仅进行绒种类鉴定时的鹅鸭绒计算。不可区分绒按已鉴别的鹅鸭比例归类后按式（2-175）和式（2-176）分别计算：

$$归类后鹅绒(\%) = \left[鹅绒(\%) + \frac{不可区分绒(\%) \times 鹅绒(\%)}{鹅绒(\%) + 鸭绒(\%)} \right] \times 100 \quad (2-175)$$

$$归类后鸭绒(\%) = \left[鸭绒(\%) + \frac{不可区分绒(\%) \times 鸭绒(\%)}{鹅绒(\%) + 鸭绒(\%)} \right] \times 100 \quad (2-176)$$

（五）最终结果计算

（1）完成成分分析后进行毛、绒种类鉴定的，以最终鹅毛绒含量报告；未进行成分分析而仅进行毛绒种类鉴定的，以归类后鹅绒、归类后鹅毛含量报告；仅进行绒种类鉴定的，以归类后鹅绒含量报告。

（2）按同样方法对第二份试样进行检验，以两次试验结果的平均值为最终结果，用%表示，修约至0.1。

七、蓬松度

在一定直径的圆桶内，压盘静置在一定量的羽绒羽毛样品上一段时间，然后读取压盘所处位置对应的刻度值，以该值表示蓬松度，单位一般为 mm 或 cm^3/g。

（一）仪器和设备

（1）蓬松度仪。防静电有机玻璃圆桶，高度至少 500 mm，内径为（288±1）mm，压盘材料为聚甲基丙烯酸甲酯,直径为(284±1)mm,质量为(94.25±0.5)g。

(2)倒料桶。漏斗式,用铝或其他轻质材料制成,圆桶内径为(40±0.5)cm,高度为(45±1)cm,底部内径为(16±0.5)cm,底部处附有可开闭的底盖。

(3)搅拌棒。木棒,棒长约为600 mm,直径约为10 mm。

(4)前处理箱。内部尺寸为40 cm×40 cm×40 cm,箱底为固定底板,上为活动盖板,四周绷以100目不锈钢纱网,网面尺寸为35 cm×35 cm(边长±0.5 cm)。

(5)蒸汽发生器。吹风压强为0.3~0.35 MPa,加热功率为1 400~1 800 W。

(6)吹风机。额定功率为1 500 W。

(7)电子秤。称量盘尺寸为20 cm×20 cm以上,最大称量3 000 g以上,精确到0.1 g。

(8)秒表。

(二)试样制备

(1)将40 g样品放入前处理箱并用木棒轻柔打散。

(2)蒸汽发生器的喷头距前处理箱纱网10~15 cm处,将蒸汽吹入前处理箱。每面吹15 s,四面共吹60 s。

(3)将样品放置5~10 min。

(4)吹风机距前处理箱纱网1~2 cm,吹干样品,每面至少吹30 s,四面共吹2 min以上。

(5)用手检查样品是否全部干燥,如未干燥,继续吹风至样品全部干燥。

(6)将装有40 g样品的前处理箱在标准大气环境下平衡24 h以上。

(三)操作方法

(1)称量。用漏斗式倒料桶称取(30±0.1)g处理后的试样。

(2)打开倒料桶底盖让全部试样缓慢飘落到蓬松度测量桶内。移开倒料桶,用搅拌棒轻轻把试样表面拨匀并铺平。

(3)盖上压盘,待压盘自然缓慢下降至试样表面开始计时,2 min后记录压盘对应的蓬松度仪刻度值。

(4)同一试样重复测试三次。

(四)试验结果

以三次结果的平均值为最终结果,单位为cm,修约至0.1。

八、耗氧量

羽绒羽毛样品经振荡过滤后,其滤出液中还原性物质在氧化过程中消耗高锰酸钾中氧的量,以100 g试样所含氧的毫克数表示耗氧量。

(一)仪器和设备

(1)水平振荡器。频率为(150±2)次/min,振荡幅度为(40±2)mm,可定时。

(2)磁力搅拌器。

(3)标准筛。孔径为150目,高度为6 cm,直径为20 cm。

(4)微量滴定装置。微量滴定管或移液枪,精确度为0.01 mL。

(5)秒表。

（6）广口塑料瓶。可加盖密封，容量为 2 000 mL。

（7）三角烧杯（250 mL）、烧杯（1 000 mL、2 000 mL）、吸管（10 mL）、量筒（5 mL、100 mL）。

（二）试剂和材料

（1）硫酸。物质的量的浓度为 3 mol/L。

（2）高锰酸钾溶液。物质的量的浓度为 0.02 mol/L，参照 GB/T 601—2016《化学试剂标准滴定溶液的制备》配制稀释或外购标准溶液。配制的溶液应放入棕色瓶中避光保存。

（3）蒸馏水或去离子水，符合 GB/T 6682—2008《分析实验室用水规格和试验方法》三级水的规定。

（三）试样制备

按表 2-25 规定，称取两份试样，分别放入两个 2 000 mL 塑料广口瓶中，加入 1 000 mL 蒸馏水，加盖密封后手动摇匀至试样完全被浸湿。

（四）操作方法

（1）将装有试样的广口瓶水平放置在振荡器中振荡 30 min，振荡为水平方向（图 2-69）。如果样品在广口瓶中震荡 5 min 后仍未完全被水打湿，则需要用手再次摇动。

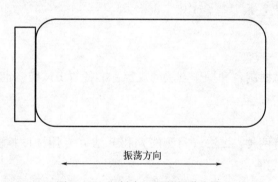

振荡方向

图 2-69　塑料广口瓶的振荡方向

（2）用 150 目标准筛过滤检验试样，不要挤压过滤物，将滤液收集于 2 000 mL 烧杯中。

（3）用量筒量取 100 mL 试样滤液，加入 250 mL 三角烧杯中。

（4）加入浓度为 3 mol/L 的硫酸 3 mL，将烧杯放于磁力搅拌器上震荡，同时，用微量滴定管逐滴滴入浓度为 0.02 mol/L 高锰酸钾溶液，直至杯中液体呈淡粉红色，并持续 1 min 不褪色（用秒表计时），记录所消耗的高锰酸钾溶液的毫升数（V_1）。

（5）制作空白对照样品。用量筒量取 100 mL 蒸馏水放入一个 250 mL 的三角烧杯中，按操作方法（4）对空白对照样进行检测，记录所消耗的高锰酸钾溶液的毫升数（V_2）。

（五）试验结果

按式（2-177）计算，并按上述操作方法对第二份试样进行检验，以两次试验结果的平均值为最终结果，单位为 mg/100 g，修约至 0.1。

$$耗氧量 = (V_1 - V_2) \times 80 \tag{2-177}$$

式中：V_1 为滴定 100 mL 样液所消耗的高锰酸钾溶液的毫升（mL）数；V_2 为滴定 100 mL 水所消耗的高锰酸钾溶液的毫升（mL）数；80 为校正系数。

九、浊度

羽毛绒样品的水洗过滤液用浊度计测量所得的测量值,表示羽绒羽毛清洁的程度,即为浊度。

(一) 仪器、设备和材料

(1) 水平振荡器。频率为(150±2)次/min,振荡幅度为(40±2)mm,可定时。

(2) 标准筛。孔径为150目,直径为20 cm,高度为6 cm。

(3) 普通浊度计。带刻度玻璃管或有机玻璃管,内径为(32±1)mm,高度为1 000 mm,玻璃管底部有双十字线塑料片或陶瓷片(图2-70),线粗0.5 mm,双线之间间距为1.0 mm。

(4) 专用浊度检测仪。波长范围为400~800 nm,测量光程100 mm,吸光度准确度±0.008 A(0~1 A),稳定性0.002 A(5 min)。

(5) 三角烧杯。规格为250 mL。

(6) 蒸馏水或去离子水。符合GB/T 6682规定的三级水。

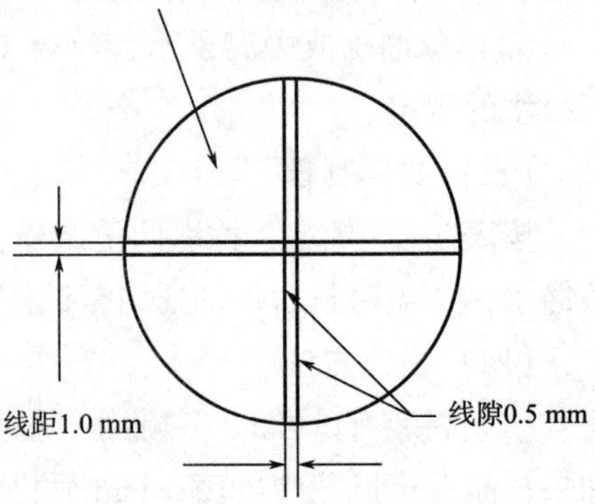

白色塑料片/陶瓷片上刻有黑色双十字线

线距1.0 mm 线隙0.5 mm

图2-70 双十字塑料片或陶瓷片

(二) 试样制备

按耗氧量检验的试样制备和操作方法的规定,准备两份试样,也可直接采用耗氧量检验的制备样液。

(三) 操作方法

浊度的检测方法有两种:A法(目测法)和B法(专用浊度检验仪法)。当发生争议、仲裁检验时,以B法为准。

1. A法(目测法)

将清洗干净的双十字线塑料片或陶瓷片放在普通浊度计的底部,将滤液倒入普通浊度计中,待气泡消失后逐渐放出滤液,在光源为600~1 000 lx的日光或人工光源下从顶端观察双十字线,直到能看清两条十字线(对照GSB 16-2763规定5级制中的2级)为止,记录能看清双十字线的最高高度,单位以mm表示。

2. B法(专用浊度检测仪法)

将样液注入专用浊度检测仪测量皿中测定。使用前应制作"吸光度—目测值"工作曲线并在检测仪中输入工作曲线回归方程。"吸光度—目测值"数据要求至少30组,且其中的"目测值"应均匀分布于50~1 000 mm。测定时直接读取浊度检测仪显示的毫米值。

(四) 试验结果

按上述的操作方法对第二份试样进行检验,以两次试验结果的平均值为最终结果,单位为mm,修约至1。

十、残脂率 索氏抽提法

使用抽提器得到羽绒羽毛内含有的脂肪和吸附其他油脂的质量,其与烘干后的羽毛绒试样质量的比值即为残脂率。

(一) 仪器、设备和材料

(1) 索氏抽提器及其配套的抽提球形烧瓶，规格为 250 mL。

(2) 恒温水浴锅、循环水冷却器、干燥器、通风柜、通风干燥箱。

(3) 分析天平，精确度为 0.000 1 g。

(4) 脱脂滤纸、无水乙醚（分析纯）。

(5) 烧杯。规格为 150 mL、250 mL。

(二) 试样制备

按表 2-25 规定，称取两份试样，分别放于 250 mL 烧瓶中，在 (105±2) ℃ 干燥箱中烘至恒量，精确称量，精确至 0.000 1 g。

(三) 操作方法

(1) 将烘过的试样分别放入两个滤纸筒，然后分别放入两个预先洗净、烘干的抽提器中。在另一个预先洗净、烘干的抽提器中放入一个空滤纸筒作为空白对照。

(2) 把抽提器按顺序安装好，接好冷凝水，在每个预先洗净、烘干并称量过的抽提球形瓶中各加入 120 mL 无水乙醚，使其浸没滤纸筒并越过虹吸管口产生回流后流入抽提球形瓶中。

(3) 将其放入恒温水浴锅中（恒温水浴锅的温度可根据无水乙醚的实际回流次数决定。可先将温度设置为 50 ℃，若回流太快则降低水浴锅的温度；若回流太慢则升高水浴锅的温度）。

(4) 接上抽提器，控制回流 20~25 次（每小时回流 5~6 次，回流时间约 4 h），完成抽提的乙醚应进行回收。

(5) 将留有抽提脂类的三个球瓶放入 (105±2) ℃ 通风干燥箱中烘至恒量，取出置于干燥器内，冷却至室温，30 min 后分别称取质量。

(四) 试验结果

按式 (2-178) 计算，并按上述操作方法对第二份试样进行检验，以两次试验结果的平均值为最终结果，用%表示，修约至 0.1。

$$残脂率(\%) = \frac{m_4 - m_5}{m_6} \times 100 \tag{2-178}$$

式中：m_4 为已恒量的带残脂的球瓶质量减去原空瓶质量（g）；m_5 为抽提后空白对照球瓶质量减去原空瓶质量（g）；m_6 为烘干后的羽毛绒试样质量（g）。

十一、气味 定温干式嗅辨法

采用定温干式嗅辨法判定羽绒羽毛试样是否含有异味、臭腥味。

(一) 仪器和设备

(1) 恒温箱。

(2) 天平。精确度为 0.1 g。

(3) 带盖广口瓶。规格为 1 000 mL，在室温和 50 ℃ 条件下都是无味的。

（二）检验要求

具体要求如下。

（1）检验员应无嗅觉缺陷，吸烟爱好者、用重香味化妆品者、传统的香味或烟草使用者等不适合作为检验人员。

（2）检验员在检验前一天内不得吸烟、饮酒和食用刺激性食物。

（3）气味检验前，检验员不能使用化妆品，应用无气味的水洗手和漱口。

（4）气味检验前，检验者的手和鼻子均不能触及瓶颈和瓶口。

（三）试样制备

（1）将两个 1 000 mL 带盖广口瓶用水清洗干净，烘干冷却待用。

（2）从两份在无异味环境中松散放一天的羽绒羽毛试样中各称取（10±0.1）g，分别放入两个已处理过的广口瓶内，盖上瓶盖。

（四）操作方法

（1）将试样瓶放入恒温箱内，在（50±2）℃温度下烘 1 h，取出冷却至室温。

（2）在无异味环境中开启瓶盖，嗅辨气味。鼻子距离试样表面不大于 5 cm。

（五）结果判定

（1）如两份试样中有一份含有明显的、令人讨厌的气味，则判定为不合格，否则判为合格，也可采用异味强度等级来表示（表 2-26）。

（2）检验至少需三位检验员参加，以半数以上相同的评判结果作为检验结果。

表 2-26 异味强度等级表

强度等级	程度	说明
0	无异味	无任何异味
1	极微弱	不易觉察
2	弱	稍微觉察
3	明显	极易觉察

十二、酸度　pH

用 pH 计测定羽绒羽毛试样的酸度（pH）。

（一）仪器、设备和材料

（1）分析天平。精确到 0.01 g。

（2）pH 计。带玻璃电极，精确度 0.1。

（3）标准筛。孔径为 150 目，高度为 6 cm，直径为 20 cm。

（4）水平振荡器。频率为（60±2）次/min，振荡幅度为（40±2）mm，可定时。

（5）量筒（100 mL）、烧杯（100 mL）、带玻璃塞子的三角烧瓶（250 mL）。

（6）扁头玻璃棒、塑料手套、剪刀等用具。

（7）缓冲液。邻苯二甲酸缓冲液，0.05 mol/L 溶液，25 ℃时其 pH 为 4.0；硼酸钠缓冲液，0.01 mol/L 溶液，25 ℃时其 pH 为 9.18。

（8）蒸馏水或去离子水，符合 GB/T 6682 三级水的规定。

（二）试样制备

用剪刀将两份 5 g 左右的羽毛绒分别剪成两份约 5 mm 长度的碎片。戴上塑料手套，以避免手与样品的直接接触。

（三）操作方法

（1）从剪碎的样品中称取（1.00±0.01）g 试样，放入一个装有 70 mL 煮沸蒸馏水的 250 mL 三角烧瓶中，用扁头玻璃棒搅拌使其完全湿透，盖上玻璃塞后用力摇匀。室温下放置 3 h，期间不时用手或用水平振荡器振荡。

（2）在不去除试样的情况下，将水温调到（25±1）℃，并将萃取液倒入 100 mL 烧杯中（用 150 目标准筛过滤试样以防止带入羽毛绒）。

（3）在（25±1）℃的情况下，迅速把 pH 计的电极浸没到液面下至少 10 mm 的深度，静置直到 pH 示值稳定并记录。

在用 pH 计测定前，应先用标准缓冲液校准。

（四）试验结果

以两次检验的平均值作为样品的酸度（pH）结果，修约至 0.1。

（五）结果评价

供需双方可事先约定或按表 2-27 规定进行评价。

表 2-27　酸度（pH）评价

项目	指标
pH	4.0~8.0

思 考 题

1. 简述羽绒羽毛制品的检验项目及其测试原理。
2. 简述羽绒羽毛的成分。
3. 简述羽绒羽毛制品成分分析方法。
4. 简述鹅、鸭毛绒种类鉴定方法。
5. 简述测定羽绒羽毛蓬松度的原理。
6. 简述测定羽绒羽毛耗氧量的原理。
7. 简述测定羽绒羽毛浊度的原理。
8. 简述采用索氏抽提法测定羽绒羽毛残脂率的操作步骤。
9. 简述采用定温干式嗅辨法判定羽绒羽毛气味的检验要求。

第三章　纱线的品质和性能测试

第一节　纱线均匀度测试

一、实验目的

通过黑板条干法进行纱线外观不匀检验，根据黑板上绕制纱线条干不匀、棉结、阴影、疵点等情况，评定纱线条干均匀性等级。通过电容式纱线均匀度仪，检测纱线条干均匀度，了解纱线不匀率曲线、波谱图的含义及作用，并初步学习分析波谱图出现异常的原因。采用缕纱测长仪摇取一定长度的缕纱逐缕称重，求取纱线线密度偏差和纱线长片段不匀。

二、基本知识

纱线均匀度是影响布面外观的决定性因素。要想得到外观优良的纺织品，必须控制好纱线的不匀率。纱线均匀度好的布面平整、纹路清晰、条影不明显、手感丰满、外观质量优良。

广义而言，纱线不匀有截面积不匀、目测直径不匀、线密度不匀、捻度不匀、强力不匀等几种。对混纺纱来说，还有纤维混合不匀。在各种纱线不匀中，截面粗细不匀是最基本的。纱线目测直径不匀除了与纱线线密度变化有关外，还受纱线捻度不匀的影响。加捻时，纱线截面细的地方抗扭刚度小，捻度自然向细处集中，使纱线各处捻回角趋于一致。由于捻度分布不匀的这种特性，纱线粗的地方捻度少，体积膨松；细的地方捻度多而紧密，使目测直径不匀更为显著。纱线截面纤维根数分布不匀，会导致纱线拉伸性质沿长度方向变化。不匀率高的纱线粗细节多，细节形成的弱环增加，使成纱强力降低和强力不匀率增大，纺纱及织造中断头增多，产品质量下降，劳动生产率降低。

纱线粗细不匀实际上包含了不同波长的不匀成分。概括地说，可分为短片段、中片断和长片段不匀，相应的波长范围如下：

短片段不匀：纱线不匀波长为纤维长度的 1 倍至 10 倍；

中片段不匀：纱线不匀波长为纤维长度的 10 倍至 100 倍；

长片段不匀：纱线不匀波长为纤维长度的 100 倍至 1 000 倍。

三、实验 A　黑板条干均匀度目光评定
（一）试验仪器和试样
摇黑板机、黑板（18 cm×25 cm×0.2 cm）10 块及棉、毛、麻或混纺纱等若干试样。
（二）仪器结构原理
试样用摇黑板机以一定间距绕在黑色绕纱板上，当黑板转动时，也传动与绕纱板轴平行的螺杆。

仪器外观结构及原理如图 3-1、图 3-2 所示。在仪器底座四角装有四只橡胶底脚，可使

仪器保持稳固状态；在仪器控制箱的左后侧装有右板夹，右板夹也是黑板旋转的动力源，黑板装入左右板夹后，由于黑板左板夹左侧固定座是有弹力功能的，所以，会将黑板牢靠地夹持在左右板夹之间，在控制箱内装有电动机和变速系统，电动机旋转会同时输出两个动力源，分别驱动黑板旋转和排纱系统运动；排纱系统是由排纱座安装在丝杆上，为了排纱座稳态运行，丝杆两侧分别安装了两根导向导轨。摇取黑板试样时，将排纱座移至丝杆左侧定位，将纱管纱线端头导引至纱路进入黑板定位槽，按"启动"键仪器的黑板开始旋转摇取纱线到黑板，排纱座自动均匀排列纱线。纱线试样通过导纱钩进入到排纱系统，经砝码组、缓冲垫和铜质压纱片所组成的张力装置，对导纱轮盘出到黑板上排纱，黑板摇取纱线时平稳

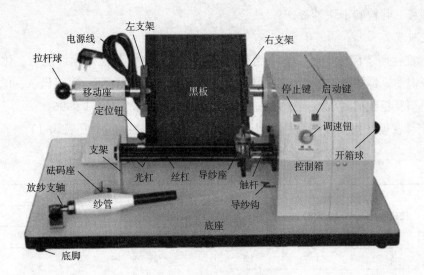

图 3-1 摇黑板机外观图

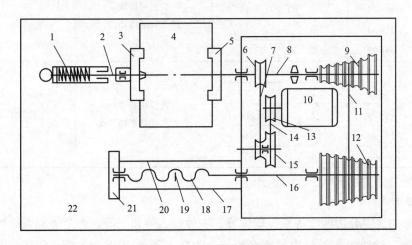

图 3-2 摇黑板机原理图

1—移动座 2—滑动轴 A 3—左板夹 4—黑板 5—右板夹 6—摇动轮 7—O 型带 1 8—传动轴
9—动力轮 10—电动机 11—O 型带 2 12—排纱轮 13—电动机 14—O 型带 3 15—变速轮
16—加长轴 17—外导轨 18—丝杆 19—丝刀 20—内导轨 21—支座 22—底座

地施加张力，使纱线排列在黑板上平直、均匀、顺溜。

（三）试验准备

1. 试样准备

（1）检测室。检测室的四周应呈无反光的黑色，室内保持空气通畅，温度适当。

（2）参照 GB/T 6529 进行预调湿和调湿，使试样达到吸湿平衡。

（3）抽样。试样应对全体具有代表性，应随机抽样，不得固定机台或锭子取样。

（4）试样准备。每个品种的纱线每批检验一份试样，取最后成品检验（自用纬纱线取管纱线，自用经纱线取筒子检验；绞纱线也可用筒子检验），每份试样取 10 个卷装，每个卷装摇一块纱板，共检验十块纱板。

2. 参数设置

（1）标准样照。标准样照按纱线品种分成两大类：纯棉及棉与化纤混纺；化纤纯纺及化纤与化纤混纺。纯棉类有 6 组标准样照，化纤类有 5 组标准样照，每组设 A、B、C 三等，各种不同类型及粗细的纱线按表 3-1 选用标准样照，参考标准 GB/T 9996。

（2）绕纱密度。根据纱线品种及粗细，调节黑板机的绕纱间距（表 3-1）。

表 3-1 标准样照组

纱线类别	线密度/tex	样照组别	绕纱密度/（根·cm⁻¹）	标准样照类型			
				A 等	B 等	B 等	C 等
				优等条干	一等条干	优等条干	一等条干
纯棉及棉与化纤混纺	5~7	1	19	精梳纯棉纱 精梳棉与化纤混纺纱 普梳棉股线 棉与化纤混纺纱		普梳纯棉纱 普梳棉与化纤混纺纱 维纶纯纺纱	
	8~10	2	15				
	11~15	3	13				
	16~20	4	11				
	21~34	5	9				
	36~98	6	7				
化纤纯纺及化纤与化纤混纺	8~10	1	15	化纤纯纺纱 化纤与化纤混纺股线		化纤与化纤混纺纱	
	11~15	2	13				
	16~20	3	11				
	21~34	4	9				
	36~98	5	7				

3. 评等条件

纱线条干的评定分为四个等别，即优等、一等、二等和三等，各个等别条件如下。

（1）评等以纱线的条干总均匀度（粗节、阴影、严重疵点、规律性不匀）和棉结杂质程度与标准样照对比，作为评等的主要依据。

（2）对比结果好于或等于优等样照（无大棉结），评为优等；好于或等于一等样照，评为一等；差于一等样照，评为二等。

（3）黑板上的粗节、阴影不可互相抵消，以最低一项评定；棉结杂质和条干均匀度不可互相抵消，以最低一项评定。棉结杂质总数多于优等样照时即降为一等，显著多于一等样照时即降为二等。

（4）粗节从严，阴影从宽；针织用纱粗节从宽，阴影从严；粗节粗度从严，数量从宽；阴影深度从严，总面积从宽；大棉结从严，总粒数从宽。

纱线各类条干不匀类别、具体特征及规定见表3-2。

表 3-2 纱线条干不匀评等规定

不匀类别	具体特征	评等规定
粗节	纱线投影宽度比正常纱线直径粗	①粗节部分粗于样照，即降等 ②粗节虽少于样照，但显著粗于样照，即降等 ③粗节数量多于样照时，即降等，但普遍细、短于样照时不降等
阴影	较多直径偏细的纱线在板面上形成较暗的块状	①阴影普遍深于样照，即降等 ②阴影深浅相当于样照，若总面积显著大于样照，即降等 ③阴影总面积虽大，但浅于样照，则不降等 ④阴影总面积虽小于样照，但显著深于样照，即降等
严重疵点	严重粗节 严重细节 竹节	①直径粗于原纱1~2倍、长5 cm及以上的粗节，评为二等 ②直径细于原纱0.5倍、长10 cm及以上的粗细，评为二等 ③直径粗于原纱2倍及以上、长1.5 cm及以上的节疵，评为二等
规律性不匀	一般规律性不匀 严重规律性不匀	①纱线条干粗细不匀并形成规律、占面板1/2及以上，评为二等 ②满板规律性不匀，其阴影深度普遍深于一等样照最深的阴影，评为三等
阴阳板	板面上纱线有明显粗细的分界线	评为二等
大棉结	比棉纱直径大三倍及以上的棉结	一等纱的大棉结根据产品标准另行规定

（四）试验操作步骤

（1）安装试样。将纱管试样插入放纱支轴，管端朝向导纱钩；试样如果是筒纱，用户则要为其自备试样架，试样架的筒端上方合适高度的中心处有一导纱钩。

（2）装上黑板。将黑板定位凹口对准左板夹中心凸点，先插入左板夹凹槽并向左推，再松动使黑板右端装入右板夹中凹槽中，使其安装到左右板夹之间。

（3）排纱座。左手拇指按住排纱座外端上面，食指勾住丝刀外端下面，二指一捏丝刀脱开继而左移排纱座至限位套。

（4）导入纱线。把放纱支轴上的试样纱线端头依次顺序引导至越过3个导纱钩（如果试样是筒纱，先要通过试样架上方导纱钩，再依次顺序引导至越过3个导纱钩），手挥纱线端头向左一绕进入砝码组下底铜质压纱片下面，再途经导纱轮绕进黑板左侧的隙口缠绕。

（5）摇取黑板。按仪器"启动"键，黑板旋转、排纱座右移、纱线试样经砝码压重后，均匀地缠绕在黑板上，排纱座到达右侧碰触触杆压制内部开关后自动停止黑板摇动；黑板摇动时，如果试样意外断脱，按"停止"键，左移排纱座至限位套，重新导入纱线，再次按

"启动"键进行黑板绕纱，排纱座到达右侧，黑板停止绕纱。

（6）更换黑板。双手分别握住（注意不要破坏排纱均匀性）黑板上下边，左推、右前（或后）移取下已绕黑板，换上空板。

（7）做完余样。按步骤（1）～（6）进行下一试样黑板摇取；如有更多试样，测完为止。

（8）结果评级。按标准 GB/T 9996 的要求，在其特定要求环境下，让有资质人士进行评测。

（五）试验结果

（1）列出 10 块黑板优等、一等、二等、三等的比例，按不低于 70% 的比例确定该批试样外观质量等级。

（2）按比例定出纱线条干等别。如某批试样的 10 块黑板的评定结果中优等：一等：二等：三等 = 7：3：0：0，则该批试样的外观质量等级评定为优级；如某批试样的 10 块黑板的评定结果中优等：一等：二等：三等 = 0：7：3：0，则该批试样的外观质量等级评定为一级；如某批试样的 10 块黑板的评定结果中优等：一等：二等：三等 = 0：0：7：3，则该批试样的外观质量等级评定为二级；低于二级，则为三级。

四、实验 B 电容式纱线均匀度仪法

（一）试验仪器和试样

电容式条干均匀度仪及附件。试样为细纱、粗纱或条子若干。

（二）仪器结构原理

电容式条干均匀度仪由检测装置、信号处理单元、打印机及纱架附件组成，其主要的检测机构是由两块平行金属极板组成的电容器。通过极板介质的介电常数不变时，其电容量的变化率与介质质量的变化率呈线性关系。纱线以规定的速度通过电容传感器时，由于纱线的线密度粗细变化会引起传感器平行极板电容介电常数的变化，从而导致电容量变化，通过检测电路转换成与线密度变化相对应的电压变化，再经放大、A/D 转换后进入计算机专用软件管理系统，经运算处理后将纱线不匀以曲线、数值和波谱图等形式输出。电容式条干均匀度仪可以实现对细纱、粗纱、条子细度不匀程度的测量，还可提供 *CV* 值、各挡门限疵点数等有价值的参考数据，并在屏幕上显示纱条实时不匀率曲线图、波谱图及其他统计图形。这些图形能直观地反映纱条状况，有助于对生产设备的运行状况进行监控与分析。

（三）试验准备

1. 试样准备

（1）取样。选择细纱或粗纱、条子作为试样。

（2）调湿。

① 试样的调湿应在二级标准大气下（即温度为 20 ℃±2 ℃，相对湿度为 65%±3%）进行，由吸湿达到调湿平衡 24 h；对大而紧的样品卷装或需进行 1 次以上测试的卷装，应平衡48 h。

② 测试应在稳定的二级标准大气条件下进行。

③ 若试样场所不具备上述条件，可以在以下稳定的温湿度条件下进行调湿和试验，即

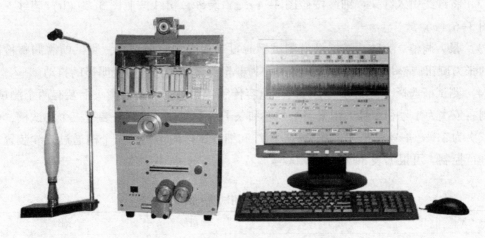

图 3-3　YG137 型电容式条干均匀度仪

平均温度为 18~28 ℃，温度的变化不超过±3 ℃，温度变化率应不超过 0.5 ℃/min；平均相对湿度为 50%~75%，湿度变化不超过±3%，相对湿度变化率不超过 0.25%/min。

④ 试验前仪器应在上述稳定环境中至少放置 5 h。

2. 参数设置

包括量程范围、测试速度、试样长度、测试时间等，可选择的数据见表 3-3。

表 3-3　测试条件可选择的数据

材料	试样长度/m		速度/（m·min⁻¹）		时间（min）	量程
	取样长度范围	常规试验	可供选择速度	常用速度		
细纱	250~2000	400	25~400 共 5 档	200 或 400	1，2.5，5	±100 或±50
粗纱	40~250	250	8~100 共 4 档	50 或 100	2.5，5，10	±50 或±25
条子	20~250	5~100	4~50 共 4 档	25 或 50	5，10	±25 或±12.5

①量程范围的选择。应保证测试结果的准确性。当细纱实测条干不匀变异系数低于 10%时，用±50%；当粗纱实测条干不匀变异系数低于 5%时，用±25%；当条子实测条干不匀变异系数低于 2.5%时，用±12.5%。

②测试速度。根据纱线承载能力和测试分析的需要，通常选择会使纱线产生伸长的最高速度，若需要利用不匀曲线分析条干不匀时，应使设定的纱条速度与图纸速度比尽量小，以便分析曲线图中的最短周期性不匀。

③测试时间。按测试速度及试样长度的要求确定。可选择的试样长度及测试时间见表 3-3。

3. 测试前准备

（1）无试样调零。测试前，系统必须经过无试样调零操作。首先确保测试槽为空，然后单击"调零"按钮。若调零出错，系统弹出提示框提示调零错误，应检查测试槽及信号电缆再进行调零。调零正确后可进行下一步操作。

（2）将纱线引入纱架：细纱按照图 3-4（a）装纱，粗纱按照图 3-5（b）装纱，条子按照图 3-6（c）放样。

（3）张力调整。为防止试样经过测试槽时抖动而影响测量结果，测试前需调整检测分机上的张力旋钮调整张力，使纱线在通过张力器至测试槽的过程中无明显的抖动。

（4）测试槽选择。检测分机上有两个电容传感器检测头，大检测头上装有两个测试槽，由左到右依次为 1 号和 2 号，用来测量条卷和条子的不匀；小检测头装有三个测试槽，由左到右依次为 3 号、4 号和 5 号，用来测量粗纱和细纱试样的不匀。五个槽通过导纱装置左右移动进行控制，可根据表 3-4 选择测试槽。

表 3-4　试样线密度与测试槽号的对应关系

试样类型	条子		粗纱	细纱	
试样线密度 tex	12100~80000	3301~12000	3300~160.1	21.1~160.0	4.0~21.0
测试槽号	1	2	3	4	5

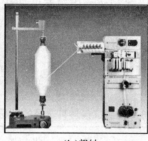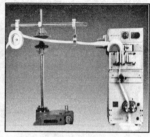

（a）细纱　　　　　　　　（b）粗纱　　　　　　　　（c）条子

图 3-4　装纱方式

（四）试验操作步骤

（1）按"启动"开关，罗拉开始转动。将试样从纱架上引入张力器中，通过选定的测试槽，再按"罗拉分离"开关，罗拉脱开后将试样放入两个罗拉中间，关闭开关罗拉闭合。

（2）待试样的运行速度正常并确认试样无明显抖动后，单击"开始"进入测试状态。进行首次测试时，系统会自动调整信号均值点，使曲线记录在合适的位置。若调整有错，则显示"调均值出错"，自动停止测试。调整均值后，界面主窗口的上部、下部分别显示试样的不匀曲线、波谱图，界面底端显示相应的测试指标，如 CV 值、细节、粗节、棉结数等。

注意：在测试状态中，不能改变测试参数中测试条件的设置，如速度、时间、类型、幅度等。

（3）单次测试完成后，若发现测试数据中存在错误，可选择"删除"，删除错误数据。

（4）当整个批次的测试结束后，系统退出当前的测试状态，单击"完成"，终止当前的测试批次，显示统计值。测试完成后，各项参数中的测试按钮恢复起始状态。

（5）测试完成后，单击"打印"进入打印输出界面。打印输出界面的"打印"选项，提供不匀曲线、波谱图、报表等选项。对于不匀曲线和波谱图，提供全部打印或部分打印两个选择。报表分为两种，即统计报表和常规报表，统计报表包含测试的所有指标，而常规报

表包含 CV 值和三挡常用的疵点值。

注意：需经常用毛刷清扫测试槽周围的飞花，用薄纸片清理测试槽内的杂物。

（五）试验结果

1. 标准差 S

$$S = \sqrt{\frac{\sum_{i=1}^{n}(x_i - \bar{x})^2}{n-1}} \qquad\qquad (3-1)$$

2. 变异系数 CV

$$CV(\%) = \frac{S}{\bar{x}} \times 100 \qquad\qquad (3-2)$$

式中：S 为细节、粗节、棉结未折合成千米的标准差。

3. 不匀曲线

通常称为纱条不匀直观图，表示纱线条干的变化情况，主要用于检查偶发性疵点（包括特粗或特细的部分）、纱条粗细平均值的缓慢变化及长片段（波长大，波谱图无法判定者，一般大于 40 m）周期性不匀。

（六）注意事项

当测试纱线的纤维组成比例因混合不匀发生变化时，会导致材料介电常数发生相应变化，从而影响纱线条干均匀度的测试结果。

五、实验 C　绞纱称重法测试纱线长片段不匀率

（一）试验仪器和试样

缕纱测长仪，电子天平（灵敏度为待称绞纱质量的千分之一），快速恒温烘箱，剪刀，管纱若干。

（二）仪器结构原理

缕纱测长仪由单片微机控制，可以设定绕取圈数，每圈（纱框周长）1 m，预加张力可以调节。仪器启动，电动机带动纱框转动，按规定绕取一定长度的一绞缕纱，逐缕称量后作为试样，然后将绕取的缕纱置于通风式快速烘箱内烘干，并在烘箱内称量试样，最后根据测得的质量计算纱线的线密度不匀。

（三）试验准备

1. 试样准备

（1）调湿处理。按规定的方法取样并将试样放在试验用标准大气中 24 h，进行调湿处理。

（2）试样数量。长丝纱至少试验 4 个卷装，短纤纱至少试验 10 个卷装。每个卷装至少取一缕绞纱。如要计算线密度变异系数至少应测 20 个试样。

2. 仪器调试及参数设置

（1）检查张力秤的砝码在零位时指针是否对准面板上的刻线。

（2）接通电源，检查空车运转是否正常。

（3）确定张力秤上的摇纱张力：非变形纱以及膨体纱为 (0.5±0.1) cN/tex；针织绒和

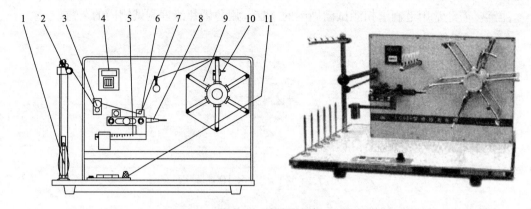

图 3-5　缕纱测长仪

1—纱锭杆　2—导纱钩　3—张力调整器　4—计数器　5—张力秤　6—张力检测棒
7—横动导纱钩　8—指针　9—纱框　10—手柄　11—控制面板

粗纺毛纱为（0.25±0.05）cN/tex；其他变形纱为（1.0±0.2）cN/tex。

（4）确定绞纱长度：当线密度小于 12.5 tex 时为 200 m；线密度为 12.5～100 tex 为 100 m；线密度大于 100 tex 为 10 m。

（四）试验操作步骤

（1）将纱管插在纱锭上。

（2）将纱管上的纱线引入导纱钩，经过张力调整器、张力检测棒、横动导纱钩，然后把纱线端头逐一扣在纱框夹纱片上（纱框应处在起始位置），注意将活动叶片拉起。

（3）将计数器定长拨至绞纱长度规定圈数，将调速旋钮调至"200 r/min"，使纱框转速为 200 r/min。

（4）计数器电子显示清零

（5）接通电源，按下"启动"按钮，纱框旋转到 100 圈自停。

（6）在纱框卷绕缕纱时特别要注意张力秤上的指针是否指在面板刻线处，即卷绕时张力秤处于平衡状态。否则先调整张力器，使指针指在刻线处附近，少量的调整可通过改变纱框转速来达到。卷绕过程中，指针会在刻线处上下少量波动。张力秤不处于平衡状态下所摇取的缕纱应作废。

（7）将绕好的各缕纱的头尾打结接好，接头长度不超过 1 cm。

（8）将纱框上的活动叶片向内挡落下，逐一取下各缕纱后将其回复原位。

（9）重复上述动作，摇取第二批缕纱。

（10）操作完毕，切断电源。

（11）用天平逐缕称取缕纱质量（g），然后将全部缕纱在规定条件下用烘箱烘至恒定质量（即干燥质量）。若已知回潮率，可不用烘燥。

（五）试验结果

1. 线密度偏差

$$\Delta T_t = \left(\frac{T_{t_a} - T_{t_s}}{T_{t_s}} \right) \times 100 \tag{3-3}$$

式中：质量偏差 ΔT_t 又称线密度（特数）偏差（%），T_{t_a} 为实际线密度（tex），T_{t_s} 为使纱线成品线密度符合公称线密度而定的管纱线密度（tex）。

2. 纱线不匀率

$$CV(\%) = \frac{\sqrt{\dfrac{\sum\limits_{i=1}^{n}(x_i - \overline{x})^2}{n-1}}}{\overline{x}} \times 100 \tag{3-4}$$

式中：x_i 为第 i 缕纱线质量（g）；$\overline{x}$ 为 n 缕纱线质量的平均值（g）。

思　考　题

1. 黑板条干法的评级依据是什么？
2. 黑板条干法的优缺点是什么？
3. 电容式条干均匀度仪的检测原理是什么？
4. 电容式条干均匀度仪的功能有哪些？可以测出哪些指标和图形？
5. 根据波谱图可以为纱线质量控制提供哪些依据？
6. 混纺纱线如果纤维分布不匀会对纱线条干电容法测试产生什么影响？对黑板条干法有没有影响？为什么？
7. 影响纱线线密度不匀的因素有哪些？

第二节　纱线捻度测试

一、实验目的

通过实验，掌握纱线捻度的测试方法和实验数据的处理方法，巩固纱线捻度指标的概念，掌握测试仪器的使用方法，了解纱线捻度测试原理和影响实验结果的因素。

二、基本知识

将短纤维纺制成连续的纱线，需要经过加捻，使纤维互相聚合在一起而保持某种聚集力，从而赋予纱线一定的强力。复合丝中的长丝也需要轻度加捻，如果没有聚集力把它们联系在一起，会在使用中脱散或受到擦伤。另外，根据不同用途的需要，可以由若干根单纱并合加捻，形成股线和缆绳，使之更为均匀和结构稳定，以承受更高的负荷。如果两根以上纱线在加捻时以不同速度和张力喂入，或以不同的颜色或花式的纱线并合加捻，可以形成花式线。花式线由短纤纱或长丝纱进行不规则的合股，从而产生不连续或周期性的花式，并在加捻中形成不同的弯曲与缠绕。还可用规则的合股线为基础，将具有花式效果的片段裹绕在其上的花式线。所以，加捻时将纤维束、长丝或单纱聚集在一起的一种方法，使纺织品在制造与使用过程中能经得起应力、应变和摩擦，并给予纺织品别致的外观效应。

所谓加捻，就是将平行伸直的纤维须条，单位长度两截面间相互扭转一个角，使纤维与须条轴向呈一定夹角的一种加工。纱线绕自身轴向的旋转数称为捻回数。捻度一般以单位长度内的捻回数表示。捻度计算公式：

$$t = \frac{n}{L} \tag{3-5}$$

式中：n 为纱线的捻回数；L 为纱线的长度。

纱线加捻时，表面纤维对于纱线轴成一个角度 θ，称为捻回角。由于捻回角的存在，纱线沿其轴向受到外力作用时，在径向产生侧压力，增加了纤维之间的摩擦，阻止纱线中纤维滑移，使纱线具有承受外界负荷的能力。短纤维纱线在加捻过程中，还会发生纤维径向的由内到外和由外到内的转移。一般来说，纱线强力随着捻度的增加而增加。但由于加捻后纤维的倾斜使其所能承受的轴向力减小，捻度增加到一定程度时纱线强力达最大值，此后捻度再增加，纱线强力反而减小。使纱线强力达到最大值时的纱线捻度称为临界捻度。

然而，对不同粗细的纱线加以相同捻度时，可以发现其加捻程度实际上是不一样的。同样捻回数下，纱线直径越粗，纱线中纤维倾斜越显著；或者说，直径较细的纱线，其表面纤维要达到同样一定的倾斜角 θ，所需捻度较高。而纱线中纤维的倾斜角 θ 即捻回角，是决定纱线紧密程度及其他特性的主要指标，它与纱线捻度之间存在一定的关系。捻系数是直接与纱线表面纤维的捻回角呈函数关系的物理量，当纱线的体积重量一定时，捻系数可表示不同粗细纱线的加捻程度。捻系数不是直接测量值，而是计算值。测出纱线的捻度后，可用式（3-6）计算捻系数：

特制捻系数：

$$\alpha_t = t_t \sqrt{\frac{T_t}{1000}} \tag{3-6}$$

式中：α_t 为特制捻系数；t_t 为捻度（捻/m）；T_t 为线密度（tex）。

公制捻系数：

$$\alpha_m = t_m \sqrt{\frac{1}{T_m}} \tag{3-7}$$

式中：α_m 为公制捻系数；t_m 为捻度（捻/m）；T_m 为公制线密度，（Nm）。

除了用捻度、捻系数表示纱线加捻特性外，纱线中捻向也是很重要的。捻向是指加捻后单纱中的纤维或股线中的单纱呈现的倾斜方向。纱线中的捻向有两种：

一种是 S 捻或称顺时针捻，如图 3-6（a）所示；另一种是 Z 捻或称逆时针捻，如图 3-6（b）所示；单纱一般用 Z 捻，而 S 捻常用于合股线，如图 3-6（c）所示。

单纱经纱为 Z 捻，纬纱为 S 捻时，交织后经纬纱接触处纤维相互交叉配置，经纱与纬纱相互嵌入是不可能的；若经纱和纬纱具有相同的捻向，也就是都为 Z 捻或 S 捻，则两根纱线接触处的纤维相互之间呈平行状态，这样的配置可使经纬纱互相镶嵌，产生的织物手感薄而结实。

纱线加捻后纤维倾斜，使纱的长度缩短，这种现象称为捻缩。反之，当纱线退捻时，其长度变长。大量实验表明，在一定的张力和加捻程度范围内，纱线加捻时长度的缩短与退捻

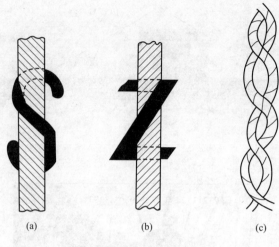

图 3-6　纱线的捻向

时长度的伸长是近似相等的。纱线捻缩一般用捻缩率表示。

　　捻缩率（%）=（纱线加捻前长度-纱线加捻后长度）/纱线加捻前长度×100

　　纱线加捻多少直接影响其力学性能和纺纱机生产效率，在生产中需要定期检查纱线的实际捻度是否符合设计值。

三、试验仪器和试样

纱线捻度仪、挑针、剪刀。试样为单纱、股线各若干。

四、仪器结构原理

（一）实验原理

纱线捻度测试的方法主要有两种，即直接计数法（或称直接退捻法）和退捻加捻法。

（1）直接计数法。该方法多用于测定长丝纱和股线的捻度。使纱线在一定的张力下，用纱夹夹持已知长度的纱线试样的两端，使纱线退捻，直至单纱中的纤维或股线中的单纱完全平行分开为止。退去的捻回数 n 即为纱线的捻回数，根据 n 及试样长度即可求得纱线的捻度。

（2）退捻加捻法。该方法多用于测定短纤维纱的捻度。退捻加捻法是纱线在一定张力作用下，当加捻时的伸长与反向加捻时的缩短在数值上相等时，解捻数与反向加捻数也相等。用纱夹夹持已知长度的纱线试样的两端，使纱线退捻，此时纱线长度会变长。待纱线捻度退完后，继续回转，对纱线反向加捻，此时纱线长度会缩短，直到纱线长度与试样原始长度相同时，纱夹停止回转。这时纱线的捻向与原纱线相反，但捻回数与原纱线相同，读取的捻回数是原纱线捻回数 n 的 2 倍，根据 n 及试样长度求得纱线的捻度。

（二）仪器结构

纱线捻度仪的结构如图 3-7 所示。

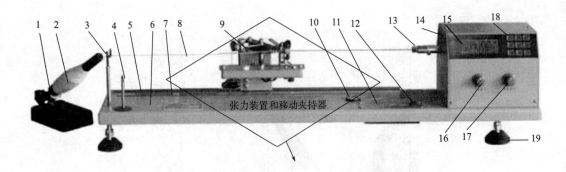

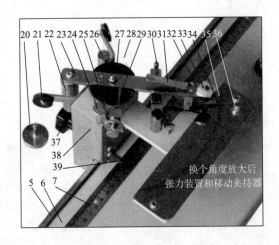

图 3-7 纱线捻度仪

1—试样座 2—纱管 3—导纱架 4—放砝码处 5—隔距导轨 6—仪器基座 7—隔距标尺 8—试样走势
9—张力装置 10—水平泡 11—常用按键 12—电源开关 13—旋转夹持器 14—控制箱 15—LCD 显示
16—调速扭Ⅰ 17—调速扭Ⅱ 18—操作键盘 19—调平机脚 20—砝码托盘 21—张力滑轮 22—平衡锤
23—张力杆 24—伸长固定 25—伸长锁定 26—张力平衡锤 27—张力轮 28—张力索 29—伸长限位
30—零位锁定 31—夹纱压板 32—试样夹入点 33—移动夹持器 34—伸长指示 35—伸长标尺
36—零位指示 37—隔距锁柄 38—移动基座 39—隔距指示

五、试验准备

(一) 试样准备

1. 调湿

相对湿度的变化并不直接影响捻度，但大幅度改变湿度会造成某些材料的长度变化，因而需要将试样在标准大气条件下进行平衡和测定。调湿及测试用大气条件应符合 GB/T 6529 的规定。

2. 试样

（1）以实际能做到的最小牵引力，从卷装的尾端或侧面抽取试样，为了避免不良纱段，舍弃卷装的始端和尾端各数米长。

（2）如果从同一卷装中取 2 个及以上的试样，各个试样之间至少有 1 m 以上的随机间隔。如果从同一卷装中取 2 个以上的试样时，则应把试样分组，每组不超过 5 个，各组之间应有数米间隔。

（二）参数设置

（1）直接计数法。试样长度、预加张力、试样数量见表 3–5。

（2）退捻加捻法。试样长度、预加张力、限制伸出、试验次数见表 3–6。

表 3–5　直接计数法试验参数

纱线材料类别		试样长度/mm	预加张力/（cN·tex^{-1}）	试验次数/次
棉纱		10 或 25	0.5±0.1	50
毛纱		25 或 50	0.5±0.1	50
韧皮纤维		100 及 250	0.5±0.1	50
股线和复丝	名义捻度≥1 250 捻/m	250±0.5	0.5±0.1	20
	名义捻度<1 250 捻/m	500±0.5	0.5±0.1	20

表 3–6　退捻加捻法试验参数

纱线材料类别		试样长度/mm	预加张力/（cN·tex^{-1}）	试验次数/次	限制伸长/mm
非精梳毛纱		500±1	0.50±0.10	16 或 0.154v^2	25%最大伸长值
精梳毛纱	$\alpha_m<80$	500±1	0.10±0.02	16 或 0.154v^2	25%最大伸长值
	$\alpha_m=80\sim150$	500±1	0.25±0.05	16 或 0.154v^2	25%最大伸长值
	$\alpha_m>150$	500±1	0.50±0.05	16 或 0.154v^2	25%最大伸长值

注　1. α 为捻系数。

2. v 为使用者实验室类似材料独立观测值变异系数的可靠估计值。

3. 最大伸长值是指 500 mm 长度的试样捻度退完时的伸长量，以 800 r/min 或更慢的速度预试测定，一般实验室试验限制伸长推荐值为：棉纱 4.0 mm，其他纱线 2.5 mm。

六、试验操作步骤

（一）直接计数法

（1）检查仪器各部分是否正常（仪器水平、指针灵活等）。

（2）试验方式选择［直接计数法］，并预置捻度。

（3）试验参数调整按照表 3–5 规定进行。

（4）放开伸长限位。

（5）根据纱线捻向选择退捻方向（如纱线为 Z 捻，则退捻方向为 S）。捻向的确定，可握持纱线的一端，并使其一小段（至少 100 mm）呈悬垂状态，观察此垂直纱段的构成部分的倾斜方向，与字母"S"的中间部分一致的为 S 捻，与字母"Z"的中间部分一致的为 Z 捻。

（6）调节转速调节钮，使范围 100~1 900 r/min 连续可调。

（7）装夹试样。将移动纱夹（左纱夹）用定位片刹住，使伸长指针对准伸长弧标尺

"0"位；先弃去试样始端数米，在不使纱线受到意外伸长和退捻的条件下，将试样的一端夹入移动纱夹内，再将另一端引入解捻纱夹（右纱夹）的中心位置；放开定位片，纱线在预加张力下伸直，当伸长指针指在伸长弧标尺"0"位时，用右纱夹夹紧纱线，用剪刀剪断露在右纱夹外的纱尾。

（8）按下［启动］键，使右夹头旋转开始解捻，至预置捻数时自停，使用挑针从左向右分离，观察解捻情况，使用点动解捻，或用手动旋钮，直至完全解捻，即股线中的单纱全部分开，此时仪器显示的是该段纱线的捻回数。

（9）重复以上操作，进行下一次试验，直至全部试样测试完毕。

（10）按［打印］键，打印报表。

（二）退捻加捻法

（1）检查仪器各部分是否正常（仪器水平、指针灵活等）。

（2）试验方式选择［退捻加捻法］。

（3）试验参数调整按照表3-6规定进行。

（4）确定纱线捻向，调节转速调节钮，使范围100~1 900 r/min连续可调。

（5）装夹试样。将移动纱夹（左纱夹）用定位片刹住，根据限制伸长值，使伸长指针对准到伸长弧标尺的对应尺度上；先弃去试样始端数米，在不使纱线受到意外伸长和退捻的条件下，将试样的一端夹入移动纱夹内，再将另一端引入解捻纱夹（右纱夹）的中心位置；拉动纱线使伸长指针指在伸长弧标尺"0"位，纱线在预加张力下伸直，此时用右纱夹夹紧纱线，并用剪刀剪断露在右纱夹外的纱尾。

（6）按下［启动］键，使右夹头旋转开始解捻，至左夹头指针指零时自停，此时显示屏显示的是本次捻回数（也是该纱捻度，捻/m）。

（7）重复以上操作，进行下一次试验，直至全部试样测试完毕。

（8）按［打印］键，打印报表。

七、试验结果

1. 平均捻度

$$t_t = \frac{\sum_{i=1}^{n} x_i}{n \cdot L} \tag{3-8}$$

式中：t_t为特克斯制捻度（捻/m）；x_i为各试样测试捻回数（退捻加捻法测得的捻回数，即仪器读数，需除以2）；L为试样长度（m）；n为试样数。

2. 捻度变异系数

$$CV(\%) = \frac{\sqrt{\dfrac{\sum_{i=1}^{n}(x_i - \bar{x})^2}{n-1}}}{\bar{x}} \times 100 \tag{3-9}$$

式中：x_i为第i个试样的测试捻度；$\bar{x}$为试样的平均捻度；n为试样数。

3. 捻系数

$$\alpha_t = t_t = \sqrt{\dfrac{T_t}{1000}} \qquad (3\text{-}10)$$

式中：α_t 为特制捻系数；t_t 为捻度（捻/m）；T_t 为线密度（tex）。

4. 捻缩率 μ

$$\mu(\%) = \left[(L_0 - L_1)/L_0 \right] \times 100 \qquad (3\text{-}11)$$

式中：L_1 为退捻后试样长度（mm）；L_0 为试样原始长度（mm）。

按数值修约规则进行修约，捻度、捻缩率修约到小数点后一位，捻度变异系数修约到小数点后两位，捻系数修约到整数位。

思 考 题

1. 试述退捻加捻法测定单纱捻度的原理？

2. 影响捻度测量的因素有哪些？

3. 股线的捻度测定通常采用什么方法？

4. 退捻加捻法测定单纱捻度时为何要限制伸长？

5. 用捻度仪测量捻度时，要注意哪几个参数的调节？

第三节　纱线毛羽测试

一、实验目的

通过实验，熟悉纱线毛羽的测试指标、测试方法及实验数据处理方法，学会测试仪器的使用，了解其测试原理，观察纱线毛羽的空间分布特征。

二、基本知识

在成纱过程中，纱条中纤维由于受力情况和几何条件的不同，部分纤维端伸出纱条表面。纱线毛羽是一些纤维端部从纱线主体伸出或从纱线表面拱起成圈的部分。纱线毛羽是纱线质量中的一个重要指标，纱线毛羽少时，织物表面光洁，手感滑爽，色彩均匀，对轻薄的织物有较好的清晰透明度；纱线毛羽较多较长时，织物具有良好的毛型感和保暖性。毛羽分布不匀会使织物中出现横档、条纹等疵病。对化纤织物，毛羽长而多时容易出现起球现象。过长的毛羽将使织造中纱线纠缠形成织疵，使织物的外观粗糙。

1. 纱线毛羽的基本形态

纱线上毛羽的外观显示复杂形态，其基本形态有四种，如图 3-8 所示。

（1）端毛羽。纤维的端部伸出纱芯表面而其余部分保持在纱芯内部。

（2）圈毛羽。纤维两端伸入纱芯，中间部分露出纱芯，表面成圈状。

（3）浮游毛羽。附着在纱线表面或其他毛羽上的松散纤维。

（4）假圈毛羽。纤维的端部伸出表面且成卷曲环或圈形态，而其余的部分伸入纱线体内。

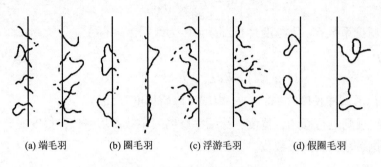

(a) 端毛羽　　(b) 圈毛羽　　(c) 浮游毛羽　　(d) 假圈毛羽

图 3-8　毛羽的各种外观形态

典型的纱线纵向投影和断面投影如图 3-9 所示。可以看出毛羽在纱线四周呈空间分布，而且纱线上毛羽的情况是暂态的、易变的，这增加了毛羽测试的难度。

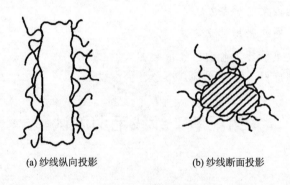

(a) 纱线纵向投影　　　　　　(b) 纱线断面投影

图 3-9　纱线投影

2. 纱线毛羽的评定指标

在生产与贸易中，通常用三种指标来评定纱线毛羽。

（1）毛羽指数。指单位长度纱线内，单侧面上伸出长度超过设定长度的毛羽累计根数，单位为"根/10m"或"根/m"。

（2）毛羽伸出长度。指纤维头端或圈端凸出纱线基本面的平均长度或单位长度纱线毛羽的总长度。

（3）毛羽量。纱线上一定长度内毛羽的总量，其值与全部露出纱体纤维所散射的光量成正比。

三、试验仪器和试样

纱线毛羽测试仪及各种短纤维纱。

四、仪器结构原理

纱线毛羽测试仪为投影计数式纱线毛羽仪，利用光电原理，当纱线连续通过检测区时，凡长于设定长度的毛羽会遮挡光线，使光敏元件产生信号而计数，得到单位长度纱线一侧的毛羽累计数，即毛羽指数。

检测点至纱线表面的距离或称设定长度是可以调节的，毛羽指数是设定长度的函数，由于纱线表观直径存在不匀，且直径边界有一定的模糊性，所以设定长度的基线是纱线表观直径的平均值，且设定长度一般不小于 0.5 mm。

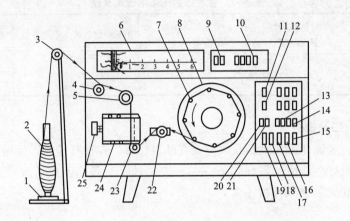

图 3-10　纱线毛羽测试仪

1—纱管座　2—绕纱管　3—导纱轮　4—螺旋张力器　5—定位轮 A　6—投影屏　7—沙盘夹

8—绕纱器　9—次数显示　10—毛羽数显示　11—长度预置　12—次数预置　13—测试速度按钮

14—观察速度按钮　15—电源开关　16—投影开关　17—打印按钮　18—电动机按钮

19—测量按钮　20—校正按钮　21—测试按钮　22—弹簧张力器　23—定位轮 B

24—检测头　25—毛羽长度旋钮

仪器的主要性能指标如下。

（1）测定的毛羽长度范围。一次可同时测定 9 个毛羽长度（1 mm、2 mm、3 mm、4 mm、5 mm、6 mm、7 mm、8 mm、9 mm）的毛羽指数。

（2）毛羽设定长度的精度不大于 0.1 mm，毛羽分辨率不大于 0.5 mm。

（3）测试速度。有 5 档可选：10 m/ min、15 m/ min、30 m/ min、60 m/ min、100 m/ min。

（4）测试的纱线片段长度。1~100 m 可任意设定。

（5）连续试验次数。每组按 1~100 管任意设定，每管按 1~100 次任意设定。

（6）测试结果的数据处理。可对同种试样的单管或多管的多次测量结果进行统计分析，可显示输出各种试验参数及各个毛羽长度的测试分析结果。

五、试验准备

（一）试样

按产品标准规定的方法取样，取得的试样应该没有损伤、擦毛和污染。试样为棉、毛、丝、麻短纤维的管纱，测试纱线片段长度为 10 m。

（二）实验条件和测试参数

一般要求在标准温湿度条件下进行测试，为此，将试样放在标准大气中进行预调湿，时间不少于 4 h，然后暴露在试验用标准大气中 24 h 或暴露至少 30 min，至其质量变化不大于 0.1% 为止。

毛羽设定长度可参照表 3-7，按不同品种的纱线设定。

各种纱线的引纱张力：毛纱线为（0.25±0.025）cN/tex，其他纱线为（0.5±0.1）cN/tex

表 3-7　各种纱线的毛羽设定长度

纱线种类	棉纱线及棉型混纺纱线	毛纱线及毛型混纺纱线	中长纤维纱线	苎麻纱线	亚麻纱线	绢纺纱线
毛羽设定长度/mm	2	3	2	4	2	2

（三）仪器预热及校验

接通电源前，电源开关和投影开关应处在断电位置。连接打印机，接通 AC 220 V 电源，按电源开关，指示灯亮，使仪器预热 10 min，按"校正"按钮，然后按"测量"按钮，显示毛羽的标准"400"，表示仪器正常。

六、试验操作步骤

（1）按"测试"按钮，使仪器处于测试状态，选定测试片段长度、试验次数、测试速度。

（2）将待测管纱插在管纱座上，从管纱中引出纱线，通过导纱轮，经螺旋张力器并绕一周。纱线由定位轮 A 和定位轮 B 定位。此时，纱线需通过检测头中的支撑板，再经弹簧张力器，将纱线固定在绕纱器重的纱盘夹上。按电动机开关，进行测试。测试完毕，自动停机。

（3）取第二个管纱，重复上述过程，依次测完全部管纱。

（4）完成测试后，按"观察"按钮，按下投影开关，即可在投影屏上观察试样及其表面毛羽放大后的性质。

七、试验结果

纱线毛羽测试仪自动打印实验结果，包括毛羽指数平均值、变异系数 CV 值、直方图（横坐标为毛羽长度，纵坐标为毛羽指数）等。毛羽指数平均值和变异系数 CV 值按数值修约规则修约至三位有效数字。

思 考 题

1. 测试纱线毛羽有何实际意义？

2. 纱线毛羽对产品风格有何影响？

第四节　纱线疵点测量分析

一、实验目的

通过实验，在纱疵分级仪上测定纱线十万米各级疵数和十万米有害纱疵数，掌握纱线疵点的测试与分级方法。

二、基本知识

常发性疵点，指纱线中经常发生的粗节、细节、棉结。常发性疵点对织物外观的匀整性有一定的影响，但尚未达到形成次品织物的程度。常发性疵点是在电容均匀度仪上测量的，以 1 000 m 纱线长度内的疵点数为计数单位。常发性疵点形成的原因，主要是原料中短纤维含量过多、前道工序开松梳理不良使纤维分离度差、原料中未成熟纤维含量过多等。常发性疵点数量与纱线不匀率 CV 值存在显著相关。

偶发性疵点，指粗细显著，对成品质量有极大影响的纱疵。此类疵点虽然不经常发生，但只要有一根存在，就会导致织物成为次品。对于这类疵点，一种方法是在织布上机前，在络筒机上加装清纱器加以去除；另一种方法是在织物出厂前验布时进行处理补救。偶发性疵点是在纱疵分级仪上测量计数的，以十万米纱线长度内的纱疵数为计数单位。偶发性疵点形成的原因，主要是操作方法不当及清洁管理不善。操作者在纱线断头后接头过长、双根粗纱喂入、松散纤维团或飞花附着于纱线、车间环境清洁条件、罗拉上下绒辊以及机架的清洁工作等，都会影响偶发性疵点的数量。

用纱疵分级仪对偶发性疵点按粗细程度和疵点长度进行分类并统计其数量，目的如下。

（1）对成纱品质进行评定，作为产品质量监督检查的依据。根据纱疵检验结果，采取技术和管理措施，消除产生偶发性疵点的来源，提高产品质量。

（2）根据纱疵分级仪测试结果和织物外观的要求以及络筒机生产效率，综合考虑后确定络筒机清纱器的清楚限。

（3）考核清纱器的工作情况。根据纱线经清纱器前、后的试样，用纱疵分级仪测试对比纱疵分布状况，以判别清纱器的清楚效率。

三、试验仪器和试样

纱疵分级仪、络筒机、打印机等。试样为纯纺或混纺短纤维纱线。

四、仪器结构原理

（一）实验原理

纱线以一定速度连续通过空气电容器组成的检测器，当相同的电介质连续通过检测器时，纱线质量（纱疵或条干不匀）的变化率与电容量的变化率呈一定关系，将其转化为电信号，经过运算处理后，即可输出表示各级纱疵的指标。

纱疵是指纱线上的重大疵点，一般分为三大类，即短粗节、长粗节、长细节，共23级

（图 3-11）。

（1）短粗节。指纱疵截面比正常纱线粗 100% 以上，长度在 8 cm 以下者，细分为 16 级（A1、A2、A3、A4、B1、B2、B3、B4、C1、C2、C3、C4、D1、D2、D3、D4）。

（2）长粗节。指纱疵截面比正常纱线粗 45% 以上，长度在 8 cm 以上者（包括双纱），细分为 3 级（E、F、G）。

（3）长细节。指纱疵截面比正常纱线粗 30%~75%，长度在 8 cm 以上者，细分为 4 级（H1、H2、I1、I2）。

（4）纱疵截面与长度的确定。短粗节、长粗节纱疵截面都以最大截面处计测，长细节纱疵截面以最小截面处计测；短粗节长度从正常纱线截面加粗 80% 处计，长粗节从正常纱线截面加粗 45% 处计，长细节从正常纱线截面加细 24% 处计。

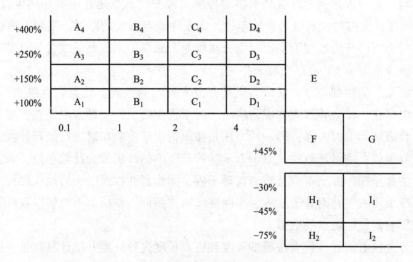

图 3-11　纱疵分级图

（二）仪器结构

电容式纱疵分级仪（图 3-12）与络筒机组合使用（也可将纱疵仪装在络筒机上，至少应装 5 个检测器）。纱疵分级仪整套仪器由主控机、电源箱、打印机、处理盒、检测头、馈线等组成。主控机完成检测参数设定和测试数据处理与显示；检测头为电容式检测；处理盒由 6 块相同的处理器组成，处理器两端分别与主控机和检测头通过馈线连接，处理器根据主控机传送来的设定值处理分析检测头中的纱线信号，并将处理结果传至主控机。

五、试验准备

（一）试样

试样应在标准大气条件下调湿平衡 24 h 以上，大而紧的样品卷装或同一卷装需进行一次以上测试时应平衡 48 h 以上。

（二）试验准备

开机，调整络筒机运转速度为 600 m/min，并检查测量槽是否清洁。

打开电源箱电源开关，启动计算机，系统正常加载后，启动纱疵分级仪数据分析软件。

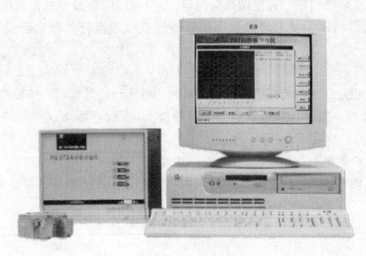

图 3-12　纱疵分级仪

软件启动后应进行 30 min 预热，预热完成后再进行操作。

进行试验参数设定，包括"试验参数"和"纱疵切除设定"两部分内容。

1. 设定"试验参数"

（1）试样长度。本次试验走纱的总长度（m）。测试过程中到达该设定长度时，系统自动切断纱线，停止本次试验。

（2）纱线细度。按单位分"tex""英支""公支"三种，按其中任何一种单位设置均可。设定完成后，当选择其他单位制时，所设定的参数值会自动完成转换。

（3）纱线材料及材料值。先选择纱线材料的类型，选择确定的纱线材料类型之后，输入材料值；材料值是为了调节纱疵分级仪的灵敏度而设定的数值，其大小与测试材料和空气的相对湿度等因素有关。混纺纱应根据纤维成分的混合比例计算其材料值，例如，涤/棉 65/35 的材料值 =（0.65×3.5）+（0.35×7.5）= 4.9。表 3-8 中未列出的纱线，可以根据其回潮率，按类似纱线设定材料值。

表 3-8　材料值

纤维材料	棉、毛、黏胶、麻	天然丝	聚丙烯腈纤维（腈纶）、聚酰胺纤维（锦纶）	聚丙烯纤维（丙纶）	聚酯纤维（涤纶）	聚氨酯纤维（氨纶）
材料值	7.5	6.0	5.5	4.5	3.5	2.5

2. 设定"有害纱疵切除"

系统默认状态是不切除纱疵，设定分级格呈现灰色。当需要切除时，首先选择"切除"，打开切除设定开关，此时设定分级格变成红色。选择需要切除的格，相应的格变成蓝色，同时，比此格门限高的格都跟着变色。当需要取消该格的设定时，只需再点该格恢复为红色即可。

3. 设定"分级清纱门限"

选择"分级清纱门限"子功能按钮，系统切换到"分级清纱门限"设定窗口，包括

"分级门限"和"清纱门限"设定两部分内容。"分级门限"设定的参数用于完成对纱疵进行分级;"清纱门限"设定的参数用于对纱疵进行通道分类和切除设定以及画清纱曲线。

4. 系统设定

选择"系统设定"子功能按钮,系统切换到"系统设定"窗口,按照系统配置的实际情况如实设定即可。当所有参数设定完毕并检查无误后,用鼠标点击"保存参数设定"按钮。

5. 预加张力的选择

参照表 3-9 的具体规定,在保证纱线平稳且抖动尽量小的前提下选择适当的预加张力。

表 3-9 预加张力选择

线密度范围/tex	10 及以下	10.1~30	30.1~50	50 以上
张力圈个数/个	0~1	1~2	2~3	3~5

六、试验操作步骤

(1)参数设定准备无误并保存后,选择"分级测试"主功能按钮,系统切换到分级测试对话窗口。

(2)点击"分级开始"按钮,系统弹出"请清洁检测槽"的提示框,清洁完毕并确认后,若为第一次测试的纱线品种,则会弹出"请在任意锭试纱"提示框,确认后在任意锭走纱,在主窗口的状态栏中显示"正在试纱……"。几十秒后纱线被切断,仪器完成定标。若为已知品种,仪器自动定标。

(3)各锭开始走纱测试,当络纱长度到达设定长度时,自动切断,进入到长状态。当试验结束时点击"分级结束"按钮,结束本次试验。

(4)点击"文件打印"按钮,屏幕上将出现仪器可以输出的所有报表形式,在需要的报表前的方框中勾选,系统将按设定进行文件打印。

(5)重复上述步骤,完成全部试样的测试。

七、试验结果

实验结果用 10 万米纱疵数和 10 万米有害纱疵数表示。产品验收和仲裁检验时,取 4 组试样的平均值,必要时可计算其标准差(或变异系数)。实验结果按规定修约的方法进行,10 万米纱疵数保留整数,其余保留三位有效数字。

思 考 题

1. 纱疵分级仪分析的是偶发性疵点还是常发性疵点?它的危害是什么?
2. 纱疵分级仪的操作注意事项是什么?获得的测试数据有哪些?

第五节 纱线强伸性能测试

一、实验目的

应用纱线强伸度仪测定纱线的强力、伸长率、定伸长负荷、初始模量、断裂比功等指标。通过实验，了解测量纱线强伸度的原理和结构，掌握实验操作方法。

二、基本知识

影响纱线强伸性能的主要因素是纤维的性能和纱线的结构。纤维的长度、强度和细度对纱线强度有很大影响。纱线中长度小于滑脱长度的纤维含量增大，纱线强度下降。纤维的相对强度越高，纱线强度也越高。纤维较细，较柔软，在纱线中互相抱合紧贴，滑脱长度可能缩短，而且纱线截面中纤维根数多，使纤维在纱线内外层转移的机会增加，各根纤维受力比较均匀，因此，成纱强度提高。纱线中纤维排列的平行程度、伸直程度、内外层转移次数等对纱线强伸性能的影响很大。纱线加捻可改变纱线结构，控制纤维转移，是生产高品质纱线技术的关键。一般情况下：纤维长度越大，长度不匀率越小，则滑脱纤维数量就越少，纱线强力越大；纤维细度越大，细度不匀率越小，则滑脱根数越少，纱线强力越大；纤维强力越大，强力不匀率越小，则纤维断裂不同时可能性降低，纱线强力变大；捻度越大，纱线强力越大，临界捻度时，纱线强力最大，捻度大于临界捻度后，强力下降。

纱线分为长丝纱和短纤纱。长丝纱拉伸断裂具有不同时性，较伸直和紧张的纤维先断裂。短纤纱强力由纤维的断裂强力和滑脱纤维的切向阻力组成。一般认为：外层纤维先断；纤维长、捻度多的纱滑脱少；纤维短、捻度少的纱滑脱多。一般的短纤纱的拉伸断裂面不整齐，似毛笔状，捻度较大的短纤纱的拉伸断裂面较整齐，而长丝纱的拉伸断裂面整齐。膨体纱强力较低，真正受力的纤维根数少。混纺纱强力不一定比其中强力较低的纤维的纯纱强力高。如果未断裂的纤维可能承受的负荷小于拉伸力，则整根混纺纱就此断裂，此时断裂伸长率较大的纤维强力没有得到充分利用，该混纺纱的强力至多也只有断裂伸长小的纯纺纱强力，也可能小于此数值。总之，混纺纱的断裂强力与伸长决定于混纺纤维的性质与混纺比的大小。

三、试验仪器和试样

试验仪器为 XL-1A 型纱线强伸度仪。试样为聚酯（涤纶）长丝若干，并需准备张力夹、剪刀等用具。

四、仪器结构原理

XL-1A 型纱线强伸度仪是测定纱线和化纤长丝拉伸性能的试验仪器，可进行试样的一次拉伸试验，利用计算机系统实现仪器的功能控制、参数设置和数据存储，自动测量和显示试样强力、伸长率、定伸长负荷、强度、模量和断裂比功等强伸性能指标的单值、平均值和变异系数，并可实时显示试样拉伸过程的力—伸长曲线。测试数据和拉伸曲线可以打印和保存。

仪器结构精密，测试精度高，性能稳定。采用气动夹持器夹持纱线试样，操作方便，可降低劳动强度，提高试验工作效率。

仪器属于等速伸长型（CRE）拉伸试验仪。进行拉伸试验时，被测纱线或长丝试样夹持于上夹持器与下夹持器之间。计算机程序按照面板操作指令发出步进脉冲，通过脉冲分配器驱动步进电动机经传动机构使下夹持器作升降运动，并计数输入电动机脉冲数而完成伸长测量。被测试样所受力经由传递机构作用于测力传感器，输出信号经放大和 A/D 转换后，进入计算机完成力值测量。

仪器由强伸仪主机与计算机控制系统两部分组成，两者由多芯电缆相联，如图 3-13、图 3-14 所示。强伸仪主机面板上除电源开关 15 外，有 6 个操作按钮，其作用如下。

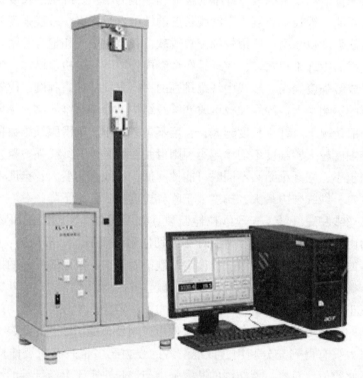

图 3-13　纱线强伸度仪外形图

升按钮 10：下夹持器上升。

停按钮 11：下夹持器停止。

降按钮 12：下夹持器下降。

上夹按钮 13：上夹持器交替开、闭。

下夹按钮 14：下夹持器交替开、闭。

自动按钮 9：第 1 次按该按钮时上夹持器关闭，第 2 次按该按钮时下夹持器关闭，同时，下夹持器开始下降进行拉伸试验。在拉伸试验过程中，若再按该按钮可中断拉伸试验，上、下夹持器自动打开，下夹持器上升至原位。

仪器主要技术指标如下。

（1）力值测量范围为 0～3 000 cN。

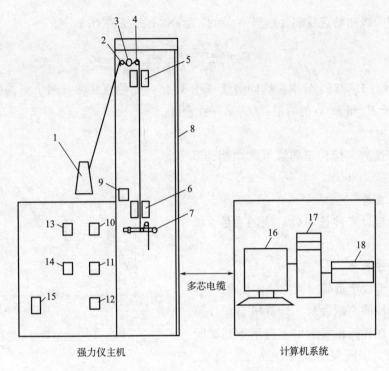

图3-14　纱线强伸度仪外形示意图

1—试样　2—导纱钩　3—张力盘　4—导纱轮　5—上夹持器　6—下夹持器　7—预张力杠杆
8—侧门　9—自动按钮　10—升按钮　11—停按钮　12—降按钮　13—上夹按钮　14—下夹
按钮　15—电源开关　16—显示器　17—计算机　18—打印机

（2）力值测量误差为≤±1%。

（3）力值测量分辨率为0.5 cN。

（4）伸长测量范围为0~250 mm（夹持距离500 mm时）。

（5）伸长测量误差为≤0.5 mm。

（6）伸长测量分辨率为0.1%。

（7）夹持距离为250 mm、500 mm。

（8）拉伸速度为50~1 000 mm/min。

五、仪器测试指标及试验参数选择

（一）仪器测试结果反映的性能指标

1. 断裂强力

试样拉伸至断裂过程中的最大力值，单位为cN。

2. 断裂伸长率

对应于断裂强力点的伸长值与试样初始长度之比的百分率。

3. 强度

试样单位线密度的强力，单位为cN/dtex或cN/tex。

4. 模量

试样拉伸曲线初始直线部分的斜率，单位为 cN/dtex 或 cN/tex。

$$M = \frac{F_2 - F_1}{(E_2 - E_1) \cdot T}$$ (3-12)

式中：M 为模量；E_1 和 E_2 分别为拉伸曲线（图 3-15）初始直线部分两个点的伸长率值；F_1 和 F_2 为对应于 E_1 和 E_2 点的力值；T 为试样线密度。

5. 断裂比功

（力/线密度）—伸长率曲线下的面积，单位为 cN/dtex 或 cN/tex。

6. 定伸长负荷

试样拉伸至设定伸长率处对应的力值，单位为 cN。

7. 定负荷伸长率

试样拉伸至设定负荷时对应的伸长率。

试验试样拉伸至断裂后，计算机自动计算上述指标，并在计算机显示屏上显示下列试验结果：断裂强力、断裂伸长率、强度、模量、断裂比功和定伸长负荷等纤维性能指标。

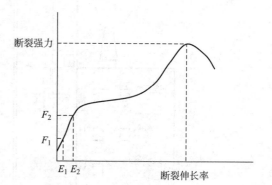

图 3-15　模量取点示意图

（二）仪器试验参数的设置

开始试验前，根据不同试样的拉伸特性，仪器试验参数进行预先设置选择，包括以下内容。

1. 夹持距离与下夹持器下降速度

根据试样的平均断裂伸长率，按表 3-10 规定选择夹持距离与下夹持器下降速度。

表 3-10　夹持距离和下夹持器下降速度的关系

断裂伸长/%	夹持距离/mm	下夹持器下降速度/（mm·min⁻¹）
<3	500	50
3~8	500	250
8~50	500	500
≥50	250	1 000

2. 预张力值

对化纤长丝来说，单位线密度的预加张力选择：牵伸丝、预取向丝、双收缩丝、空气变形丝为（0.05±0.005）cN/dtex；变形丝为（0.20±0.02）cN/dtex；纤维素纤维为（0.05±0.005）cN/dtex，测定湿态断裂强力和伸长时为干态时的一半。

3. 负荷范围

选择负荷范围，使拉伸曲线中断裂强力落在所选图形纵坐标量程合适的范围内。

4. 伸长率范围

选择伸长率范围，使拉伸曲线中断裂伸长率落在所选图形横坐标量程合适的范围内。

5. 模量的起点伸长率和终点伸长率

起点伸长率 E_1 和终点伸长率 E_2 如图 3-15 所示。

6. 线密度

线密度单位为 dtex 或 tex。

（三）预加张力的加载方式

仪器有两种预加张力加载方式可供选择。

1. 人工加载预加张力

试样预加张力由张力杠杆加载，移动张力杠杆上重锤位置可以改变试样所受预加张力大小。该种加载方式的最大张力加载为 15 cN。

2. 自动加载预加张力

下夹持器下降拉伸试样至仪器所设定的预加张力值时，开始启动伸长计数，若伸长开始计数前，下夹持器移动的距离为 D，在计算伸长率时，D 值应计入试样初始长度，即试样初始长度等于上下夹持器距离与 D 的和。

$$伸长率 = \frac{E}{上下夹持器距离 + D} \tag{3-13}$$

式中：E 为试样伸长值。

当试样较粗，根据规定计算的预加张力大于 15 cN 时，必须采用自动加载预加张力方式，将预加张力杠杆上重锤置于略小于 15 cN 即可。另外，该自动加载预加张力方式也可用于手动试验松弛夹持，即试样不绕过张力杠杆中的张力辊，人工加载不大于设定预加张力的轻微力伸直试样后进行试样拉伸，也可将试样绕过张力辊，但张力杠杆上重锤放在小于设置张力的位置上。

（四）组间不匀分析（卷装间不匀）

试验中，抽取实验室样品时，如果取 m 个样筒卷装，每个卷装进行 n 次测试，则试验总次数为 N = m×n。化学纤维长丝强伸度试验方法标准规定，首先计算每个样筒卷装 n 次试验结果的平均值，再求取试验结果总平均值及各样筒卷装平均值（m 个）之间的变异系数 CV_B 和半宽值 C（以百分率计）。

组间不匀分析是对已保存至数据库的测试结果数据进行分析。在"测试数据查询"界面中设置"每组样数"与"当前样号"的数值，选中已保存测试结果的数据记录，在"数据测试表"中，测试结果数据下方自动显示各样筒测试结果的平均值及其 CV 值和半宽值 C。

六、试验准备及操作使用方法

（一）试样准备

散件实验室样品按需取出；批量样品中，按 GB/T 6502 规定抽取实验室样品。不要抽取在运输途中意外受潮、擦伤或包装已经打开的卷装。

对于无支撑卷装，按 GB/T 6502 规定取出实验室样品（卷装），为了试样能顺利地转移到拉伸试验仪上，可用规定的缕纱测长仪制成丝缕。对从织物中拆取的长丝试样，织物样品应充分满足试样数量和长度的要求，并且在拆取试样的过程中，应小心避免捻度的损失和使试样受到意外张力。机织物：经向试样应取自不同的经纱，纬向试样应尽量从不同的区域中随机拆取有代表性的纱线；针织物：试样应尽量代表不同的纱线。

（二）预调湿、调湿和试验用标准大气

1. 试样预处理

试样回潮率超过公定回潮率时，需要进行预调湿：温度不超过 50 ℃；相对湿度为 5%～25%；时间大于 30 min。

2. 试样调湿和试验用标准大气

聚酯（涤纶）、聚丙烯（丙纶）长丝的调湿和试验用标准大气为：温度不超过（20±2）℃；相对湿度（65±5）%；调湿时间 4 h。其他长丝的调湿和试验用标准大气为：温度不超过（20±2）℃；相对湿度（65±2）%；推荐调湿时间 16 h。

（三）仪器使用前准备工作

（1）用多芯电缆连接强伸仪主机与计算机系统，用进气管连接强伸仪主机与压缩气源，接通压缩机电源，令气源压力升至规定数值，调节强伸仪内部压力调节阀，一般纱线试样设置于 0.4MPa 左右。

（2）打开强伸仪主机及计算机电源，启动计算机程序预热 30 min。

七、试验操作步骤

（1）双击计算机桌面上"XL-1A"强伸度仪的小图标，出现测试窗口，其左半部分为负荷—伸长曲线图，右半部分为测试信息和测试数据表，底部从左至右依次为设置、剔除、打印、保存、标定、查询、退出等功能按钮。

（2）点击测试窗口中"标定"按钮，出现标定界面。在上夹持器无负荷的情况下，点击"校零"按钮，使力值显示为零。在上夹持器端面上放置 1 000 cN 标准砝码，点击"满度"按钮，力值显示为 1 000（cN）。如此重复 1~2 次即可完成力值零位和满度校准，并点击"退出"按钮返回测试窗口。

（3）点击测试窗口中"设置"按钮，出现测试参数设置选项界面。对试样线密度、预加张力、夹持距离、拉伸速度、模量起点、模量终点、负荷范围、伸长率范围、定伸长率值、定负荷值等参数进行设置，预加张力加载方式可选"人工加载"或"自动加载"。

测试参数选项设置完成后，点击选项界面中"确定"按钮，即可开始进行相应试验。

（4）试验时，将试样向上通过导纱钩引入张力盘和导纱轮，向下穿过上、下夹持器，按下主机面板上的"自动"按钮，上夹持器钳口闭合，再按"自动"按钮，下夹持器钳口闭合，同时，下夹持器下降并开始拉伸纱线试样，试样断裂后，上、下夹持器钳口自动打开，下夹持器自动回复上升至原位。

（5）重复步骤（4），直至达到预定试验次数为止。

（6）数据分析包括"总体分析""组间分析"和"组内分析"三部分。

①总体分析（总不匀）：在"测试信息查询"界面中，"每组样数"与"当前组号"的缺省值分别为"1"与"全部"。点击该界面右上方基本信息表中任一条数据记录，其下方

的测试数据表中自动显示该数据记录所保存的测试结果单值及其平均值、*CV* 值和半宽值（总体分析数据），其中 *CV* 值反映试样各试验单值之间的总体不匀率。

②组间分析（卷装间不匀）：在"测试信息查询"界面中，在"每组样数"下拉框，选择每组试样根数（即为每一卷装试验次数，且大于 1），"当前组号"选为"全部"。测试数据表格中测试结果数据（总体分析数据）下方显示"组间分析"和每一组试样试验（一个卷装）测试结果的平均值及其统计值。

③组内分析（卷装内不匀）：在"测试信息查询"界面中，在"每组样数"下拉框，选择每组试样根数（即为每一卷装试验次数，且大于 1），"当前组号"选为任一组号（不为"全部"）。测试数据表格中测试结果数据（总体分析数据）下方显示"组内分析"和当前组试样试验（一个卷装）测试结果的单值及其统计值。

注意：修改每组样数或当前组号的数值后，需点击"当前组号"下方的"更新"按钮，每组样数或当前组号的数值才会生效。

八、试验结果

由计算机自动计算打印出试样强伸度测试结果的单值和统计值。

1. 平均断裂强力

$$F = \frac{\sum_{i=1}^{n} F_i}{n} \tag{3-14}$$

式中：F 为平均断裂强力（cN）；F_i 为第 i 根试样的断裂强力（cN）；n 为试验根数。

2. 平均断裂强度

$$\sigma = \frac{F}{T} \tag{3-15}$$

式中：σ 为平均断裂强度（cN/dtex）；T 为平均线密度（dtex）。

3. 断裂伸长率

人工加载预加张力时，起始长度为启动时的隔距长度；自动加载预加张力时，起始长度按式（3-195）计算。

$$L_0 = L_s + D \tag{3-16}$$

$$\varepsilon_i = \frac{L_i}{L_0} \times 100 \tag{3-17}$$

式中：L_0 为起始长度（mm）；L_s 为启动时的隔距长度（mm）；D 为拉伸试样至仪器所设定的预加张力值时，下夹持器移动的距离（mm）；L_i 为第 i 根试样的伸长值（mm）；ε_i 为第 i 根试样的断裂伸长率（%）。

4. 平均断裂伸长率

$$\varepsilon = \frac{\sum_{i=1}^{n} \varepsilon_i}{n} \tag{3-18}$$

式中：ε 为平均断裂伸长率（%）。

5. 平均初始模量

$$M = \frac{\sum_{i=1}^{n} M_i}{n}$$ (3-19)

式中：M 为平均初始模量（cN/dtex）；M_i 为第 i 根试样的初始模量（cN/dtex）。

思 考 题

1. 简述预加张力的加载方式。
2. 简述纱线强伸度试验时如何设置夹持距离与下夹持器下降速度。
3. 简述影响纱线初始模量的测试结果的因素。

第六节　氨纶长丝弹性回复性能测试

一、实验目的

应用氨纶弹性仪测定氨纶长丝弹性回复率和应力衰减率等指标。通过实验，了解氨纶的定伸长弹性、循环定伸长弹性、应力松弛等多种性能测试的原理和仪器基本结构，掌握实验操作方法。

二、基本知识

聚氨酯纤维（polyurethane，缩写为 PU）是聚氨基甲酸酯纤维的简称，在我国内地被称为氨纶。聚氨酯纤维是在大分子主链中含有氨基甲酸酯基的聚合物，可分为聚酯型聚氨酯纤维和聚醚型聚氨酯纤维两大类，前者抗氧化、抗油性较强，后者防霉性、抗洗涤剂较好。由于聚氨酯纤维是柔性大的聚酯（或聚醚）和刚性大的芳香族二异氰酸酯构成的嵌段共聚物，因此，柔性嵌段使纤维分子链段具有巨大的局部流动性，刚性链段则能起结晶作用，在分子链之间形成的分子键起着固定点的作用，使链不发生塑性流动；在外力作用下，柔性链段伸直而不破坏刚性链段之间的分子键，外力去除后，柔性嵌段回复至原来的平衡状态。这样就使纤维具有良好的弹性。

氨纶长丝的最大特点是具有较高的弹性，其弹性伸长可达 6~7 倍，弹性回复率可达 95%~98%，而且具有承受反复拉伸的特点，即在 50%~250% 的范围内拉伸力大而回缩小，这是氨纶长丝独有的特性。含氨纶长丝的织物在穿着时无束缚感，无压迫感，又无松弛感，是其他弹力纤维所无法比拟的。氨纶长丝在 170~180 ℃时其弹性回复性有所下降，但是，由于氨纶长丝是以其他纤维包覆状存在于织物中，因此，可在 180~190 ℃的高温条件下加工。

氨纶的耐酸碱性、耐汗、耐海水性、耐干洗性、耐磨性均较好，但对氯反应敏感，故不能用氯漂进行加工。氨纶长丝的强度较高，其强度为 0.45~1.18 cN/dtex，是具有良好弹性的橡胶丝的 5~7 倍。氨纶长丝在紫外线照射 40 h 后，其弹性才下降，而橡胶丝在照射仅 10 h 后其强力就已下降 50%。

三、试验仪器和试样

试验仪器为 XN-1A 型氨纶弹性仪，试样为氨纶长丝若干，并需准备专用张力夹、剪刀、黑绒板等用具。

四、仪器结构原理

XN-1A 型氨纶弹性仪符合纺织行业标准 FZ/T 50006—2013《氨纶丝拉伸性能试验方法》、FZ/T 50007—2012《氨纶丝弹性试验方法》以及国际化学纤维标准化局（BISFA）黏弹性试验方法等标准的要求，可测定氨纶丝和其他弹性长丝（或纱线）的强伸性能与弹性回复性能。

仪器可进行试样一次拉伸试验，测定其强力、伸长率与定伸长负荷等指标，也可进行试样的定伸长弹性试验和应力松弛试验，测定其弹性回复率和应力衰减率等指标。为了适应不同试验方法标准的要求，进行弹性试验时可选择循环定伸长弹性试验，也可选择其他弹性试验方法。循环次数、停顿时间、回复时间等有关试验参数可根据不同试验方法标准的规定进行设置。在各种拉伸试验过程中，仪器能完美地显示被测试样的拉伸曲线、弹性回复曲线或应力松弛曲线，并可自动计算显示各项相关指标的单值、平均值和变异系数等测试数据。所有测试数据和试验曲线均可打印输出或者存储为数据文件。

仪器精密度高，测试结果稳定性好。针对氨纶丝和其他化学纤维弹性长丝强度低而伸长大的特点，仪器配置了高分辨率的负荷测量通道，以满足被测试样微小预加张力的检测要求，同时采用了专门设计的试样夹持器，以确保被测试样既不会打滑又不致受损，从而保证测量结果的准确性。

仪器属于等速伸长型（CRE）拉伸试验仪。拉伸试验时，被测氨纶（或长丝）试样夹持于上夹持器与下夹持器之间。计算机程序按照面板操作指令发出步进脉冲，通过脉冲分配器驱动步进电动机经传动机构使下夹持器作升降运动，并计数输入电动机脉冲数而完成伸长测量。被测试样所受力经由传递机构作用于测力传感器，输出信号经放大和 A/D 转换后，进入计算机完成力值测量。

仪器由弹性仪主机与计算机控制系统两部分组成，两者由多芯电缆相联，如图 3-16 所示。

如图 3-16 所示，弹性仪主机面板上除电源开关 12 外，有 6 个操作按钮，其作用如下。

升按钮 7：下夹持器上升。

停按钮 8：下夹持器停止。

降按钮 9：下夹持器下降。

上夹按钮 10：上夹持器交替开、闭。

下夹按钮 11：下夹持器交替开、闭。

自动按钮 6：第 1 次按该按钮时上夹持器关闭，第 2 次按该按钮时下夹持器关闭，同时，下夹持器开始下降进行拉伸试验。在拉伸试验过程中若再按该按钮可中断拉伸试验，上、下夹持器自动打开，下夹持器上升至原位。

仪器的主要技术指标如下。

（1）负荷测量范围为 0~200 cN 或 0~1 000 cN。

（2）负荷测量分辨率为 0.01 cN 或 0.2 cN。

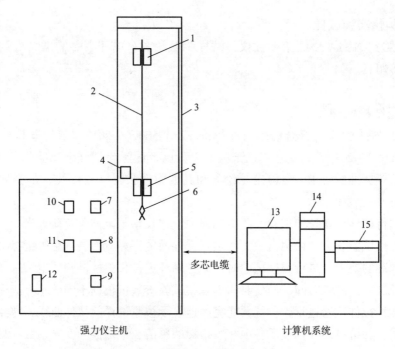

图 3-16　氨纶弹性仪外形示意图

1—上夹持器　2—试样　3—侧门　4—自动按钮　5—下夹持器　6—张力夹　7—升按钮　8—停按钮
9—降按钮　10—上夹按钮　11—下夹按钮　12—电源开关　13—显示器　14—计算机　15—打印机

（3）负荷测量误差为≤±1%。

（4）伸长测量范围为 0~500 mm（夹持距离 50 mm 时）。

（5）伸长测量误差为≤±0.5 mm。

（6）伸长测量分辨率为 0.1%。

（7）下夹持器升降速度为 50~1 000 mm/min。

五、弹性回复性能试验的原理、指标及参数选择

（一）定伸长弹性试验

1. 测试工作原理

定伸长弹性试验拉伸曲线如图 3-17 所示，试样拉伸至预设定伸长率处保持一定时间。预先设置预加张力 F_s、定伸长率 l_1、定伸长停留时间 t_1 以及原位回复时间 t_2。试验时，下夹持器下降拉伸氨纶试样至定伸长率 l_1（试样长度为 L_1）后停止，拉伸曲线由 A 至 B，从 B 点开始保持试样伸长不变，B 点对应的力值为 F_1，由于氨纶试样内部应力松弛，负荷逐渐减小，经 t_1 时间后到达 C 点，C 点对应的力值为 F_2，曲线 BC 为应力松弛过程。然后，下夹持器回升至原位，拉伸曲线由 C 经 D 至 O 点。下夹持器在原位松弛回复停留 t_2 时间后再次下降拉伸直至试样出现张力，在达到试样的预加张力值处，相应于曲线上 E 点，对应伸长率为 l_2（试样长度为 L_2），然后，下夹持器回升结束弹性试验。用公式（3-199）计算各项弹性指标。

$$弹性回复率(\%) = \frac{L_1 - L_2}{L_1 - L_0} \times 100 = \frac{l_1 - l_2}{l_1} \times 100 \qquad (3-20)$$

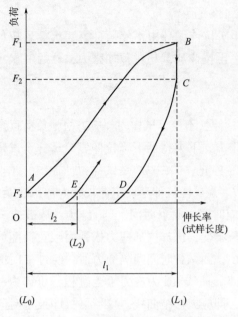

图 3-17　氨纶定伸长弹性试验曲线

式中：L_0 为试样初始长度，相应的伸长率为 0；L_1 为拉伸至定伸长时试样长度，l_1 为相应的伸长率；L_2 为试样在原位回复 t_2 时间后，拉伸加载至预加张力时的试样长度，l_2 为相应的伸长率。

$$应力衰减率(\%) = \frac{F_1 - F_2}{F_1} \times 100$$

$$(3-21)$$

式中：F_1 为拉伸至定伸长率值 l_1 时的力值；F_2 为延时 t_1 时间后的力值。

$$永久变形率(\%) = \frac{L_2 - L_0}{L_0} \times 100 = l_2$$

$$(3-22)$$

2. 测试参数设置

氨纶弹性试验的夹持距离、拉伸速度、预加张力等参数设置与一次拉伸试验相同，另外还需设置以下参数。

（1）循环次数。循环次数自动设置为 1。

（2）定伸长时间。根据需要设置定伸长停留时间 t_1 和松弛回复时间 t_2。根据 FZ/T 50007 规定，停留时间 t_1 为 30 s，回复时间 t_2 为 30s。

（3）定伸长率。根据 FZ/T 50007 规定，定伸长率为 300%。

（二）循环定伸长弹性试验

试样先进行（$N-1$）次定伸长循环拉伸，在定伸长率处不停顿，第 N 次拉伸过程如上所述定伸长试验相同，循环定伸长试验曲线如图 3-18 所示。拉伸从 A 点开始，对应于试样初始长度 L_0 和伸长率 0。试样进行 N 次（5 次）循环拉伸，前 $N-1$ 次（4 次）拉伸循环中间没有停顿，图中只画出第一次拉伸循环示意图。第 N 次（第 5 次）循环拉伸中下夹持器下降拉伸试样至 B 点后停止，B 点对应的伸长率为设定定伸长率 l_1（试样长度为 L_1），对应的力值为 F_1。从 B 开始保持试样伸长不变，试样内应力逐渐减小，经延时 t_1 时间后到达 C 点，C 点处力值为 F_2。然后下夹持器回升，曲线由 C 点经 D 点至 O 点，在 O 点停顿延时 t_2 时间后再次进行第 $N+1$ 次拉伸直至试样出现张力，在达到试样的预加张力值处，对应于曲线上 E 点，对应伸长率为 l_2（试样长度为 L_2），然后下夹持器回

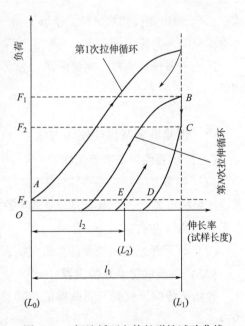

图 3-18　氨纶循环定伸长弹性试验曲线

升结束弹性试验。

根据 FZ/T 50007 规定，循环次数为 5 次，前 4 次拉伸循环中不停顿，第 5 次循环拉伸至 300% 伸长率时停顿 30 s，回到原位后再停 30 s，再拉伸加载超过预加张力，然后一次求取弹性回复率、应力衰减率和永久变形率三个指标。

（三）应力松弛试验

下夹持器下降拉伸试样至一定伸长后停止，保持伸长不变，试样内部应力松弛负荷逐渐减小，如图 3-19 所示。图中 A 点对应的力为预加张力，下夹持器下降拉伸氨纶试样至设定

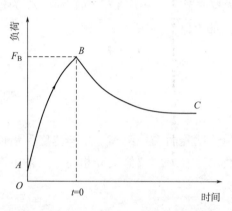

伸长 B 点后停止，曲线 AB 是试样拉伸曲线，B 点对应的力 F_B 是试样拉伸至设定伸长处对应的负荷。以 B 点对应时间为起点时间，即 $t = 0$，从 B 点开始试样伸长不变，试样内部应力松弛而致负荷随时间逐渐减小，测试各时间间隔的力值，经过 T 时间后到达 C 点，曲线 BC 为应力松弛过程，可得力—时间曲线，即应力松弛曲线。仪器可打印设定时间间隔的力值及应力松弛百分率。

图 3-19 氨纶应力松弛试验曲线

仪器以 B 点的对应时间为时间起点，即 $t = 0$，测试记录各时间间隔的力值 F_t，由以下公式计算应力松弛指标：

$$定伸长初始负荷 = F_B \tag{3-23}$$

$$应力衰减率(\%) = \frac{F_B - F_t}{F_B} \times 100 \tag{3-24}$$

式中：F_B 为定伸长初始负荷；读取 $t = 0.2\,T$、$0.4\,T$、$0.6\,T$、$0.8\,T$、$1.0\,T$ 时相应的 F_t 值，计算相应时间的应力衰减率，其中 T 为预先设定的松弛时间。

试验前需设置参数：夹持距离、拉伸速度、定伸长率、预加张力、负荷范围、松弛时间等。

六、试验准备及操作使用方法

（一）仪器使用前准备工作

（1）用多芯电缆连接弹性仪主机与计算机系统，用进气管连接弹性仪主机与压缩气源，接通压缩机电源，令气源压力升至规定数值，调节弹性仪内部压力调节阀，一般氨纶试样设置于 0.4 MPa 左右。

（2）打开弹性仪主机及计算机电源，启动计算机程序预热 30 min。

（二）仪器试验参数的设置

开始试验前，根据不同试样的拉伸特性，仪器试验参数进行预先设置选择，包括以下内容。

（1）夹持距离与下夹持器下降速度。夹持距离为 50 mm，下夹持器下降速度为 500 mm/min。

（2）预加张力。根据试样的线密度规格，选择预加张力，见表 3-11。

表 3-11 预张力选择表

线密度规格范围/dtex	预加张力/ cN
≤25	0.020±0.000 2
25~35	0.030±0.000 3
35~50	0.040±0.000 4
50~90	0.070±0.000 7
90~120	0.105±0.001 0
120~160	0.140±0.001 4
160~250	0.210±0.002 1
250~350	0.300±0.003 0
>350	按线密度乘以（0.001 0±0.000 1）cN/dtex 计算

（三）试样准备

调湿和试验用标准大气按 GB/T 6529 规定执行。

（1）大于等于 2 个卷装时，每个卷装准备 2 个试样；单个卷装则准备 5 个试样。如果统计评估需要增加试验数量以得到规定的置信区间，则应从搁置一边留作备样的包装件中抽取卷装，以补充试样加以检验。

（2）每个卷装分别剥去 1g 左右的表层丝，根据试验项目要求的长度从每个卷装上以至少 2 m 的间隔剪取。试样应以尽可能小的张力退绕，以避免受到意外拉伸。

（3）将选好的试样置于标准大气中自由松弛、调湿不少于 4 h，并在标准大气环境下进行试验。

七、试验操作步骤

（1）双击计算机桌面上"XN-1A"弹性仪图标，出现测试窗口，其左半部分为负荷-伸长曲线图，右半部分为测试信息和测试数据表，底部从左至右依次为设置、剔除、打印、保存、标定、查询、退出等功能按钮。

（2）点击测试窗口中"标定"按钮，出现标定界面。在上夹持器无负荷的情况下，点击"校零"按钮，使力值显示为零。在上夹持器端面上放置 200 cN（或 1 000 cN）砝码，点击"满度"按钮，力值显示为 200 或 1 000（cN）。如此重复 1~2 次即可完成力值零位和满度校准，并点击"退出"按钮返回测试窗口。

（3）点击测试窗口中"设置"按钮，出现测试参数设置选项界面，在测试功能选择中，可选择"定伸长试验""循环定伸长试验""松弛试验"等项进行相应的弹性试验。弹性试验时需设定夹持距离、拉伸速度、负荷范围、伸长范围、预加张力等参数外，还需设置以下参数。

①定伸长试验时需设置参数：定伸长率、定伸长停留时间、回复时间等。

②循环定伸长试验时需设置参数：循环次数、定伸长率、定伸长停留时间、回复时间等。

③松弛试验时需设置参数：定伸长率、松弛时间等。

测试参数选项设置完成后，点击选项界面中"确定"按钮，即可开始进行相应试验。

（4）弹性试验。

①用预加张力夹夹持纤维试样的一端，将试样引至弹性仪上、下夹持器钳口中间部位，按主机面板上的"上夹"按钮，上夹持器钳口闭合。

②按"下夹"按钮，下夹持器钳口闭合。

③再按"降"按钮，下夹持器下降开始拉伸试样，试验结束后，上、下夹持器钳口自动打开，下夹持器回复上升至原位。

（5）重复步骤（4），直至达到预定试验次数为止。

八、试验结果

由计算机自动计算打印出氨纶试样的弹性回复性能测试结果。

1. 弹性回复率

$$\varepsilon_{12} = \frac{l_0 - l_2}{l_0} \times 100 \tag{3-25}$$

式中：ε_{12} 为弹性变形百分率（%）；l_0 为设定的定伸长率值（%）；l_2 为第（$N+1$）次拉伸至预加张力处对应的伸长率（%），其中 N 为弹性试验的循环次数，定伸长试验时 N 取 1，循环定伸长试验时 N 取 5。

2. 永久变形率

$$\varepsilon_3 = l_2 \tag{3-26}$$

式中：ε_3 为永久变形率（%）；l_2 为第（$N+1$）次拉伸至预张力处对应的伸长率（%）。

3. 应力衰减率（定伸长试验）

$$R_F = \frac{F_1 - F_2}{F_1} \times 100 \tag{3-27}$$

式中：R_F 为应力衰减率（%）；F_1 为第 N 次拉伸至定伸长处对应的负荷（cN）；F_2 为在定伸长处停留到规定时间时对应的负荷（cN）。

4. 应力衰减率（松弛试验）

$$R_F = \frac{F_B - F_t}{F_B} \times 100 \tag{3-28}$$

式中：R_F 为应力衰减率（%）；F_B 为拉伸至定伸长处时的负荷（cN）；F_t 为 $t = 0.2\,T$、$0.4\,T$、$0.6\,T$、$0.8\,T$、$1.0\,T$ 时相应的负荷（cN），其中 T 为拉伸至定伸长处后的应力松弛时间（s）。

九、注意事项

弹性回复性能试验时用张力夹消除纤维卷曲，使试样处于伸直且不伸长的初始状态，在仪器软件中把张力夹的重力设为预加张力值，该值被用于确定弹性试验曲线上 D 点和 E 点对应的伸长率，从而计算各弹性变形指标。

思 考 题

1. 简述测试纤维弹性回复性能的意义。
2. 简述氨纶弹性回复性能测试指标。
3. 试述预加张力对氨纶弹性回复性测试结果的影响。

第七节 化纤长丝热收缩和卷缩性能测试

一、实验目的

应用化纤长丝热缩卷缩测试仪测试化纤长丝热收缩和卷缩性能。通过实验，了解化纤长丝热收缩和卷缩性能测试的原理和仪器基本结构，掌握实验操作方法。

二、基本知识

不同纤维由于本身结构不同，在相同热处理条件下，热收缩表现显然也不同。在通常情况下，从纺织加工和纤维使用的角度上，都希望纤维不发生收缩，或者收缩要小，要均匀。但一般商业纤维的热收缩率却相差很悬殊，聚酰胺（锦纶）长丝的沸水收缩率达8%~12%，聚酯（涤纶）长丝的沸水收缩率也在7%~10%。可是，聚酯（涤纶）短纤维的沸水收缩率却只有1%左右。这与化纤厂的制造工艺有关，纺织加工时要重视化纤原料的热收缩性能。

化纤长丝通过变形加工而具有卷曲或圈结形态，制成的织物具有丰满、蓬松、保暖性好等特点，有的还具有一定的伸缩弹性。除了喷气变形加工形成的圈结外，其余变形（包括假捻、刀口、填塞箱等方法）形成的卷曲，视承受张力和加热条件不同，而呈现不同的卷曲和紧缩。

变形丝的卷缩率的大小和蓬松度的高低，与织物的工艺设计和成品质量均有密切关系。例如：用于袜类和内衣类的变形丝，要求织物尺寸的伸缩余地大，故卷缩率要高；而用于外衣类织物的变形丝，因为织物要求外观挺括、尺寸稳定，卷缩率和蓬松度要低。此外，还要求每批丝的卷缩伸长和弹性回复均匀一致。因此，变形丝卷缩性能的测试，对合理使用变形丝和提高变形丝织物的质量，均有十分重要的意义。

三、试验仪器和试样

试验仪器为XHL-1型化纤长丝热收缩和卷缩性能测试仪，试样为化纤长丝若干，并需准备砝码、剪刀、镊子、黑绒板等用具。

四、仪器结构原理

XHL-1型化纤长丝热收缩和卷缩性能测试仪符合GB/T 6505—2017《化学纤维 长丝热收缩率试验方法（处理后）》、GB/T 6506—2017《合成纤维 变形丝卷缩性能试验方法》等所规定的精度要求，用于化纤长丝的干热收缩率或沸水收缩率和变形丝的卷缩性能测试。

仪器由测力装置和伸长装置依次读取试样圆筒架上化纤长丝在一定张力下加热前和加热后，自动计算试样平均热收缩率和变异系数。仪器自动控制变形丝试样加载荷重大小及停留时间程序，并测得各测试程序下的试样长度，由此计算试样的卷缩率、卷曲模量和卷曲稳定度。

（一）热收缩率测试原理

仪器采用绞丝法测试牵伸丝的热收缩率。试验时，将绞丝置于上下挂钩之间，上挂钩向上移动至一定位置后绞丝逐渐拉伸至设定张力，测得绞丝加热前长度，然后测试装置返回原位，试样筒转动至下一根试样测试位置。仪器依次测量试样筒一周最多30个绞丝的加热前长度。然后取下试样筒对绞丝进行干热或沸水处理，经环境平衡后再测取各绞丝试样加热后长度，求取单个绞丝试样的热收缩率和测试结果统计值。

仪器结构原理如图3-20所示，测试绞丝挂于试样圆筒架的上挂钩和下挂钩之间，上挂钩盘被上限制器支撑，测试绞丝由于下挂钩盘的自重而下垂，下挂钩盘的重力为2.5 cN，在此状态下绞丝所受力称为轻负荷。

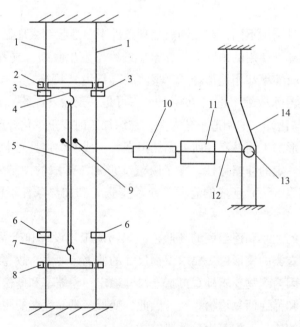

图3-20 长丝热收缩率测试原理示意图

1—金属导丝 2—上挂钩盘 3—上限制器 4—上挂钩 5—绞丝 6—下限制器 7—下挂钩
8—下挂钩盘 9—丝叉 10—测力传感器 11—测力架 12—连杆 13—滚柱 14—斜槽导轨

试验开始时，测力架11从仪器下限起始位置处开始上升，测力传感器10的一端与丝叉9相连，另一端通过连杆12与滚柱13相连，滚柱置于斜槽导轨14中，当测力架上升时，滚柱由于斜槽导轨的引导作用，通过连杆使与测力传感器相连的丝叉从机内向外伸出，逐渐插进上挂钩盘2与绞丝5的空隙之间，当丝叉向上移动至上挂钩盘底部相接触时，开始通过上挂钩盘和两根金属导丝1带动测试绞丝和下挂钩盘8上移。当下挂钩盘上移至与下限制器6接触时停止移动，上挂钩盘继续上移则在测试绞丝内部产生张力。当测试绞丝张力逐渐增加至预置标准张力（0.05 cN/dtex）时，仪器自动测试绞丝长度，即测试绞丝在标准张力下的长度，此时测力传感器所受力值为测试绞丝标准张力值和上挂钩盘重力之和，上挂钩盘重力为 5 cN。所测绞丝长度在未加热处理前为加热前长度 L_0，加热处理后为加热后长度 L_1，由式（3-29）计算化纤长丝热收缩率。仪器测试绞丝长度完成后，测力架下降自动回复原位，绞丝由斜槽导轨作用又回缩至机内。测试完一个绞丝后，试样圆筒转动一定角度，仪器再开始对下一绞丝进行长度测试。

$$长丝热收缩率(\%) = \frac{L_0 - L_1}{L_0} \times 100 \tag{3-29}$$

（二）卷缩弹性测试原理

仪器结构原理如图 3-21 所示。按下仪器面板上的启动按钮，计算机 21 发出脉冲信号驱动步进电动机 19 转动，通过齿轮 18、同步齿轮带 17、齿轮 16、丝杆 15 带动测力架 9 从仪器下限起始位置处开始上升，滚柱 13 由于斜槽导轨 14 的引导作用，通过连杆 12 使与测力传感器 10 相连的丝叉 11 从机内向外伸出，逐渐插进上挂钩盘 4 与绞丝试样 1 的空隙之间，当丝叉向上移动至与上挂钩盘底部相接触后，开始托起上挂钩盘，通过两根金属导丝 8 导向带动绞丝试样和下挂钩盘 6 上移，两根金属导丝分别固装在试样圆筒的上下边框上，当下挂钩盘上移至与下限制器 7 接触时被下限制器阻挡而停止移动。下挂钩 3 被阻停止运动后，上挂钩盘继续被带动上移，绞丝试样拉长内部张力逐渐增大，为了不使张力突变，上升过程自

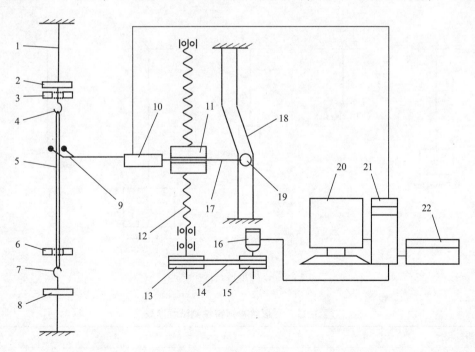

图 3-21　变形丝卷缩弹性测试结构原理示意图

1—金属导丝　2—上挂钩盘　3—上限制器　4—上挂钩　5—试样　6—下限制器　7—下挂钩　8—下挂钩盘
9—丝叉　10—测力传感器　11—测力架　12—丝杆　13—齿轮　14—同步齿轮带　15—齿轮　16—步进
电动机　17—连杆　18—斜槽导轨　19—滚柱　20—显示器　21—计算机　22—打印机

动减速，当试样张力增加至规定的荷重时，计算机开始计时，此时测力架缓慢上升使试样受到张力始终等于规定的荷重，当计时达到规定的时间时，仪器由计算机发出驱动步进电动机的脉冲数自动测得试样长度；绞丝试样由大荷重改为小荷重加载时，测力架下降使试样受到张力减少；绞丝试样由小荷重改为大荷重加载时，测力架上升使试样受到张力增加。

化纤变形长丝卷缩率测试采用一定总线密度的绞丝，仪器自动控制绞丝试样加载荷重大小及停留时间程序（图 3-22 和表 3-12），其实现过程是，首先测力架上升，绞丝试样在 0.2 cN/dtex 的荷重下加载 10s，测得绞丝试样长度 L_g；接着测力架下降，绞丝试样在 0.001 cN/dtex 的荷重下松弛回复 10 min，测得绞丝试样长度 L_z；然后测力架上升，绞丝试样在 0.01 cN/dtex 的荷重下加载 10s，测得绞丝试样长度 L_f；最后测力架上升，绞丝试样在 1.0 cN/dtex 的荷重下加载 10 s 后，测力架下降，绞丝试样在 0.001 cN/dtex 的荷重下松弛回复 20 min，测得绞丝试样长度 L_b。由所得 L_g、L_z、L_f 和 L_b，仪器根据式（3-30）、式（3-31）、式（3-32）自动计算绞丝试样的卷缩率 CC（%）、卷曲模量 CM（%）和卷曲稳定度 CS（%）。

$$卷缩率\ CC(\%) = \frac{L_g - L_z}{L_g} \times 100 \qquad (3-30)$$

$$卷曲模量\ CM(\%) = \frac{L_g - L_f}{L_g} \times 100 \qquad (3-31)$$

$$卷曲稳定度\ CS(\%) = \frac{L_g - L_b}{L_g - L_z} \times 100 \qquad (3-32)$$

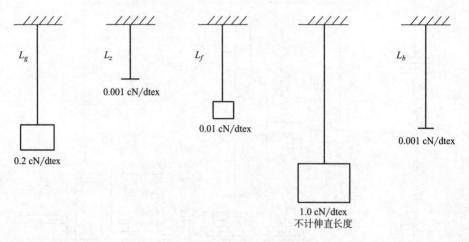

图 3-22　加负荷程序示意图

表 3-12　变形丝卷缩特性测试程序表

测试程序	1	2	3	4	5
荷重/（cN·dtex⁻¹）	0.2	0.001	0.01	1.0［聚酰胺纤维（锦纶）：2.0］	0.001
加载时间	10s	10 min	10s	10s	20 min
绞丝长度	L_g	L_z	L_f		L_b

（三）仪器外形及控制面板

1. 仪器结构

本仪器结构如图3-23、图3-24所示，面板上的开关和操作按钮作用如下。

（1）电源开关。仪器主机通电或断电。

（2）升按钮。丝叉上升并向外伸出。

（3）降按钮。丝叉下降并向内退回。

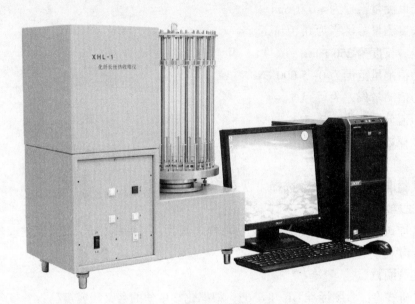

图 3-23　XHL-1 型测试仪外形图

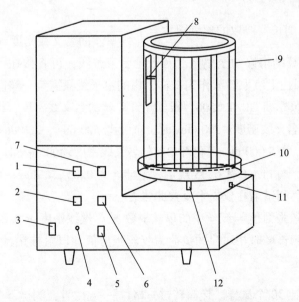

图 3-24　XHL-1 型测试仪的外形及控制面板示意图

1—升按钮　2—降按钮　3—电源开关　4—电位器　5—定位开关　6—停按钮　7—启动按钮
8—丝叉　9—样筒　10—样筒托盘　11—接近开关　12—定位柱

（4）启动按钮。开始测试。

（5）停按钮。丝叉停止升降。

（6）定位开关。允许或禁止样筒托盘自由转动。

2. 仪器测试技术指标

仪器主要技术指标如下。

（1）热收缩率测试范围为 0~20%。

（2）长度测量误差为 ≤0.1 mm。

（3）长度测量分辨率为 0.01 mm。

（4）绞纱长度为 250 mm。

（5）力值测量范围为 0~5 000 cN。

（6）力值测量误差为 ≤±1%。

（7）力值分辨率为 0.2 cN。

（8）试样数为 30 个。

五、试验准备及试验参数选择

（一）试样准备

（1）在周长为 1 m 的纱框测长器上绕取规定圈数，对折成 250 mm 长度的绞丝，放入试样筒上下挂钩中。

（2）丝绞圈数。

①热收缩试验：参照标准 GB/T 6505，根据化纤单丝的名义线密度，设置绞丝总线密度设定值 T_{dt}：化纤单丝的名义线密度≤400 dtex 时，T_{dt} 为 2 500 dtex；400 dtex<化纤单丝的名义线密度<3 000 dtex 时，T_{dt} 为 10 000 dtex。

$$纱框测长器绕取的丝绞圈数 = \frac{T_{dt}}{化纤单丝的名义线密度 \times 4} \qquad (3-33)$$

由式（3-31）计算结果修约至整数。对于轮胎帘子线，可直接在仪器所附绕纱装置的距离为 250 mm 的两圆柱上绕取纱绞作为试样，粗的帘子线只需绕一圈即可。

②卷缩试验：参照标准 GB/T 6506，根据化纤单丝的名义线密度，设置绞丝总线密度设定值 T_{dt}：化纤单丝的名义线密度≤200 dtex 时，T_{dt} 为 2 500 dtex；200 dtex<化纤单丝的名义线密度≤400 dtex 时，T_{dt} 为 5 000 dtex；化纤单丝的名义线密度>400 dtex 时，T_{dt} 为 10 000 dtex。

（3）张力设置按照标准 GB/T 6505 规定，牵伸丝为 0.05 cN/dtex，可计算测量绞丝长度时绞丝应受的张力值，测试前在仪器上设置此张力。

$$绞丝张力值 = 绞丝中的单丝根数 \times 单丝线密度 \times 0.05 \qquad (3-34)$$

仪器测力装置在测长度时相对应的负荷为绞丝张力值加以上挂钩盘重力（5 cN），该控制力值由仪器自动设定。

（4）一个样筒可挂 30 个试样。样筒转过一格 $\left(\frac{360°}{30} = 12°\right)$，测试下一个试样的长度。

（二）仪器试验参数的设置

开始试验前，根据试样规格选择或设置试验参数，包括以下内容。

（1）测试区分。根据试验类型，选择"热收缩试验"或"卷缩试验"选项。

（2）样筒编号。待测试样所在的样筒编号。

（3）定负荷值。试验方法标准所规定的试样总张力。

（4）试样数目。当次试验的待测试样数目。

（5）起始长度。由系统自动填写。

（三）仪器使用前准备工作

（1）用多芯电缆连接化纤长丝热收缩和卷缩性能测试仪主机与计算机系统。

（2）打开化纤长丝热收缩和卷缩性能测试仪主机及计算机电源，启动计算机程序预热30 min。

六、试验操作步骤

（1）双击计算机桌面上"XHL-1"化纤长丝热收缩和卷缩性能测试仪的小图标，出现测试窗口，其左半部分为各试样的长度图，右半部分为测试信息和测试数据表，底部从左至右依次为设置、剔除、打印、保存、标定、查询、退出等功能按钮。

（2）点击测试窗口中"标定"按钮，出现标定界面。在丝叉无负荷的情况下，点击"校零"按钮，使力值显示为零。在丝叉上放置 500 cN 标准砝码，点击"满度"按钮，力值显示为 500（cN）。如此重复 1~2 次即可完成力值零位和满度校准，并点击"退出"按钮返回测试窗口。

（3）点击测试窗口中"设置"按钮，出现测试参数设置选项界面。

在测试区分中，选"热收缩试验"项，可进行热收缩率测试；选"卷缩试验"项，可进行卷缩性能测试。

对测试区分、样筒编号、定负荷值、试样数目等参数进行设置。

测试参数选项设置完成后，点击选项界面中"确定"按钮，即可开始进行相应试验。

（4）热收缩试验时，把样筒放置在样筒托盘上，转动样筒托盘使定位柱位于接近开关后方不远处（图3-24），打开"定位"开关，禁止样筒托盘自由转动，按下主机面板上的"启动"按钮，样筒托盘逆时针方向开始转动，当定位柱靠近接近开关后，样筒托盘停止转动。

（5）接着丝叉自动上升并从机内向外伸出，逐渐插进上挂钩盘与试样的空隙之间，通过上挂钩盘带动测试试样和下挂钩盘上移，当试样内部张力大于规定力值时，仪器自动测试试样热处理前的长度。然后，丝叉开始下降至起始位置停止，样筒托盘逆时针方向自动转动至下一个试样测试位置停止转动。

（6）自动重复步骤（5）测试其他试样热处理前的长度，直至达到预定试样数目为止。

（7）取下样筒进行热处理和温湿度平衡，然后按步骤（4）（5）测试试样热处理后的长度，自动计算出试样的热收缩率。

（8）卷缩试验时，仪器按设定荷重及停留时间程序，测得不同条件下绞丝长度，从而计算卷缩性能测试指标。

七、试验结果

由计算机自动计算打印出试样热收缩和卷缩性能测试结果。

1. 平均热收缩率

$$S_i = \frac{L_{0i} - L_{1i}}{L_{0i}} \times 100 \tag{3-35}$$

$$S = \frac{\sum\limits_{i=1}^{n} S_i}{n} \tag{3-36}$$

式中：S_i 为第 i 个试样的热收缩率（%）；L_{0i} 为第 i 个试样热处理前的长度（mm）；L_{1i} 为第 i 个试样纤维热处理后的长度（mm）；S 为平均热收缩率（%）；n 为试验根数。

2. 平均卷缩率

$$CC_i = \frac{L_{gi} - L_{zi}}{L_{gi}} \times 100 \tag{3-37}$$

$$CC = \frac{\sum\limits_{i=1}^{n} CC_i}{n} \tag{3-38}$$

式中：CC_i 为第 i 个试样的卷缩率（%）；L_{gi} 为第 i 个试样在 0.2 cN/dtex 的荷重下加载 10 s 后测得的长度（mm）；L_{zi} 为第 i 个试样在 0.001 cN/dtex 的荷重下松弛回复 10 min 后测得的长度（mm）；CC 为平均卷缩率（%）；

3. 平均卷曲模量

$$CM_i = \frac{L_{gi} - L_{fi}}{L_{gi}} \times 100 \tag{3-39}$$

$$CM = \frac{\sum\limits_{i=1}^{n} CM_i}{n} \tag{3-40}$$

式中：CM_i 为第 i 个试样的卷曲模量（%）；L_{fi} 为第 i 个试样在 0.01 cN/dtex 的荷重下加载 10 s 后测得的长度（mm）；CM 为平均卷曲模量（%）；

4. 平均卷曲稳定度

$$CS_i = \frac{L_{gi} - L_{bi}}{L_{gi} - L_{zi}} \times 100 \tag{3-41}$$

$$CS = \frac{\sum\limits_{i=1}^{n} CS_i}{n} \tag{3-42}$$

式中：CS_i 为第 i 个试样的卷曲稳定度（%）；L_{bi} 为第 i 个试样在 0.001 cN/dtex 的荷重下松弛回复 20 min 后测得的长度（mm）；CS 为平均卷曲稳定度（%）。

思 考 题

1. 简述化纤长丝热收缩和卷缩性能测试指标。
2. 简述变形丝卷缩性能测试程序。

第四章　织物性能测试与品质检验

第一节　织物拉伸强度测试

一、实验目的

通过实验，掌握用条样法和抓样法测量织物拉伸断裂强力和断裂伸长率的方法以及实验数据的处理方法，巩固织物强伸性指标的概念，掌握测试仪器的使用方法，了解织物拉伸性能测试原理和影响实验结果的因素。

二、基本知识

织物在使用过程中的实际受力情况是十分复杂的，在服用中往往受到多次反复作用而损坏。常见的破坏形式有拉伸断裂/断脱、撕破、顶破、胀破、磨损等。

在织物强度试验时，为方便起见，通常采用一次加载至破坏的方法。根据试验时对试样加载方法不同，试验又可分为拉伸断裂、撕裂和顶破等，以检验织物实际使用时不同受力情况的耐久牢度。

织物最基本的破坏试验是拉伸试验，所用指标有断裂强力、断裂伸长率、断裂功和断裂比功等。

织物拉伸强度测试的基本原理：对规定尺寸的织物试样，固定其两端，以恒定伸长速度拉伸直至断脱，求取断裂强力及断裂伸长率，并根据需要，求取断脱强力及断脱伸长率。

试验时可用条样法或抓样法对织物试样进行拉伸。在拉伸过程中，有的试样横向收缩严重呈束腰形，则可采用双轴拉伸，即织物纵横两个方向同时被夹持拉伸。由于双轴拉伸仪器复杂，成本高，目前拉伸试验主要采用单轴拉伸法。

条样法是将试样裁剪成条，两端分别被强力仪夹钳夹持进行拉伸试验。根据试样情况不同，又可分为拆纱条样法与剪割条样法两种，参见图 4-1。采用拆纱条样法，参见图 4-1 (a)，其试验结果比较稳定，拆纱试样有效工作宽度一般为 50 mm，夹持长度为 200 mm。对不易抽边的织物，如缩绒织物、毡品、非织造布及涂层织物等，可采用剪割条样法 [图 4-1 (b)]，即将试样剪成宽度为 50 mm 的条样，不经拆纱进行直接拉伸试验。条样法拉伸时由于试样横向收缩呈束腰状，近夹持器处的纱线所受应力较大而易造成试样在夹持器钳口处断裂。条样拉伸断裂强力与纤维性能、纱线结构、织物结构以及织物后整理工艺有关。值得注意的是，由于横向纱线的约束作用，根据条样中纱线总根数求取条样单根纱线

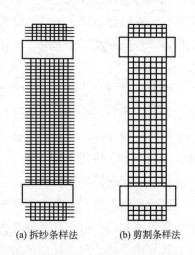

(a) 拆纱条样法　　(b) 剪割条样法

图 4-1　织物拉伸试验条样法试样

的平均强力，一般大于单纱的强力，即织物中纱线强力利用系数大于1。这一点与由束纤维法求取单根纤维强力的规律相反。

织物拉伸试验中用到的专业术语如下。

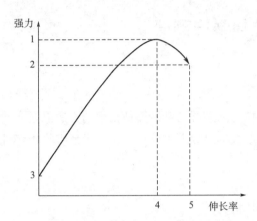

图 4-2 强力—伸长率曲线示意图
1—断裂强力 2—断脱强力 3—预张力
4—断裂伸长率 5—断脱伸长率

隔距长度（gauge length）：试验装置上夹持试样的两个有效夹持点之间的距离。

初始长度（initial length）：在规定的预张力下，试验装置上夹持试样的两个有效夹持点之间的距离。

预加张力（pretension）：在试验开始时施加于试样的力。预加张力用于确定试样的初始长度。

伸长（extension）：因拉力的作用引起试样长度的增量，以长度单位表示。

伸长率（elongation）：试样的伸长与其初始长度之比，以百分率表示。

断裂伸长率（elongation at maximum force）：在最大力作用时刻试样的伸长率（图 4-2）。

三、实验 A 织物拉伸断裂强力和断裂伸长率测试（条样法）

（一）试验仪器和试样

等速伸长（CRE）型织物拉伸强力试验仪，机织物等若干试样。

该试验方法主要适用于机织物，也适用于针织物、非织造布，通常不用于弹性织物、土工布以及玻璃纤维织物、碳纤维织物等高性能织物材料。

（二）仪器结构原理

织物拉伸强力试验仪外观结构如图 4-3（a）所示，图 4-3（b）显示试样上下两端分别由上、下夹持器固定。条带形试样两端分别被夹持器固定，一端的夹持器固定不动，另一端夹持器以设定速度匀速远离，拉伸试样至断裂。仪器传感器测量拉伸过程中的布面张力和伸长变化数据。

在仪器机座上装电动机，电动机通过丝杠推拉移动横梁上下运动，横梁中间部位装测力传感器，传感器连接试样上夹持器，下夹持器安装在可调节高度的微调丝杠上，丝杠安装在机座中央位置。试验时，被测试样的一端夹持在仪器上夹持器上，另一端加上标准规定的预加张力后用下夹持器夹紧，同时，采用规定的速率拉伸试样，试样达到预定的试验要求后，下夹持器返回起始位置。

在拉伸过程中，由于夹持器和测力传感器紧密结合，此时测力传感器把上夹持器上受到的力转换成相应的电信号，经放大电路放大后，进行 A/D 转换，最后把转换成的数字信号送入计算机进行处理。仪器记录每次测试的力值和位移数据，测试结束后，数据处理系统会给出所有测量数据的统计值。仪器连接计算机后，还能实时显示、图解、记录拉伸全过程。

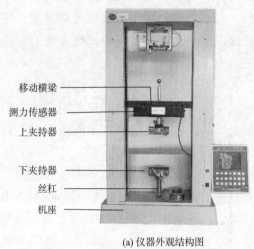

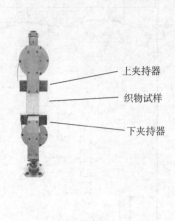

移动横梁
测力传感器
上夹持器
下夹持器
丝杠
机座

上夹持器
织物试样
下夹持器

(a) 仪器外观结构图　　　　　　　(b) 试样装在上、下夹持器中

图 4-3　织物拉伸强力试验仪

（三）试验准备

1. 试样准备

（1）取样。

①批样（从一批中取的匹数）：按织物的产品标准规定或有关协议取样，在没有专门要求的情况下，可采用如下取样方法：从一批面料中按表 4-1 规定随机抽取相应数量的匹数，运输中有受潮或受损的匹布不能作为样品。

表 4-1　批样

一批的匹数	批样的最少匹数
≤3	1
4~10	2
11~30	3
31~75	4
≥76	5

②实验室样品：从批样的每一匹中随机剪取至少 1 m 长的全幅宽作为实验室样品（离匹端至少 3 m）。保证样品没有褶皱和明显的疵点。按如图 4-4 所示部位从实验室样品上剪取试样。

从每一个实验室样品上剪取两组试样，一组为经向（或纵向）试样，另一组为纬向（或横向）试样。每组试样至少应包括 5 块试样。

（2）试样制备。每块试样的有效宽度应为（50±0.5）mm（不包括毛边），其长度应能满足隔距长度 200 mm，如果试样的断裂伸长率超过 75%，隔距长度可为 100 mm。按有关协议，试样也可采用其他宽度，应在试验报告中说明。

对于机织物，试样的长度方向应平行于织物的经向或纬向，其宽度应根据留有毛边的宽

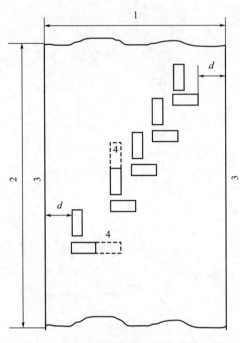

图 4-4 从实验室样品上剪取试样示例
1—织物宽度 2—织物长度 3—边缘
4—用于润湿试验的附加长度

度而定。从条样的两侧拆去数量大致相等的纱线，直至试样的宽度符合规定的尺寸。毛边的宽度应保证在试验过程中长度方向的纱线不从毛边中脱出。

对于每厘米仅包含少量纱线的织物，拆边纱后应尽可能接近试样规定的宽度。对于不能拆边纱的织物，应沿织物纵向或横向平行剪切为宽度为 50 mm 的试样。

如果还需要测定织物湿态断裂强力，则剪取试样的长度应至少为测定干态断裂强力试样的 2 倍（图 4-4）。给每条试样的两端编号、扯去边纱后，沿横向剪为两块，一块用于测定干态断裂强力，另一块用于测定湿态断裂强力，确保每对试样包含相同根数长度方向的纱线。

（3）调湿。参照标准 GB/T 6529 进行预调湿和调湿，使试样达到吸湿平衡。

湿润试验的试样应放在温度为（20±2）℃的符合标准 GB/T 6682 规定的三级水中浸渍 1 h以上。

试样准备好后，准备进行拉伸强度试验。

2. 参数设置

（1）设定隔距长度。对于断裂伸长率小于或等于 75% 的织物，隔距长度为（200±1）mm；对于断裂伸长率大于 75% 的织物，隔距长度为（100±1）mm。

（2）设定拉伸速度。根据表 4-2 中的织物断裂伸长率，设定拉伸试验仪的拉伸速度或伸长速率。

表 4-2　拉伸速度或伸长速率

隔距长度/mm	织物断裂伸长率/%	伸长速率/（% · min^{-1}）	拉伸速度/（mm · min^{-1}）
200	<8	10	20
200	8~75	50	100
100	>75	100	100

（四）试验操作步骤

1. 夹持试样

可采用预加张力夹持、松式夹持（无张力夹持）两种方式夹持试样。当采用预加张力夹持试样时，产生的伸长率应不大于 2%。如果不能保证，则采用松式夹持。

同一样品的两方向的试样采用相同的隔距长度、拉伸速度和夹持状态，以断裂伸长率大的一方为准。

（1）预加张力夹持。根据试样的单位面积质量采用如下预张力。

①单位面积质量为≤200 g/m²：2 N。

②单位面积质量为200~500 g/m²：5 N。

③单位面积质量为>500 g/m²：10 N。

（2）松式夹持。采用松式夹持方式夹持试样的情况下，在安装试样以及闭合夹钳的整个过程中，其预加张力应保持低于（1）中规定的预加张力，且产生的伸长率不超过2%。

计算断裂伸长率所需的初始长度应为隔距长度与试样达到预加张力的伸长之和。试样的伸长从强力伸长曲线图上对应于规定预加张力处起始测得。

2. 测定和记录

在夹钳中心位置夹持试样以保证拉力中心线通过夹钳的中点。

启动试验仪，使可移动的夹持器移动，拉伸试样至断脱。仪器自动记录断裂强力（N）；记录断裂伸长（mm）或断裂伸长率（%）。如果需要，记录断脱强力、断脱伸长和断脱伸长率。

记录断裂伸长或断裂伸长率到最接近的数值。

（1）断裂伸长率为<8%时：0.4 mm 或 0.2%。

（2）断裂伸长率为 8%~75%时：1 mm 或 0.5%。

（3）断裂伸长率为 75%时：2 mm 或 1%。

每个方向至少试验 5 块试样。

3. 滑移

如果试样沿钳口线的滑移不对称或滑移量大于 2 mm，舍弃试验结果。

如果试样在距钳口线 5 mm 以内断裂，则记为钳口断裂。当 5 块试样试验完毕，若钳口断裂的值大于最小的"正常"值，可以保留该值。如果小于最小的"正常"值，应舍弃该值，另加试验以得到 5 个"正常"断裂值。

如果所有的试验结果都是钳口断裂，或得不到 5 个"正常"断裂值，应报告单值，且无需计算变异系数和置信区间。钳口断裂结果应在试验报告中说明。

以上为测试干态试样的试验操作步骤，如要测试湿态试样，须将试样从液体中取出，放在吸水纸上吸去多余的水分后，立即按上述（1）~（3）步骤进行试验。预加张力为规定的1/2。

（五）试验结果

（1）分别计算经、纬向（或纵、横向）的断裂强力平均值，如果需要，计算断脱强力平均值（N）。计算结果按如下修约：

①强力值<100 N，修约至 1 N。

②强力值为 100~1 000 N，修约至 10 N。

③强力值≥1 000 N，修约至 100 N。

注意：根据需要，计算结果可修约至 0.1 N 或 1 N。

（2）由式（4-1）和式（4-3），计算每个试样的断裂伸长率，以百分率表示。如果需要，按式（4-2）和式（4-4）计算断脱伸长率。

$$E = \frac{\Delta L}{L_0} \times 100 \tag{4-1}$$

$$E_t = \frac{\Delta L_t}{L_0} \times 100 \tag{4-2}$$

式中：E 为预加张力夹持试样时的断裂伸长率（%）；E_t 为预加张力夹持试样时的断脱伸长率（%）；ΔL 为预加张力夹持试样时的断裂伸长（图 4-5）（mm）；L_0 为隔距长度（mm）；ΔL_t 为预加张力夹持试样时的断脱伸长（图 4-5）（mm）。

$$E = \frac{\Delta L' - L_0'}{L_0 + L_0'} \times 100 \tag{4-3}$$

$$E_t = \frac{\Delta L_t' - L_0'}{L_0 + L_0'} \times 100 \tag{4-4}$$

式中：E 为松式夹持试样时的断裂伸长率（%）；E_t 为松式夹持试样时的断脱伸长率（%）；$\Delta L'$ 为松式夹持试样时的断裂伸长（图 4-6）（mm）；L_0' 为松式夹持试样达到规定预加张力时的伸长（mm）；$\Delta L_t'$ 为松式夹持试样时的断脱伸长（图 4-6）（mm）。

分别计算经、纬向（或纵、横向）的断裂伸长率平均值，如果需要，计算断脱伸长率平均值。计算结果按如下修约。

①断裂伸长率<8%：修约至 0.2%。

②断裂伸长率为 8%~75%：修约至 0.5%。

③断裂伸长率>75%：修约至 1%。

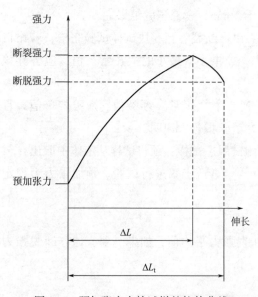

图 4-5　预加张力夹持试样的拉伸曲线

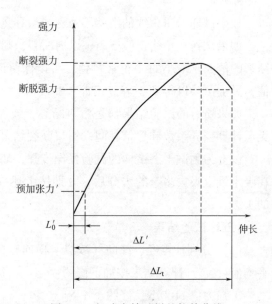

图 4-6　松式夹持试样的拉伸曲线

根据需要，计算断裂强力和断裂伸长率的变异系数，修约至 0.1%；根据式（4-5）确定断裂强力和断裂伸长率的 95% 置信区间，修约方法同平均值。

$$\bar{x} - s \cdot \frac{t}{\sqrt{n}} < \mu < \bar{x} + s \cdot \frac{t}{\sqrt{n}} \tag{4-5}$$

式中：μ 为实际值；$\bar{x}$ 为平均值；s 为标准差；n 为试验次数；t 为统计值，由 t 分布表查得，当 $n=5$，置信水平为 95% 时，$t=2.78$。

（六）试验报告

试验报告应包括以下内容。

（1）本次试验的编号、日期、执行标准或协议。

（2）样品的规格、性状描述和取样程序。

（3）试样状态（调湿或湿润）。

（4）试验参数，包括隔距长度、伸长速率/拉伸速率。

（5）预加张力，或松式夹持。

（6）试样数量，舍弃的试样数量及原因，钳口断裂情况说明。

（7）如果试样宽度不是（50±0.5）mm，需说明。

（8）断裂强力平均值，和/或断脱强力平均值。

（9）断裂伸长率平均值，和/或断脱伸长率平均值。

（10）根据需要，计算断裂强力和断裂伸长率的变异系数。

（11）根据需要，计算断裂强力和断裂伸长率的 95% 置信区间。

四、实验 B 织物拉伸断裂强力和断裂伸长率测试（抓样法）

（一）试验仪器和试样

等速伸长（CRE）型织物拉伸强力试验仪，机织物等若干试样。

该试验方法主要适用于机织物，也适用于针织物、非织造布，通常不用于弹性织物、土工布以及玻璃纤维织物、碳纤维织物等高性能织物材料。

（二）试样夹片

抓样法测试织物拉伸性能，用规定尺寸的夹钳夹持试样的中央部位，如图 4-7 所示，夹钳以恒定的速度拉伸试样至断脱，仪器测量并记录断裂强力。

仪器结构参照实验 A。仪器两夹钳的中心点处于拉力轴线上，夹钳的钳口线与拉力线垂直，夹持面在同一平面上。抓样试验夹持试样面积的尺寸为（25±1）mm×（25±1）mm，可使用下列方法之一达到该尺寸（图 4-8）。

（1）方法一。两个夹片尺寸均为 25 mm×40 mm，一个夹片的长度方向与拉力线垂直，另一个夹片的长度方向与拉力线平行。

图 4-7　抓样法试样

（2）方法二。一个夹片尺寸为 25 mm×40 mm，夹片长度方向与拉力线垂直，另一个夹片尺寸为 25 mm×25 mm。

（三）试验准备

1. 试样准备

（1）取样。参照实验 A 的取样方法和从实验室样品上剪取试样的方法。

（2）制样。从每一个实验室样品上剪取两组试样，一组为经向（或纵向）试样，另一组为纬向（或横向）试样。每组试样至少取 5 块试样。试样距布边至少 150 mm。经向（或

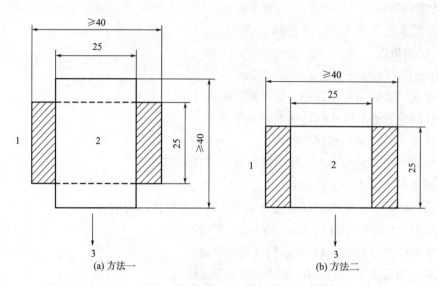

图 4-8　抓样试验的抓片示意图（单位：mm）
1—后加面　2—前夹面　3—拉伸方向

纵向）试样组不在同一长度上取样，纬向（或横向）试样组不在同一长度上取样。

每块试样的宽度为（100±2）mm，长度要求满足隔距长度 100 mm。

在每一块试样上沿平行于试样长度方向的纱线画一标记线。该标记线距试样边 38 mm，且贯通整个试样长度。

如果还需要测定织物湿态断裂强力，则剪取试样的长度应至少为测定干态断裂强力试样的 2 倍。给每条试样的两端编号后，沿横向剪为两块，一块用于测定干态断裂强力，另一块用于测定湿态断裂强力，确保每对试样包含相同根数长度方向的纱线。

（3）调湿。预调湿、调湿和试验用大气应按标准 GB/T 6529 的规定执行。试样在松弛状态下调湿 24 h 以上。

湿态试验的试样应放在温度为（20±2）℃的符合标准 GB/T 6682 规定的三级水中浸渍 1 h 以上。对于热带地区，温度可按标准 GB/T 6529 规定。

2. 参数设置

（1）设定隔距长度。设定拉伸试验仪的隔距长度为 100 mm；也可根据试样特点和各方协议，将隔距长度设置为（75±1）mm。

（2）设定拉伸速度。设定拉伸试验仪的拉伸速度为 50 mm/min。

（四）试验操作步骤

1. 夹持试样

夹持试样的中心部位，保证试样的纵向中心线通过夹钳的中心线，并与夹钳钳口线垂直，使试样上的标记线与夹片的一边对齐。

夹紧上夹钳后，试样靠织物的自重下垂使其平置于下夹钳内，关闭下夹钳。

2. 测试操作

启动试验仪，使可移动的夹持器移动，拉伸试样至断脱。仪器测量并保存断裂强力

（N）。每个方向至少试验5块试样。

如果试样在距钳口线5 mm以内断裂，则记为钳口断裂。当5块试样试验完毕，若钳口断裂的数值大于最小的"正常"断裂值，可以保留；如果小于最小的"正常"断裂值，应舍弃，补充试验以得到5个"正常"断裂值。

如果所有的试验结果都是钳口断裂，或得不到5个"正常"断裂值，应报告单值，且无需计算变异系数和置信区间。钳口断裂结果应在试验报告中说明。

3. 湿润试样

将试样从液体中取出，放在吸水纸上吸去多余的水分后，立即按"（三）试验准备"中的"2.参数设置"及"（四）试验操作步骤"进行试验。

（五）试验结果

（1）分别计算经、纬向（或纵、横向）的断裂强力平均值，单位为N，计算结果按如下修约。

①<100 N，修约至1 N。

②100~1 000 N，修约至10 N。

③≥1 000 N，修约至100 N。

（2）根据需要，计算断裂强力的变异系数，修约至0.1%。

（3）根据需要，按式（4-6）确定断裂强力的95%置信区间，修约方法同平均值。

$$\bar{x} - s \cdot \frac{t}{\sqrt{n}} < \mu < \bar{x} + s \cdot \frac{t}{\sqrt{n}} \qquad (4-6)$$

式中：μ 为实际值；$\bar{x}$ 平均值；s 为标准差；n 为试验次数；t 为统计值，由 t 分布表查得，当 $n=5$，置信水平为95%时，$t=2.776$。

（六）试验报告

试验报告应包括以下内容。

（1）本次试验的编号、日期、试验执行标准或协议。

（2）样品规格、描述和取样程序。

（3）试样状态（调湿或湿润）。

（4）试样数量、舍弃的试样数量及原因，钳口断裂情况说明。

（5）如果隔距长度不是100 mm，应加以说明。

（6）数据发生异常情况的细节。

（7）断裂强力平均值，根据需要，计算断裂强力的变异系数和95%置信区间。

思 考 题

1. 织物拉伸性能的表征指标都有哪些？

2. 织物拉伸断裂强度、断裂伸长率指标的物理意义是什么？如何测量得到？

3. 条样法和抓样法有何区别？分别适用于怎样的织物试样？

4. 在条样法和抓样法织物拉伸断裂试验中，隔距长度、初始张力和拉伸速度分别是如何设置的？

    5. 湿态试样拉伸断裂试验中的试验参数是如何设置的？

    6. 测试环境温湿度对织物拉伸断裂试验的测量结果有影响吗？

    7. 哪些原因会导致织物拉伸断裂试验中的异常值？

第二节　织物撕破性能测试

一、实验目的

学习和掌握撕破强力、撕破长度等织物撕破性能表征指标，学习和掌握冲击摆锤法、裤形法（单缝法）、舌形法（双缝法）、梯形法和翼形法等织物撕破性能试验方法，以及各方法的适应范围；能够根据试验现象和数据对试样的撕破性能进行分析。学习和了解影响织物撕破性能的因素以及改善、提升织物抗撕破性能的方法。

二、基本知识

织物在外力作用下产生剪切变形，当剪切力超过织物内部纱线可承受的范围时，纱线逐根拉断从而产生破坏，这种破坏形式称为撕裂或撕破。

撕裂破坏主要由于撕裂三角区的应力集中而产生，常发生于钩挂、撕扯等显著外力作用下，是织物比较常见的破坏形式；织物的其他力学破坏形式，如顶破、胀破等，也常以撕破为最终破坏形式出现，因此，抵抗撕破的性能是表征织物等材料使用耐久性的重要特征。

织物抵抗撕破的能力称为撕破性能，撕破性能指标是衡量织物耐用性、抗损伤能力的重要质量指标。

对织物撕破性能进行测试称为织物撕破强度试验，或简称织物撕破试验，其测试原理为：裁剪规定尺寸和形状的织物试样，按要求固定两端，然后以标准规定的方式对试样施加外力，令试样产生撕裂损伤，测量在试样撕破过程中的撕破强力、撕破长度等指标，对试样的抗撕破性能进行有效表征。

在织物撕破强度试验时，通常采用一次加载至产生撕裂破坏的方法。根据试验时对试样加载令其产生撕破的方式，撕破试验可分为冲击摆锤法、裤形法（单缝法）、舌形法（双缝法）、梯形法和翼形法等，上述方法模拟织物的不同撕破形式发生的过程，由仪器测量该过程中的最大/平均撕破强力或强度、撕裂功、撕裂长度等指标，作为织物抗撕破性能的评价依据。

织物撕破试验中用到的专业术语如下。

撕破强力（tear force）：在规定条件下，使试样上初始切口扩展所需的力。令经纱被撕断的称为"经向撕破"强力，纬纱被撕断的称为"纬向撕破"强力。

撕破长度（length of tear）：从开始施力至终止，切口扩展的距离。

隔距长度（gauge length）：试验装置上两个有效夹持线之间的距离。

峰值（peak）：在撕破强力—位移曲线上，斜率由正变负点处对应的强力值。

三、实验 A 冲击摆锤法织物撕破强力测试

（一）试验仪器和试样

摆锤撕破试验仪，机织物等若干试样。

冲击摆锤法主要适用于机织物，也可用于其他织物如非织造布等，不适用于针织物、机织弹性织物、有可能产生撕裂转移的稀疏织物及具有较高各向异性的织物。

（二）仪器结构原理

冲击摆锤撕破试验仪外观结构如图 4-9 所示，主要包括刚性机架、夹具、摆锤和电子设备。

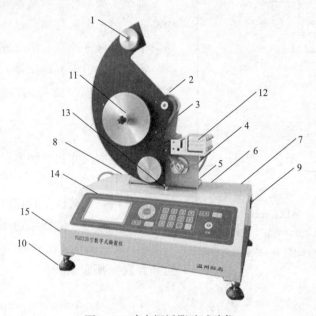

图 4-9　冲击摆锤撕破试验仪

1—摆锤装置　2—摆锤固定机构　3—支架机构　4—切刀装置　5—动力装置　6—气源装置（减压阀）
7—计算机接口和打印机接口　8—水平装置　9—电源开关　10—可调支脚　11—摆锤　12—夹持装置
13—限位装置　14—操作面板　15—机箱装置

试样被夹持在两个夹具之间，一只夹具可动且附在摆锤上，另一只固定在机架上，将试样切开一个切口；释放处于最大势能位置的摆锤，摆锤受重力作用落下，令可动夹具与固定夹具分离，试样沿切口方向被撕裂；把撕破织物一定长度所做的功换算成撕破力。

刚性机架：装有摆锤、固定夹具、用于割缝的小刀和测量装置，试验前调节仪器水平和固定位置，防止任何移动。

摆锤：抬起摆锤至试验开始位置，并立即释放它，此时摆锤可绕装有轴承的水平轴自由摆动。摆锤的质量可通过附加另外的质量或调换摆锤而改变。

机械或电子设备：测量第一次摆动的最大振幅，其能量用于撕裂试样。撕破力的读数可直接得到，仪器提供设零装置。

夹具：移动夹具装在摆锤上，固定夹具装在机架上，两夹具间分开（3±0.5）mm 以使小刀通过，校准两只夹具的夹持面，使被夹持的试样位于平行摆锤轴的平面内。夹持面宽度

为 30~40 mm，高度为 20 mm。

切刀装置：用小刀将两夹具中间的试样切开（20±0.5）mm 的切口。

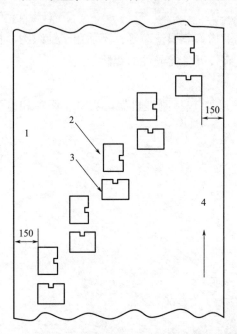

图 4-10 从实验室样品上剪取摆锤法
试样示例（单位：mm）

1—布边 2—"经向撕裂"试样
3—"纬向撕裂"试样 4—织物经向

（三）试验准备

1. 取样

批样取样方法、实验室样品获取方式可以参照上一节"织物拉伸强度试验"的取样方法。参照图 4-10 所示部位从全幅宽实验室样品中剪取试样。

每个实验室样品应裁取两组试验试样，一组为经向，另一组为纬向，试样的短边应与经向或纬向平行以保证撕裂沿切口进行。

每组至少包含五块试样，每两块试样不能包含同一长度或宽度方向的纱线，距布边 150 mm 内不得取样。

2. 试样裁剪

试样裁剪尺寸和形状参照图 4-11，但撕裂长度保持（43±0.5）mm。

每块机织物试样在裁取时应使短边平行于织物的经纱或纬纱。试样短边平行于经向的试样为"纬向"撕裂试样，试样短边平行于纬向的试样为"经向"撕裂试样。

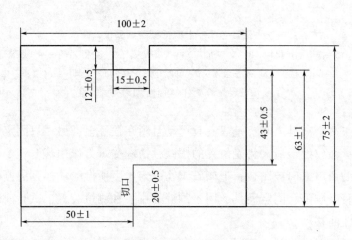

图 4-11 冲击摆锤法试样尺寸图（单位：mm）

3. 调湿

参照 GB/T 6529 进行预调湿和调湿，使试样达到吸湿平衡。湿润试验的试样应放在温度为（20±2）℃的符合 GB/T 6682 规定的三级水中浸渍 1 h 以上。

试样准备好后，准备进行撕破强度试验。

（四）试验操作步骤

1. 装置校准

选择摆锤的质量，使试样的测试结果落在相应标尺满量程的 15%～85% 范围内。校正仪器的零位，将摆锤升到起始位置。

2. 安装试样

试样夹在夹具中，使试样长边与夹具的顶边平行。将试样夹在中心位置，轻轻将其底边放至夹具的底部，在凹槽对边用小刀切一个（20±0.5）mm 的切口，余下的撕裂长度为（43±0.5）mm。

3. 测试操作

放开摆锤，使锤在重力作用下摆动，沿切口撕裂试样，从测量装置标尺或数字显示器读出撕破强力（N）。测量结果应落在所用仪器量程的 15%～85% 范围内。每个方向重复试验不少于 5 次。

观察撕裂是否沿力的方向进行，纱线是否从织物上滑移而不是被撕裂。满足以下条件的试验为有效试验：纱线未从织物中滑移；试样未从夹具中滑移；撕裂完全，且撕裂裂口一直在 15 mm 宽的凹槽内。

不满足以上条件的试验结果应剔除。如果五块试样中有三块或三块以上被剔除，则此方法不适用。如果需要另外增加试样，最好试样数量加倍。

（五）试验结果

冲击摆锤法直接测量得到试验结果，通常以撕破强力的力值来表示织物的抗撕裂性能，单位为 N。

对每个方向计算撕破强力的算术平均值（N），保留两位有效数字。

如有需要，计算变异系数（精确至 0.1%）和 95% 置信区间，保留两位有效数字，单位为 N。

如有需要，记录样品每个方向的最大及最小的撕破强力。

（六）试验报告

试验报告包括以下内容。

（1）本次试验的编号、日期、执行标准或协议。

（2）试验样品规格和取样方法。

（3）选用的仪器量程。

（4）试样数目、剔除试验数及剔除原因。

（5）观察到的异常撕破状态。

（6）经向、纬向撕破强力的平均值（N）。如果只有三块或四块试样是正常撕破的，另外写出各试验单值。

（7）如果需要，计算撕破强力的变异系数（%）和 95% 置信区间（N）。

（8）如果需要，给出每个方向的最小和最大撕破强力（N）。

四、实验 B 裤形法（单缝法）织物撕破强力测试

（一）试验仪器和试样

等速伸长（CRE）试验仪，机织物等若干试样。

(二) 仪器结构原理

织物拉伸强度试验仪，仪器结构参见本章第一节"织物拉伸强度测试仪"。

裤形试样（trouser shaped test specimen）：按规定长度从矩形试样短边中心剪开，形成可供夹持的两个裤腿状的织物撕裂试验试样（图4-12）。

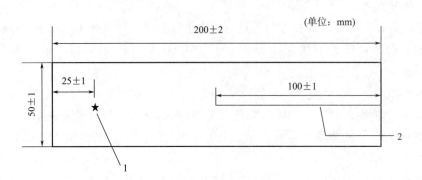

图 4-12　裤形法 50 mm 宽试样尺寸图
1—撕破终止点　2—切口

裤形法在撕破强力的方向上测量裤形试样从初始的单缝隙切口撕裂到规定长度所需要的力。

仪器上、下夹持器分别夹持裤形试样的两条腿，使试样切口线在上下夹持器之间成直线，图4-13和图4-14分别显示裤形法撕裂试验中织物试样被上下夹持的示意图和实物图。开动仪器将拉力施加于切口方向，测量并记录从撕裂开始产生到撕裂至规定长度内的撕破强力；并根据仪器绘出的撕破强力—位移曲线上的负荷峰值数据计算撕破强力。

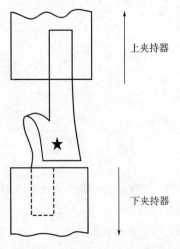

图 4-13　裤形法试样夹持示意图

图 4-14　裤形法试样夹持图

裤形法撕裂试验主要适用于机织物，也可用于非织造布等，不适用于针织物、机织弹性织物以及有可能产生撕裂转移的稀疏织物和具有较高各向异性的织物。

（三）试验准备

1. 试样准备

（1）取样。批样取样方法、实验室样品获取方式可以参照上一节"织物拉伸强度试验"的取样方法。参照图 4-15 所示部位从全幅宽实验室样品中剪取试样。

每个实验室样品裁取两组试验试样，一组为经向，另一组为纬向。每组至少 5 块试样。每两块试样不能包含同一长度或宽度方向的纱线。不能在距布边 150 mm 内取样。

（2）试样裁剪。50 mm 宽试样（图 4-12）：试样为矩形长条，长（200±2）mm，宽（50±1）mm，每个试样从宽度方向的正中切开一个长为（100±1）mm 的平行于长度方向的切口。在条样中间未切割端（25±1）mm 处标出撕裂终点。

200 mm 宽幅试样：当窄幅试样不适合，或测定特殊抗撕裂织物的撕裂强力时，可使用 200 mm 宽幅试样，图 4-16 显示宽幅试样的裁剪尺寸。

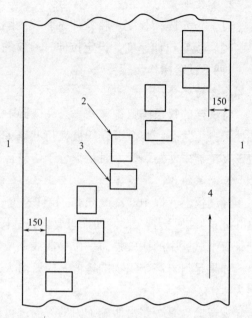

图 4-15 从实验室样品上剪取裤形法
试样示例（单位：mm）
1—布边 2—"纬向撕裂"试样
3—"经向撕裂"试样 4—织物经向

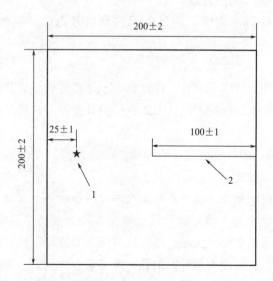

图 4-16 裤形法 200 mm 宽幅试样尺寸图（单位：mm）
1—撕破终止点标记 2—切口

（3）调湿。按 GB/T 6529 的规定执行预调湿、调湿和试验用大气。试样在松弛状态下调湿至少 24 h。

2. 参数设置

(1) 设定隔距长度。将拉伸试验仪的隔距长度设定为 100 mm。

(2) 设定拉伸速度。设定拉伸试验仪的拉伸速度为 100 mm/min。

(四) 试验操作步骤

1. 夹持试样

将试样的每条裤腿各夹入一只夹持器中，切割线与夹持器的中心线对齐，试样的未切割端处于自由状态，整个试样的被夹持状态如图 4-13 和图 4-14 所示。注意保证每条裤腿固定于夹持器中使撕裂开始时是平行于切口且在撕力所施加的方向上。试验不用预加张力。

2. 测试操作

开动仪器，以 100 mm/min 的拉伸速度，将试样持续撕破至试样的终点标记处。仪器测量并记录撕破强力（N），如果想要得到试样的撕裂轨迹，可用机械记录仪或电子记录装置记录每个试验中的撕破强力—位移曲线。

如果是出自高密织物的峰值，应该由人工取数。记录纸的走纸速率与拉伸速率的比值设定为 2 : 1。

观察撕破是否是沿所施加力的方向进行以及是否有纱线从织物中滑移而不是被撕裂。满足以下条件的试验为有效试验：纱线未从织物中滑移；试样未从夹持器中滑移；撕裂完全，且撕裂轨迹是沿着施力方向进行的。

不满足以上条件的试验结果应剔除。如果 5 个试样中有 3 个或以上的试验结果被剔除，则可认为此方法不适用于该样品。如果需要另外增加试样，最好加倍试样数量。

当 50 mm 窄幅试样不适用于待测试样，或测试特殊抗撕裂织物的撕破强力时，可采用 200 mm 宽幅试样测定撕裂强力的方法。

如果窄幅和宽幅试样都不能满足测试需求，可以考虑应用其他方法，如舌形法或翼形法。

(五) 试验结果

根据协议或试验条件，可以采用人工计算和电子计算两种方式获取试验数据。两种方式得到的计算结果因为取峰值的位置不同，因此有可能有差异，并且两种方式的试验结果不具有可比性。

下面以如图 4-17 所示的撕破强力—位移测试曲线为例，分别介绍人工计算和电子计算两种获得撕破强力数据的方式。

1. 从记录纸记录的撕破强力—位移曲线上人工计算撕破强力数据

(1) 分割峰值曲线，从第一峰开始至最后峰结束等分成四个区域（图 4-17）。第一区域舍去不用，其余三个区域中每个区域选择并标出两个最高峰和两个最低峰。为使所选定的高峰和低峰都为明显峰，其两端的上升力值和下降力值至少为前一个峰下降值或后一个峰上升值的 10%。

(2) 根据 (1) 标记的峰值计算每个试样 12 个峰值的算术平均值（N）。

(3) 根据每个试样峰值的算术平均值，计算同方向上试样撕破强力的总算术平均值（N），保留两位有效数字。如果需要，计算变异系数，精确至 0.1%；计算 95% 置信区间（N），保留两位有效数字。

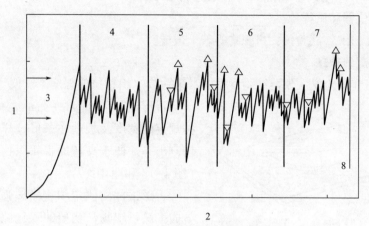

图 4-17　试样撕破强力计算实例

1—强力　2—撕破方向裂口位移　3—中间峰值的大约范围　4—忽略区域

5，6，7—划分小区域　8—撕破终点

（4）如果需要，计算每块试样 6 个最大峰值的平均值（N）。

（5）根据测试需要，记录每块试样的最大和最小峰值，用于计算极差。

2. 电子计算撕破强力数据

（1）将第一个峰和最后一个峰之间等分成四个区域（图 4-17）。舍去第一区域，记录余下三个区域内的所有峰值。用于计算的峰值两端的上升力值和下降力值至少为前一个峰下降值或后一个峰上升值的 10%。

（2）根据（1）记录的所有峰值计算每次试验撕破强力的算术平均值（N）。

（3）根据各次试验的算术平均值，计算试样所有同方向上撕破强力的总算术平均值（N），保留两位有效数字。如果需要，计算变异系数，精确至 0.1%；计算 95% 置信区间（N），保留两位有效数字。

因为人工计算只能取有限数目的峰值进行计算以节约时间，建议使用电子方式对所有峰值进行计算。

（六）试验报告

试验报告包括以下内容。

（1）本次试验的编号、日期、执行标准或协议。

（2）样品规格、尺寸和取样方法。

（3）试样数量，剔除试验结果数和剔除原因。

（4）异常撕裂情况。

（5）任何偏离本部分的细节，特别是使用宽幅试样时。

（6）经、纬向撕破强力的总平均值（N）。如果只有三块或四块试样是正常撕破的，应另外分别注明每个试样的试验结果；如果需要，给出撕破强力的变异系数（%）和 95% 置信区间（N）。

（7）手工计算时，可根据需要给出每块试样最大峰值的平均值（N）。

（8）手工计算时，可根据需要给出每块试样的最小、最大撕破强力峰值（N）。

五、实验 C 舌形法（双缝法）撕破强力测试

（一）试验仪器和试样

等速伸长（CRE）试验仪，机织物等若干试样。

（二）仪器测量原理

织物拉伸强度试验仪，仪器结构参见本章第一节"织物拉伸强度测试仪"。

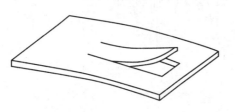

舌形试样（tongue-shaped test specimen）：按规定的宽度及长度在条形试样规定的位置上切割出一片便于夹持的舌状织物撕裂试验试样（图 4-18 和图 4-19）。

舌形试样法测定织物撕破强力，在撕破的方向上测量织物从初始的双缝隙切口撕裂到规定长度所需要的力。

图 4-18　舌形法（双缝法）织物试样示意图

在矩形试样中部切开一个 U 字形切口，形成舌形试样（图 4-18 和图 4-19）。将舌形试样的中间部位，即舌形部位夹入拉伸试验仪的一个夹持器中，试样上与舌形对应的其余部分对称地夹入另一个夹持器，保持两个切口线的竖直和平行（图 4-19 和图 4-20）。令两个夹持器相对分离，试样沿两个平行切口方向开始撕破直至规定长度；仪器测量并记录撕破过程中的撕破强力，并根据绘图装置绘出的撕破强力—位移曲线上的峰值，或根据自动电子装置，计算撕破强力的平均值和变异系数。

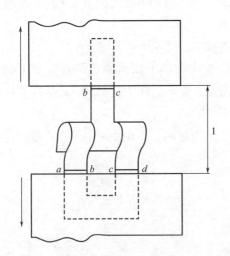

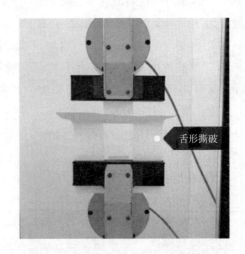

图 4-19　舌形试样（双缝）夹持试样示意图

图 4-20　舌形试样（双缝）夹持图片

舌形法织物撕破试验主要适用于机织物，也可用于非织造布等，不适用于针织物、机织弹性织物。

（三）试验准备

1. 试样准备

（1）取样。批样取样方法可以参照上一节"织物拉伸强度试验"的取样方法；从批样的每一匹中距离匹端至少 3 m 的位置随机剪取至少 1 m 长的全幅宽样品作为实验室样品。

参照图 4-15 所示部位从全幅宽实验室样品中剪取试样。样品没有折皱和明显的疵点。每个实验室样品应裁取两组试验试样，一组为经向，另一组为纬向。每组至少包含五块试样，每两块试样不能包含同一长度或宽度方向的纱线。不能在距布边 150 mm 内取样。

（2）试样裁剪。根据图 4-21 标出的尺寸和形状裁取试样。在每块试样的两边标记直线 *abcd*。在条样中间距未切割端（25±1）mm 处标出撕裂终点。

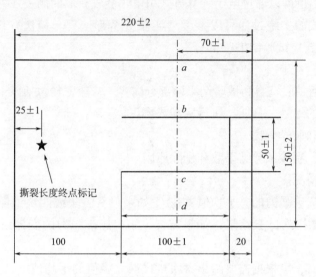

图 4-21 双缝隙舌形试样尺寸（单位：mm）

对机织物，每个试样平行于织物的经向或纬向作为长边裁取。试样长边平行于经向的试样称为"纬向撕裂"试样；试样长边平行于纬向的试样称为"经向撕裂"试样。

2. 参数设置

（1）设定隔距长度。将拉伸试验仪的隔距长度设定为 100 mm。

（2）设定拉伸速度。设定拉伸试验仪的拉伸速度为 100 mm/min。

（四）试验操作

1. 安装试样

将试样的舌形端夹在上端夹持器的中心，使直线 *bc* 刚好可见（图 4-19）。将试样的两腿对称地夹入下端夹持器，使直线 *ab* 和 *cd* 刚好可见，并使试样的两腿平行于撕力方向。确保被夹持器固定的试样舌形条带方向与撕力施加的方向相平行。本试验不用预加张力。

2. 测试操作

启动仪器，上下夹持器相对匀速分离，令试样沿舌形两侧持续撕破至试样终点标记处。

记录撕破强力（N）：通过记录仪或电子装置记录该次测量过程的撕破强力—位移曲线。

如果所测试样为高密织物，由人工方式读取峰值数据，记录纸的走纸速度与拉伸速度并将其比值设定为 2：1。

观察测试后的试样，满足以下条件的为有效试验：纱线未从织物中滑移；试样未从夹持器中滑移；撕裂完全，且撕裂裂口是沿着施力方向进行的。

不满足以上条件的试验结果应予以剔除。如果 5 个试样中有 3 个或以上试样的试验结果被剔除，则可认为此方法不适用于该样品。

如果有试验中撕裂不是沿着切口方向进行或纱线从试样中被拉出而不是被撕裂，需要在试验报告中记录或描述此情况。

（五）试验结果

舌形法织物撕破强力试验，可以由人工方式从记录纸打印的撕破强力—位移曲线中计算得到撕破强力数据，也可以通过电子计算方式由电子装置获取的撕破强力—位移曲线中计算撕破强力。两种方式的实施过程可以参考"实验 B 裤形法（单缝法）织物撕破强力测试"中的图 4-17 和"（五）试验结果"部分。

（六）试验报告

试验报告应包括一般资料和试验结果两部分内容。一般资料包括以下内容。

（1）本次试验的编号、日期、执行标准或协议。

（2）样品规格和取样方法。

（3）试样数量，剔除试验结果数和剔除原因。

（4）异常撕裂情况。

（5）经、纬向撕破强力的总平均值（N）。如果只有三块或四块试样是正常撕破的，应另外分别注明每个试样的试验结果；如果需要，给出撕破强力的变异系数（%）和 95% 置信区间（N）。

（6）手工计算时，可根据需要给出每块试样最大峰值的平均值（N）、每块试样的最小和最大撕破强力峰值（N）。

六、实验 D 梯形法织物撕破强力测试

（一）试验仪器和试样

等速伸长（CRE）试验仪，机织物、部分机织弹性织物、针织物、非织造布等若干试样。

（二）仪器测量原理

仪器结构参见本章第一节"织物拉伸强度测试仪"。

梯形试样（trapezoid-shaped test specimen）：矩形织物撕裂试样，试样上标有规定尺寸的、形成等腰梯形的两条夹持试样的标记线。梯形的短边中心剪有一规定尺寸的切口（图 4-22）。

用强力试验仪的两个夹持器分别沿梯形的两条不平行的边（即夹持线）夹住试样；令两夹持器相对分离，从而对试样施加力，使试样从切口开始沿试样宽度方向撕破，测定平均撕破强力（N）。

梯形法适用于各种机织物和非织造布。

（三）试验准备

1. 试样准备

批样取样方法可以参照上一节"织物拉伸强度试验"的取样方法；从批样的每一匹中随机剪取（从距离匹端至少 3 m 的位置随机取样）至少 1 m 长的全幅宽样品作为实验室样品。

参照图 4-15 所示部位，从全幅宽实验室样品中剪取试样。每个实验室样品应裁取两组

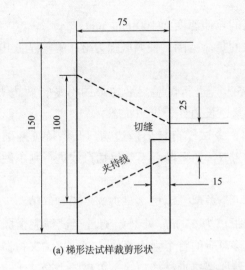

(a) 梯形法试样裁剪形状

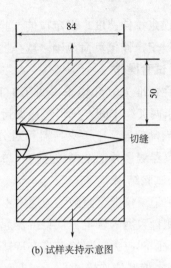

(b) 试样夹持示意图

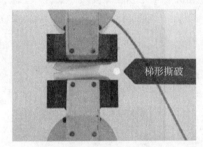

(c) 梯形法试样夹持图片

图 4-22　梯形法试样示意图

试验试样，一组为经向，另一组为纬向。每组至少包含五块试样。

对机织物，每个试样平行于织物的经向或纬向作为长边裁取。试样长边平行于经向的试样称为"经向"撕裂试样；试样长边平行于纬向的试样称为"纬向"撕裂试样。

对非织试样，应根据产品标准或按照协议规定确定试样尺寸和方向，确保试样没有明显疵点和折皱。

试样尺寸为（75±1）mm ×（150±2）mm，用样板（图 4-23）在每个试样上画等腰梯形，在梯形短边中心剪一个切口，长度如图 4-23 所示。

当样品为非织造布制成品时，可以根据原始样品比例选择其他尺寸，将尺寸数值记录在试验报告中。不同尺寸试样测定出的抗撕破强力不具有可比性。

按 GB/T 6529 规定对试样进行调湿。

2. 参数设置

（1）设定隔距长度。将拉伸试验仪的隔距长度设定为（25±1）mm。

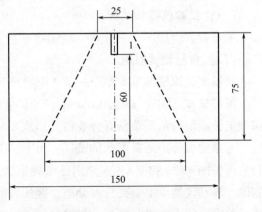

图 4-23　梯形法试样样板（单位：mm）

（2）设定拉伸速度。设定拉伸试验仪的拉伸速度为 100 mm/min。

（3）设定拉伸仪负荷范围。选择适宜的负荷范围，使撕破强力落在满量程的 10%~90%。

（四）试验操作

（1）在标准大气环境下（见 GB/T 6529）进行试验。沿梯形的不平行两边夹住试样，使切口位于两夹钳中间，梯形短边保持拉紧，长边处于折皱状态。

（2）启动仪器，上下夹持器相对分离，令试样自梯形短边切口开始持续撕破至试样完全撕破。仪器测量并记录撕破强力，单位为 N，如果撕裂不是沿切口线进行则不做记录。

（五）试验结果

在撕破记录仪上，撕破强力通常不是一个单值，而更多呈现为一系列峰值。

有效测量数据的认定：从夹持器起始距离为 25 mm 处开始测量至试样完全撕裂，测量结果的有效区间应为：起始点为夹持器位移对应的首个强力峰值；终止点为夹持器位移到达 64 mm。当夹持器位移超过 64 mm 时，随着撕裂接近试样边缘，撕破强力会减小。

每块试样的经向（纵向）、纬向（横向）在记录仪上一系列有效峰值的平均值，为该次测量的经向、纬向撕破强力。当记录仪只有一个有效峰值时，这个峰值被认定为该次测量的结果。

计算经向（纵向）、纬向（横向）5 块试样结果的平均值，保留两位有效数字，并计算变异系数，精确至 0.1%。

（六）试验报告

试验报告应包括以下内容。

（1）本次试验的编号、日期、执行标准或协议。

（2）试验中的调湿大气。

（3）样品规格、尺寸。

（4）经向（纵向）和纬向（横向）的试验结果。

（5）试验过程中的异常现象。

（6）任何偏离本部分的细节。

七、实验 E 翼形法织物撕破强力测试

（一）试验仪器和试样

等速伸长（CRE）试验仪，机织物等若干试样。

（二）仪器测试原理

仪器测试原理参见本章第一节"织物拉伸强度测试仪"。

翼形试样（wing-shaped test specimen）：一端为规定角度的等腰三角形两腰的条形试样，按规定长度沿三角形顶角等分线剪开形成翼状的织物撕裂试验试样（图 4-24）。

一端剪成特定两翼形状的试样，由上、下夹持器分别沿两翼倾斜于被撕裂纱线的方向进行夹持，图 4-25 和图 4-26 分别显示翼形法撕破试验中织物试样被上下夹持的示意图和实物图。开动仪器令上下夹持器分离，施加机械拉力使试样内部应力集中在切口处，从而令试样沿着设定的方向进行撕裂，仪器测量并记录由初始切口扩展到规定长度的撕破强力，并根据绘图装置绘出的撕破强力—位移曲线上的峰值或通过电子装置计算出撕破强力平均值。

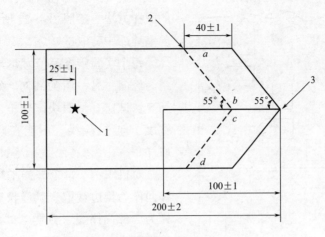

图 4-24 翼形法试样尺寸图（单位：mm）
1—撕破长度终点标记 2—夹持标记 3—切口

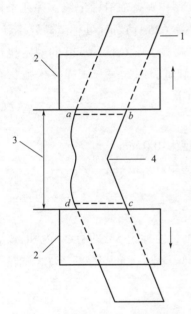

图 4-25 翼形法试样夹持示意图
1—试样 2—夹持器 3—隔距长度
4—撕裂点 *ab*、*cd*—夹持器前沿

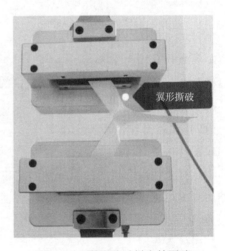

图 4-26 翼形法试样夹持图片

试验时，由于夹持试样的两翼倾斜于被撕裂纱线的方向，所以，试验过程中多数织物不会产生力的转移，而且与其他撕破方法相比，翼形法更不容易发生纱线滑脱。

翼形法织物撕破强度试验适用于机织物及部分由其他加工技术生产的织物，不适用于针织物、机织弹性织物及非织造布类产品。

（三）试验准备

1. 试样准备

（1）取样。批样取样方法、实验室样品获取方式可以参照上一节"织物拉伸强度试验"

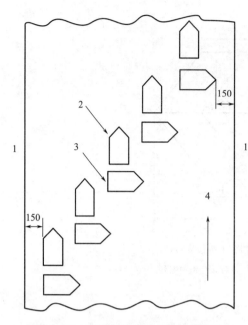

图 4-27 从实验室样品上剪取翼形法
试样示例（单位：mm）
1—布边 2—"纬向撕裂"试样
3—"经向撕裂"试样 4—经向

的取样方法。参照图 4-27 所示部位从全幅宽实验室样品中剪取试样。

每个实验室样品应裁取两组试验试样，一组为经向，另一组为纬向。每组试样至少应包括 5 块试样。每两块试样不能包含同一长度或宽度方向的纱线。不能在距布边 150 mm 内取样。

对机织物，每个试样平行于织物的经向或纬向作为长边裁取。试样长边平行于经向的试样为"纬向撕裂"试样，试样长边平行于纬向的试样为"经向撕裂"试样。

（2）试样裁剪。根据图 4-24 所示标明的尺寸和形状裁取试样，在每块试样上标记直线 *ab* 和 *cd*，用作夹持前沿标记线，并在条样中间距未切割端（25±1）mm 处标出撕裂终点。

（3）调湿。按 GB/T 6529 的规定执行预调湿、调湿和试验用大气。试样在松弛状态下至少调湿 24 h。

2. 参数设置

（1）设定隔距长度。将拉伸试验仪的隔距长度设定为 100 mm。

（2）设定拉伸速度。设定拉伸试验仪的拉伸速度为 100 mm/min。

（四）试验操作步骤

1. 夹持试样

将试样上切口两端的两翼分别固定在上下夹持器上，使标记 55° 的直线 *ab* 和 *cd* 沿夹持器端面刚好可见，并使试样两翼相同表面面向同一方向（图 4-25 和图 4-26）。试验不用预加张力。

2. 测试操作

开动仪器，以 100 mm/min 的拉伸速度，将试样持续撕破至试样的终点标记处。仪器测量并记录撕破强力（N）峰值数据，用机械记录仪或电子记录装置记录每个试验中的撕破强力—位移曲线。

如果被测试样为高密织物，应该由人工取数。记录纸的走纸速度与拉伸速度并将其比值应设定为 2∶1。

观察撕破是否是沿所施加力的方向进行以及是否有纱线从织物中滑移而不是被撕裂。满足以下条件的试验为有效试验：纱线未从织物中滑移；试样未从夹持器中滑移；撕裂完全，且撕裂裂口是沿着施力方向进行的。

不满足以上条件的试验结果应剔除。如果 5 个试样中有 3 个或以上的试验结果被剔除，则可认为此方法不适用于该样品。如果需要另外增加试样，最好原试样数量加倍。

（五）试验结果

翼形法织物撕破强力试验，可以由人工方式从记录纸打印的撕破强力—位移曲线中计算得到撕破强力数据，也可以通过电子计算方式由电子装置获取的撕破强力—位移曲线中计算撕破强力。两种方式的实施过程可以参考"实验 B 裤形法（单缝法）织物撕破强力测试"中的图 4-17 和"（五）试验结果"部分。

（六）试验报告

试验报告应包括一般资料和试验结果两部分内容。一般资料包括以下内容。

（1）本次试验的编号、日期、执行标准或协议。

（2）样品规格、尺寸和取样方法。

（3）试样数量、剔除试验结果数和剔除原因。

（4）异常撕裂情况。

（5）经、纬向撕破强力的总平均值（N）。如果只有三块或四块试样是正常撕破的，应另外分别注明每个试样的试验结果；根据需要，给出撕破强力的变异系数（%）和95%置信区间（N）。

（6）手工计算时，可根据需要给出每块试样最大峰值的平均值（N）。

（7）手工计算时，可根据需要，给出每块试样的最小和最大撕破强力峰值，单位为 N。

思　考　题

1. 织物撕破性能的客观评价指标有哪些？

2. 织物撕破性能的测试方法有哪几种？各自测试原理是什么？

3. 相对于其他 4 种方法，冲击摆锤法在测量数据上有何不同？

4. 测试同一种织物试样，单缝法（裤形法）和双缝法（舌形法）测试数据有何不同？这两种方法对织物试样的适应性相同吗？

5. 测试同一种织物试样，裤形法、梯形法和翼形法的测试数据有何不同？请试着分析原因。

6. 有哪些原因可能导致织物撕破试验出现异常值？

7. 影响织物撕破强度的因素有哪些？

第三节　织物折痕回复性测试

一、实验目的

通过折痕回复角方法对织物的抗皱性能进行测试和分析。分别测量得到织物试样经向（纵向）、纬向（横向）的折痕回复角，包括急弹回复角和缓弹回复角，以此对待测织物试样的折皱回复性能进行评价。学习和掌握折痕回复角、急弹回复角、缓弹回复角的定义，掌握水平法和垂直法测量折痕回复角的方法。

二、基本知识

纺织服装在服用和洗护过程中经受各种外力作用，在布面上形成不规则的皱痕，使服装外观受到影响，这种现象通常称为起皱；织物抵抗起皱、产生褶皱后能快速回复的能力通常称为抗皱性。人们希望服装起皱后能够尽快回复，特别对于衬衣、制服一类的正装，希望能够长久地保持笔挺平服的着装状态。有些织物具有较好的抗皱性，例如，毛织物服装在穿着之后挂置于衣架上，折痕经过一晚上就可消失，而棉、麻和黏胶等纤维原料加工的服装折痕不容易自然回复，往往需要经过洗涤、熨烫才能消除全部折痕。

对不同类型织物的抗皱性进行评价，通常采用平整度法和折痕回复角法。平整度法是将织物试样经过规定条件的洗涤、晾干，或经受设定条件的起皱处理，然后与标准起皱状态的试样进行目光比对，从而对其起皱等级进行评定。平整度法对检测人员的经验和评定环境条件有较高要求。

折痕回复角法是将一定形状和尺寸的试样，在规定条件下折叠加压保持一定时间。卸除负荷后，让试样经过一定时间自然回复，然后测量折痕回复角，以测得的角度来表示织物的折痕回复能力。折痕回复角法采用仪器测量和客观评定方式，测量具有客观性，测量结果为客观量化的角度数据。这里介绍折痕回复角试验。

根据折痕线与水平面的空间相对位置，折痕回复角测试方法又分为水平法和垂直法。水平法是保持折痕线与水平面平行测量回复角度的方法，相对地，垂直法是令折痕线与水平面垂直测量回复角度的方法。

三、实验A　水平法测折痕回复角

（一）试验仪器和试样

水平法折痕回复角测试仪，待测织物试样不少于20块。

（二）仪器结构原理

水平法折痕回复角测试仪主要由加压装置和折痕回复角测量装置构成。加压装置主要由垫块和压块构成，如图4-28所示。加压装置依靠压块的重力将长方形试样对折加压，令其产生折痕以测试折痕回复角。在将负荷施加到试样上的时间内，压块、垫块的接触面保持相互平行。其中压力负荷为10 N，承受压力负荷的面积为15 mm×15 mm，加压时间为5 min±5 s。

折痕回复角测量装置主要由刻有角度的刻度盘和试样夹组成。圆形刻度盘用角度划分，精确到±0.5°。试样夹刃口边缘离刻度盘轴心线2 mm，并能保证试样折痕线与刻度盘轴心线相重合，试样夹可绕刻度盘轴心旋转，以使试样自由翼保持竖直位置，如图4-29所示。

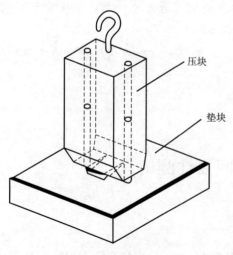

图4-28　水平法折痕回复角
测试仪加压装置

压块

垫块

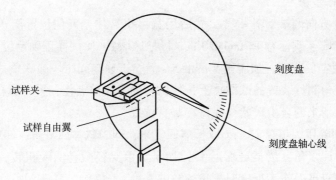

图 4-29 折痕回复角测量装置

(三) 试验准备

1. 取样

水平法试样是尺寸为 40 mm×15 mm 的长方形。每个样品的试样数量至少 20 个, 即试样的经向和纬向各 10 个, 每一个方向的正面对折和反面对折各 5 个。日常试验可只测样品的正面, 经向和纬向各 5 个。

取样时, 为了保证测试样品具有充分代表性, 按照图 4-30 所示方法在样品上采集试样, 确保试样离开布边距离大于 150 mm。取样避开有疵点、折皱和变形的部位。

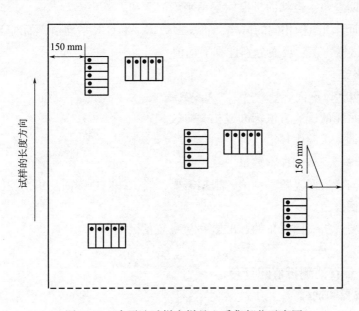

图 4-30 水平法试样在样品上采集部位示意图

2. 调湿

将试样放在标准大气环境 [(20±2)℃ 和 RH (65±2)%] 中平衡至少 24 h, 使试样达到吸放湿平衡。调湿时, 将试样放置在铁丝网或网孔上确保所有的面都暴露在周围大气中。经过平衡后的试样, 要用夹钳或橡胶护指套拿取。

（四）试验操作步骤

（1）试样长度方向两端对齐折叠，然后用宽口钳夹住，夹住位置离布端不超过 5 mm，移至垫块上规定区域（或标有 15 mm×20 mm 标记区域），使试样正确定位，放下压块。

（2）试样在规定负荷下，加压至 5 min±5 s 后，迅速提起压块卸除负荷，将夹有试样的宽口钳转移至回复角测量装置的试样夹上，使试样的一翼被夹住，另一翼自由悬垂，连续调整试样夹，使悬垂下来的自由翼始终保持在竖直位置。

（3）自试样卸除压力负荷 15 s 读取折痕回复角，即为急弹回复角；卸压 5 min 后读取折痕回复角，为缓弹回复角，读至最临近 1°，如果自由翼轻微卷曲或扭转，以通过该翼中心和刻度盘轴心的垂直平面作为折痕回复角读数的基准。

（五）试验结果

分别测量如下各方向的折痕回复角平均值（°），计算精确到 0.1。

（1）经向（纵向）折痕回复角。

①正面对折：急弹回复角，缓弹回复角。

②反面对折：急弹回复角，缓弹回复角。

（2）纬向（横向）折痕回复角。

①正面对折：急弹回复角，缓弹回复角。

②反面对折：急弹回复角，缓弹回复角。

（3）总折痕回复角：经纬向折痕回复角平均值之和。

对于正、反面组织结构相同的试样，正反面数据一起计算平均值；而对于正、反面组织结构明显不同的试样，正、反面分别计算平均值。

（六）试验报告

试验报告应包括以下内容。

（1）本试验采用的试验方法标准或相关协议。

（2）试验日期、试验中环境条件。

（3）样品名称、规格、样本数量。

（4）经、纬向折痕回复角平均值，根据需要，经、纬向急弹回复角平均值。

（5）总折痕回复角。

（6）根据需要，折痕回复角的标准差和 95% 置信区间。

四、实验 B 垂直法测折痕回复角

（一）试验仪器和试样

垂直法折痕回复角测量仪，也称为织物折皱弹性测试仪，待测织物试样不少于 20 块。

（二）仪器结构原理

织物折皱弹性测试仪如图 4-31 所示，主要由加压系统和采样小车构成。

加压系统的示意图如图 4-32 所示，由试样夹（小翻板）、透明压板、加压重锤构成。图中试样夹的透明压板中心、压力重锤的中心与试样有效承压面积的中心相重合。

图 4-33 分别显示加压装置在（a）空置、（b）固定试样和（c）卸压后测量三个状态。加压装置依靠加压重锤的重力将凸形试样对折加压，令其产生折痕以测试折痕回复角。其中

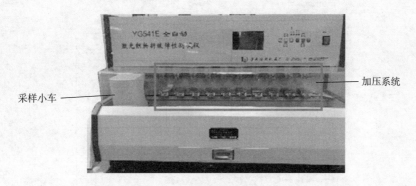

图 4-31　织物折皱弹性测试仪

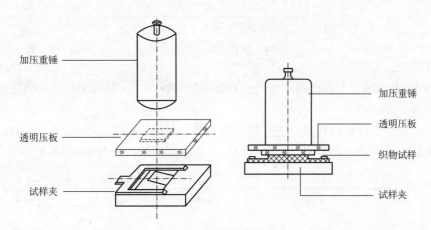

图 4-32　垂直法折痕回复角测试仪加压系统

(a) 空置　　　　　　(b) 固定试样　　　　　　(c) 卸压后测量

图 4-33　加压装置夹持试样的状态

压力负荷为 10 N，承受压力负荷的面积为 18 mm×15 mm，加压时间为 5 min±5 s。

（三）试验准备

1. 取样

水平法试样为凸形试样，形状和尺寸如图 4-34 所示。每个样品至少准备 20 个试样，经

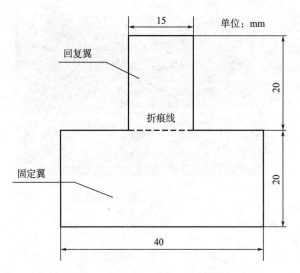

图 4-34　垂直法试样形状和尺寸

向和纬向各 10 个，每一个方向的正面对折和反面对折各 5 个。日常试验可只测样品的正面，经向和纬向各 5 个。

取样时，为了保证测试样具有充分代表性，确保试样离布边距离大于 150 mm。不要在有疵点、折皱和变形的部位取样。试样在样品上采集部位示例如图 4-35 所示。

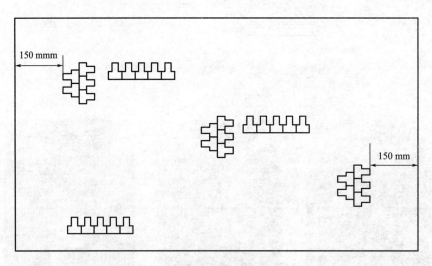

图 4-35　垂直法试样取样部位示意图

2. 调湿

将试样放在标准大气环境 [(20±2) ℃和 R. H. (65±2)%] 中平衡至少 24 h，使试样达到吸放湿平衡。调湿时将试样放置在铁丝网或网孔上确保所有的面都暴露在周围大气中。经过平衡后的试样，要用夹钳或橡胶护指套拿取。

（四）试验操作步骤

（1）仪器在复位状态时，逐个推平小翻板，如图 4-33（a）所示，逐个按下小翻板下的夹布钮，使夹布器开启，将试样的固定翼装入试样夹内，一般要求前5位放置经向试样，后5位放置纬向试样。

（2）按动操作面板上的"测试"键，液晶屏显示"放样开始"；使试样的折叠线与试样夹的折叠标记线重合；如确认试样已放置妥当，再按动"测试"键，液晶屏显示"加压开始"，同时把左边第一个试样沿折痕线弯曲，放上透明压板，如图4-33（b）所示；15 s后压力重锤落下，然后开始第2个试样加压操作，从左到右依此类推压好10个试样。

（3）压重完成后，仪器将自动按规定时间和程序测试折痕回复角，并显示测试数据。试样承受压力负荷达到5 min后，仪器迅速卸除压力负荷，并将试样夹连同透明压板一起翻转90°，随即去除透明压板，同时，试样回复翼打开，如图4-33（c）所示。

（4）采样小车从左至右依次读取折痕回复角，读至最临近1°。回复翼有轻微 的卷曲或扭转，以其根部挺直部位的中心线为基准。

（五）试验结果

分别测量如下各方向的折痕回复角平均值（°），计算精确到0.1。

（1）经向（纵向）折痕回复角。

①正面对折；

②反面对折。

（2）纬向（横向）折痕回复角：

①正面对折；

②反面对折。

（3）总折痕回复角。经纬向折痕回复角平均值之和。

对于正、反面组织结构相同的试样，正反面数据一起计算平均值；而对于正、反面组织结构明显不同的试样，正、反面分别计算平均值。

（六）试验报告

试验报告应包括以下内容。

（1）本试验采用的试验方法标准或相关协议。

（2）试验日期、试验中环境条件。

（3）样品名称、规格及样本数量。

（4）经、纬向折痕回复角平均值，根据需要，显示急弹、缓弹回复角。

（5）总折痕回复角。

（6）根据需要，计算折痕回复角的标准差和95%置信区间。

思 考 题

1. 评价织物抗皱性的指标有哪些，分别有何物理意义？

2. 测量织物折痕回复角的原理是什么？

3. 目前有哪两种方法用于测量织物的折痕回复角？对试样的形状和尺寸分别有怎样要求？

4. 对同一试样，为何要分别测量正面、反面的折痕回复角？

5. 对同一试样，经向和纬向的折痕回复角测量数据相同吗？为什么？

6. 总折痕回复角数据是怎样得到的？为什么？

7. 影响织物折皱回复性或抗皱性的因素有哪些？

第四节　纺织面料尺寸稳定性测试

一、实验目的

掌握表征织物尺寸稳定性的指标及物理意义；掌握织物尺寸稳定性的基本测试方法；学习和了解纺织品尺寸不稳定性对产品质量的影响，以及引起纺织面料尺寸不稳定性的因素。

二、基本知识

1. 织物尺寸稳定性及其影响因素

织物尺寸稳定性是指织物在热、湿、机械外力、化学助剂等作用下，其各方向尺寸维持稳定不变的性能。对于不同类型的织物，令其尺寸产生不稳定性的原因通常有残余应力收缩、湿膨胀收缩、热收缩以及毡缩等。

（1）残余应力收缩。在纺、织、染及后整理等加工过程中，纤维、纱线、织物经受外部张力产生拉伸变形，外力去除后，织物中仍有残余内应力；若织物经过充分时间放置，或经过洗涤、水、蒸汽、助剂等的作用，使织物内部残余应力得以释放，外观上看织物的某些部位或方向上发生尺寸收缩。

（2）湿膨胀收缩。对于天然纤维和再生纤维织物，这是产生尺寸不稳定的主要原因。吸湿好的纤维及其织物，在浸渍、洗涤过程中存在明显的吸湿膨胀现象，使织物中含吸湿纤维的纱线屈曲程度增加，引起该方向上织物尺寸缩短；织物干燥后，纤维、纱线的直径减少，但在吸湿膨胀中产生的变形由于受纤维结构体内的摩擦阻力限制难以完全回复，从而使尺寸减小，即通常说的缩水。

（3）毡缩现象。在热、湿条件下，覆盖于毛纤维表面的鳞片张角变大，使纤维表面顺、逆摩擦系数差值（又称为差微摩擦效应）更加明显，织物中的毛纤维在洗护过程中相互穿插产生毡化，导致织物尺寸减少。毡缩是毛织物特有的现象。

（4）热收缩现象。合成纤维织物在加工和使用中，如果遇到高温高湿，部分合成纤维会产生热收缩，从而导致织物尺寸减少，合纤织物经常发生热收缩现象。

对于服用面料而言，其尺寸稳定是保证服装外观品质合格的重要基础性能。为此，服用面料在加工成成衣之前需要经过各种处理，以提高其尺寸稳定性，如缩水处理、防缩整理、热定形等。此外，通过测试，获取织物尺寸稳定性的详细信息，对于服装产品的设计、加工都是非常重要的。

通常根据服装面料的使用环境，织物的尺寸稳定性测试可以分为多种方式，这里重点学习织物经洗涤和干燥后尺寸的变化测定方法。

2. 测试原理

在洗涤前，织物试样在规定的标准大气条件中调湿并测试尺寸；试样在洗涤和干燥后，再次调湿、测试其尺寸，然后根据式（4-7）分别计算试样在长度方向和宽度方向上的尺寸变化率。

$$D = \frac{x_t - x_0}{x_0} \times 100 \qquad (4-7)$$

式中：D 为试样在长度/宽度方向上两标记点间的尺寸变化率（%）；x_0 为试样在长度/宽度方向上两标记点间的初始尺寸（mm）；x_t 为试样处理后的尺寸（mm）。

三、试验仪器和试样

直尺、钢卷尺或玻璃纤维卷尺，以毫米为刻度，其长度大于所测量的最大尺寸。做标记的用具，包括不褪色墨水或织物标记打印器。

平滑测量台，以放置整个样品。

织物尺寸稳定性试验适用于各类服用面料样品，包括机织物、针织物及服装。

四、织物试样

1. 选样

织物试样应具有代表性，在距离布端 1 m 以上取样。裁样之前标出试样的长度方向。

2. 尺寸

裁剪试样，每块至少 500 mm×500 mm，各边分别与织物长度和宽度方向平行。如果幅宽小于 650 mm，可用全幅试样进行试验。

3. 调湿

试样应按照 GB/T 6529 标准规定的标准大气条件对试样进行调湿。将试样放置在调湿大气中，在自然松弛状态下调湿不少于 4 h 或达到恒重。

五、测量操作

1. 标记

将试样放置在平滑测量台上，在试样的长度和宽度方向上至少各做 3 对标记点。每对标记点之间的距离至少 350 mm，标记点距离试样边缘不小于 50 mm，标记点在试样上分布均匀。图 4-36 显示测量标记的区域和位置。

2. 尺寸测量

将试样平放在测量台上，轻轻抚平褶曲，避免扭曲试样。将量尺放在试样上，测量两标记点之间的距离，记录精确至 1 mm。

3. 试样处理

参考标准 GB/T 8629 的试验条件，或协议规定的标准试验条件，对试样进行洗涤、干燥和调湿处理。

4. 处理后尺寸测量

经过步骤 3 处理后的试样，再按照步骤 2 要求测量相应位置标记点之间的距离，精确至 1 mm。

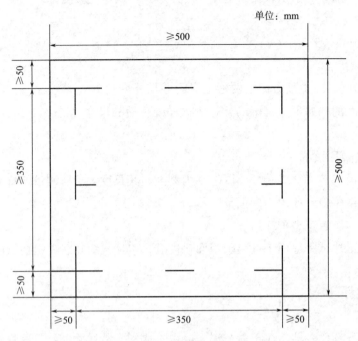

图 4-36 织物试样的标记

六、试验结果

分别记录每对标记点的测量值，根据式（4-7）计算试样在长度方向（经向或纵向）和宽度方向（纬向或横向）尺寸变化率的平均值，修约至 0.1%。使用"+"号表示伸长，使用"-"号表示收缩。

七、试验报告

试验报告应包括下述内容。

（1）测试样品的规格、描述和尺寸。

（2）试样洗涤、干燥、调湿处理所采用的标准或试验参数。

（3）每个测量部位的描述。

（4）经向（纵向）、纬向（横向）上尺寸变化率测量和计算的数据。

思 考 题

1. 导致服装面料尺寸不稳定的原因有哪些？织物尺寸不稳定对纺织产品质量有哪些影响？

2. 评价织物尺寸稳定性的指标是什么，如何测量和计算？

3. 在测量布面上标记点间的尺寸之前，为何要对试样进行调湿？

第五节　织物透气性测试

一、实验目的

学习和掌握织物透气性的表征指标及物理意义；掌握织物透气性的基本测试方法；掌握透气性表征指标的计算方法；学习和了解织物透气性对产品质量的作用；了解影响织物透气性的因素。

二、基本知识

织物透气性是指织物两面存在空气压差的情况下，织物透过空气的性能。纺织面料的透气性对于服装的舒适性具有重要意义。冬季外衣面料需要阻止内外层气流交换、阻止热量散失；夏季服装面料应具备良好的透气性便于散热、保持凉爽舒适。运动衣、冲锋衣、滑雪服等均对织物透气性有较高要求。

透气性对很多纺织产品来说是非常重要的一项品质要求，例如，空气过滤织物、气囊、蚊帐、降落伞、帆、真空吸尘器滤芯等，透气性能好坏与其功效发挥有密切关系。

织物透气性取决于织物结构中纱线间、纤维间孔隙的数量、分布与孔隙形态，即织物的各级孔隙结构参数；涂层、覆膜等后整理工艺也可很大程度上改变织物的透气性能。

织物透气性的测试原理：在规定的压差条件下，测定一定时间内垂直通过给定面积试样的气流流量，计算出透气率 R，单位为 mm/s 或 m/s。气流速率可直接测出，也可通过测定流量孔径两面的压差换算而得。根据式（4-8）或式（4-9）计算透气率：

$$R = \frac{Q_V}{A} \times 167 \tag{4-8}$$

$$R = \frac{Q_V}{A} \times 0.167 \tag{4-9}$$

式中：R 为织物试样的透气率（mm/s 或 m/s）；Q_V 为平均气流量（dm³/min 或 L/min）；A 为试验面积（cm²）；167 为由 dm³/min×cm² 换算成 mm/s 的换算系数；0.167 为由 dm³/min×cm² 换算成 m/s 的换算系数。

其中式（4-9）主要用于稀疏织物、非织造布等透气率较大的织物。

三、实验 A 织物透气性测试

（一）试验仪器和试样

织物透气性测试仪如图 4-37 所示，包括控制面板、测试头和试样固定夹持系统。

测试头，也称试样圆台，具有试验面积为 5 cm²、20 cm²、50 cm² 和 100 cm² 的圆形通气孔，通过不同孔径的气流喷嘴及透气孔板来调节试验面积 A，图 4-38 为不同孔径的气流喷嘴。试样固定夹持系统包含夹具和橡胶垫圈，夹具能平整地固定试样，保证试样边缘不漏气；橡胶垫圈与夹具吻合，用以防止漏气。图 4-39 为试样固定夹持系统。

图 4-37　织物透气性测试仪

图 4-38　不同孔径的气流喷嘴

图 4-39　试样固定夹持系统

　　织物透气性试验方法适用于大多数织物，包括机织物、针织物、非织造布、气囊用布、毛毯、起毛织物、起绒织物和多层织物；织物可以是未经后整理的，也可以是经上浆、涂层、树脂整理或经其他整理的。

　　试验参量推荐为以下数据。

　　　　　　试验面积：20 cm² （普通服用织物）。

　　　　　　压　　　降：100 Pa （服用织物）；200 Pa （产业用织物）。

　　可根据织物试样的性能、用途调整上述试验参量；试验所用参量应在试验报告中予以说明。

（二）织物试样准备

1. 选样

　　织物取样应具有代表性，测试样要分布在整幅样品宽度和长度范围，最好是沿待测样品的斜对角取样，距离布边 1/10 幅宽以上。确保试样不被折叠，没有折痕、折皱，在取样时，避免沾油、水、油脂等。

　　裁剪样品时，剪取的样品最小尺寸不能小于夹持面积。

2. 调湿

　　按照 GB/T 6529 标准规定的标准大气条件对试样进行调湿。若已知待测试样的透气性不受热或湿度的影响，根据协议或合同约定，试样可以不用调湿。

（三）测量操作

　　（1）将试样夹持在试样圆台上，测试点避开布边及折皱处，夹样时采用合适的张力使试样平整而又不变形。在试样的低压一侧（即试样圆台一侧）垫上垫圈。当织物正反两面透气性有差异时，应在报告中注明测试面。记录采用的试验面积 A，单位为 cm^2。

（2）启动仪器吸风机使空气通过试样，调节流量，使压降逐渐接近选用的值，1 min 后或达到稳定时，记录气流流量。

（3）在同样的条件下，在同一样品的不同部位重复测定至少 10 次。记录每次测量得到的气流量数据。

（4）如果测量中发现夹具漏气，则该次测量数据应剔除。

（四）试验结果

（1）计算气流量平均值 Q_v 和变异系数（至 0.1%）。

（2）根据式（4-8）或式（4-9）计算试样透气率 R，修约至测量范围（测量档满量程）的 2%。

（3）根据式（4-10）计算透气率的 95% 置信区间（$R±\Delta$），单位和计算精度与透气率计算相同。

$$\Delta = s \cdot t / \sqrt{n} \qquad\qquad (4-10)$$

式中：s 为标准偏差；n 为试验次数；t 为 95% 置信区间、自由度为 $n-1$ 的信度值，t 和 n 的对应关系见表 4-3。

表 4-3 根据 n 得到统计值 t

n	5	6	7	8	9	10	11	12
t	2.776	2.571	2.447	2.365	2.306	2.262	2.228	2.201

（五）试验报告

试验报告应包括下述内容。

（1）试验所采用的标准或协议等。

（2）样品名称、规格、编号，并说明气流通过织物的方向。

（3）调湿、测试环境条件。

（4）采用的试验面积、压降。

（5）试验结果。

①透气率 R，mm/s 或 m/s。

②透气率变异系数，%。

③透气率 R 的 95% 置信区间，mm/s 或 m/s。

四、实验 B 全自动织物透气性试验

（一）试验仪器和试样

全自动织物透气性测试仪，包括控制系统和试样固定系统，图 4-40 为仪器实物图。

仪器测试原理与传统织物透气性测试仪一样，但由于采用微机处理技术，并结合优化的压力传感器和流量传感器，使得测量过程自动化程度提高，测量精度提高。

可测量的织物试样范围与实验 A 一致。

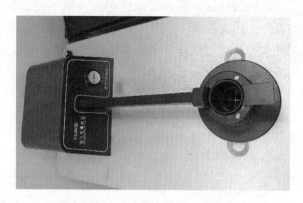

图 4-40　全自动织物透气性测试仪

(二) 织物试样准备

1. 选样

织物取样应具有代表性，测试样要分布在整幅样品的宽度和长度的范围上，最好是沿斜对角取样，距离布边 1/10 幅宽以上。确保试样不被折叠，没有折痕、折皱，在取样时，避免沾油、水、油脂等。试样无需专门裁取，大面积试样可用于测量。

2. 调湿

试验前调湿方法参照实验 A。

(三) 测量操作

（1）打开设备电源、气泵和计算机软件。

（2）参数设置。点开软件系统"设置参数方案"，按照标准或协议要求设置参数，包括使用标准、单位、压差、试验面积等。孔板号可用默认值或自行设置；在"应用设置"中勾选"自动选择孔板"。

（3）测试操作。将试样平整铺放于测试台，待测部位位于试样固定系统正下方；在软件界面点击"快速测试—启动"，仪器自动根据试样的透气情况选择测试孔大小，直至选择出合适的测试孔，测试结束显示透气率数据。

（4）移动试样位置，按照步骤（3）继续测试至全部完成。

（5）在软件界面中点击"报表"，导出试验数据至 EXCEL 文件。

(四) 试验报告

试验报告内容参照实验 A。

思 考 题

1. 表征织物透气性的指标是什么，有何物理意义？如何测量和计算？
2. 织物透气性对纺织产品的品质有怎样的影响？请举例说明。
3. 织物透气性测量中，试验面积的选择对试验结果有何影响？

第六节　织物耐磨性测试

一、实验目的

学习和掌握织物耐磨性的基本评价方法和表征手段；通过试样的破损、质量损失或外观变化对织物的耐磨性进行评定。学习和了解三种评定方式的工作原理、对织物试样的适应范围以及测试数据的特点；掌握三种评定方式的基本试验操作，能够通过试验数据对所测试样的耐磨性进行正确评定和分析。了解不同类型织物耐磨性的特点，了解织物耐磨性的主要影响因素。

二、基本知识

磨损是指织物在使用过程中经常受到其他物体的反复摩擦而逐渐损坏的现象；织物耐磨性能是指织物抵抗磨损的性能。耐磨性对服用面料、家居用纺织面料产品以及一些工业用纺织品的力学耐久性有重要意义，因此，对其品质质量有重要影响。

实验室中评定织物的耐磨性，首先用仪器模拟织物在实际使用中的各种情形令其产生磨损，根据试样的磨损状态对其耐磨性进行评定。磨损方式包括以下几种。

（1）平磨。织物受到往复或回转的平面摩擦，如衣服的袖子、裤子的臀部、袜子的底部、箱包产品侧面和底部等部位的磨损。

（2）曲磨。织物在弯曲状态下受到的反复摩擦，如肘部、膝盖等部位的磨损。

（3）折边磨。织物对折边缘的磨损，如衣服的领口、袖口、裤边等折边处的磨损。

（4）动态磨。织物在较大幅度的运动中与固定或运动的磨料发生摩擦，例如，织物在洗衣机中的磨损等。

基于各类不同的磨损状态，研究者开发了不同类型的织物耐磨性测试方法及相应仪器，其中应用最为普遍的是采用马丁代尔法测定织物的耐磨性能。

马丁代尔法的基本测试原理：将织物试样在马丁代尔摩擦试验仪上经过一定量的磨损后，测量试样的破损、质量损失或外观变化以此评定试样的耐磨性；或设定规定程度的试样破损、质量损失或外观变化状态，测定试样为此所经受的磨损量，以此评定试样的耐磨性。

马丁代尔法测定织物的耐磨性用到的专业术语如下。

李莎茹图形（Lissajous figures）：由变化运动形成的图形，从一个圆逐渐窄化成椭圆，直到成为一条直线；再由该直线反向渐进为逐渐加宽的椭圆直到成为圆。以对角线重复该运动。

磨损周期（abrasion cycle）：其轨迹形成一个完整李莎茹图形的平面摩擦运动。包括 16 次摩擦，即马丁代尔摩擦试验仪两个外侧驱动轮转动 16 圈，内侧驱动轮转动 15 圈。

三、实验 A 破损法测定织物耐磨性

（一）试验仪器、试样和辅助材料

放大镜或低倍数码显微镜。

图 4-41　马丁代尔耐磨试验仪

马丁代尔耐磨试验仪，如图 4-41 所示，符合 GB/T 6529.1 对仪器的要求。马丁代尔法耐磨试验适用于大多数纺织织物，包括机织物、针织物、绒毛高度在 2 mm 以下的起绒织物、非织造布、涂层织物以及以机织物、针织物为基布的复合膜；不适用于特别指出磨损寿命较短的织物。

不同类型织物试样根据 GB/T 6529.1 选择相对应的辅助材料（磨料）。对于涂层织物，应选用 No. 600 水砂纸作为标准磨料。

（二）测试原理

安装在马丁代尔耐磨试验仪试样夹具内的圆形试样，在规定的负荷下，以轨迹为李莎茹图形的平面运动与磨料（即标准织物）进行摩擦，试样夹具可绕其与水平面垂直的轴自由转动。计数令试样破损的总摩擦次数，确定织物的耐磨性能。

当试样出现下列情形时作为摩擦终点，即为试样破损。

（1）机织物中至少两根独立的纱线完全断裂。

（2）针织物中一根纱线断裂造成外观上的一个破洞。

（3）起绒或割绒织物表面绒毛被磨损至露底或有绒簇脱落。

（4）非织造布上因摩擦造成的孔洞，其直径至少为 0.5 mm。

（5）涂层织物的涂层部分被破坏至露出基布或有片状涂层脱落。

辅助材料（磨料）表面与织物试样的测试面摩擦，直至达到上述破损条件。根据试样破损确定总摩擦次数。记录试样破损前累积的摩擦次数即耐磨次数。

（三）试验准备

1. 调湿

调湿和试验用大气采用 GB/T 6529 规定的三级标准大气，即温度（20±2）℃、相对湿度（65±5）%。

2. 取样

批量样品的数量应按相应产品标准的规定或按协议商定抽取。在抽样和试样准备的整个过程中确保拉伸应力尽可能小，以防止织物被不适当地拉伸。

实验室样品的选取：从批量样品中选取有代表性的样品，取织物的全幅宽作为实验室样品。

从实验室样品中剪取试样：取样前将实验室样品在松弛状态下置于光滑的、空气流通的平面上，在"1. 调湿"规定的标准大气中放置至少 18 h。

距布边至少 100 mm，在整幅实验室样品上剪取足够数量的试样，一般至少 3 块。

对机织物而言，所取的试样间应包含不同的经纱或纬纱。对提花织物或花式组织的织物应注意使试样包含图案各部分的所有特征，保证试样中包括有可能对磨损敏感的花型部位。每个部分分别取样。

3. 试样和辅助材料的尺寸

（1）试样尺寸。试样直径为 38.5 mm。

（2）磨料的尺寸。磨料的直径或边长至少为 140 mm。

（3）磨料毛毡底衬的尺寸。机织羊毛毡底衬的直径应为 145 mm。

（4）试样夹具泡沫塑料衬垫的尺寸。试样夹具泡沫塑料衬垫的直径应为 38.5 mm。

4. 摩擦负荷参数设置

根据待测试样的类型选用不同的摩擦负荷，摩擦负荷总有效质量（即试样夹具组件的质量和加载块质量之和）有三种。

（1）（795±7）g（名义压强为 12 kPa）。适用于工作服、家具装饰布、床上亚麻制品、产业用织物。

（2）（595±7）g（名义压强为 9 kPa）。适用于服用和家用纺织品（不包括家具装饰布和床上亚麻制品），也适用于非服用的涂层织物。

（3）（198±2）g（名义压强为 3 kPa）。适用于服用类涂层织物。

5. 试样及辅料的准备和安装

（1）准备。从实验室样品上模压或剪切试样。特别注意切边的整齐状况，以避免在下一步处理时发生不必要的材料损失。以相同的方式准备磨料织物、毛毡和泡沫塑料辅助材料。每次试验开始时，用新的标准磨料和试样。

（2）安装试样。将试样夹具压紧螺母放在仪器台的安装装置上，试样摩擦面朝下，居中放在压紧螺母内。若试样的单位面积质量小于 500 g/m²，将泡沫塑料衬垫放在试样上。将试样夹具嵌块放在压紧螺母内，再将试样夹具接套放上后拧紧。安装试样时注意避免织物弄歪变形。

（3）安装磨料。移开试样夹具导板，将毛毡放在磨台上，再把磨料放在毛毡上。放置磨料时，要使磨料织物的经纬向纱线平行于仪器台的边缘。将质量为（2.5±0.5）kg、直径为（120±10）mm 的重锤压在磨台上的毛毡和磨料上面，拧紧夹持环，固定毛毡和磨料，取下加压重锤。

安装试样和辅助材料后，将试样夹具导板放在适当的位置，准确地将试样夹具及销轴放在相应的工作台上，将耐磨试验规定的加载块放在每个试样夹具的销轴上。

（四）试验操作

（1）打开电源，在参数设置面板（图 4-42）上设置预定圈数。触碰"测试"按钮，仪器开始工作，试样测试面和磨料表面按照设定规格的李莎茹运动曲线相对运动和摩擦，直到预定的摩擦转数，仪器自动停止。

（2）用放大镜或低倍数码显微镜观察各试样的磨损程度并估计耐磨次数范围，参考表 4-4，选择和设定继续试验所需要的摩擦间隔转数。

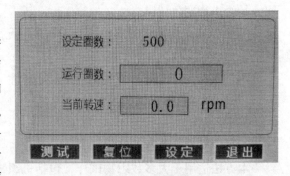

图 4-42 耐磨试验仪参数设置面板

表 4-4　磨损试验的检查间隔

试验系列	预计试样出现破损时的摩擦次数	检查间隔
0	≤2 000	200
a	2 000~5 000	1000
b	5 000~20 000	2000
c	20 000~40 000	5000
d	>40 000	10 000

当试验接近预计终点时，可减小间隔，直到终点。

（3）在参数设置面板上（图 4-42）重新设定摩擦间隔转数，启动仪器继续摩擦。

（4）若 6 个试样中有试样已达到试验终止状态，即满足"二、测试原理"的（1）~（5）任一种情况，触摸其对应的工位计数窗，将该工位计数功能锁定，并卸下该工位摩擦头。

（5）继续试验，直到所有 6 个试样都达到规定的破损条件。

（6）若试样摩擦中出现起球，可以选择下列操作之一。

①继续试验，在报告中给予记录。

②减掉球粒，继续试验，在报告中给予记录。

（五）试验结果

记录每一个试样发生破损时的总摩擦次数，以试样破损前累积的摩擦次数作为耐磨次数。计算耐磨次数的平均值，需要的话，可以计算平均值和置信区间。

如果需要，按 GB/T 250 评定试样摩擦区域的变色。

（六）试验报告

试验报告应包括以下内容。

（1）本试验采用的测试方法或试验标准。

（2）试验日期、试验中环境条件。

（3）样品的规格参数、样本数量。

（4）试验中所用的摩擦负荷或名义压强。

（5）所用磨料的描述。

（6）单个试样的耐磨试验结果，包括以下信息：平均耐磨次数、平均值的 95% 置信区间、是否进行变色评定。

（7）偏离正常情形的其他细节或异常情况。

四、实验 B 质量损失法测定织物耐磨性

（一）试验仪器、试样和辅助材料

马丁代尔耐磨仪如图 4-41 所示。

天平，精度为 0.001 g。

本方法适用于大多数织物试样，包括机织物、针织物、绒毛高度在 2 mm 以下的起绒织物、非织造布、涂层织物，以及以机织物、针织物为基布的复合膜；不适用于特别指出磨损寿命较短的织物。

本方法中辅助材料（磨料）的选用参照 GB/T 6529.1 要求。

（二）测试原理

安装在马丁代尔耐磨试验仪试样夹具内的圆形试样，在规定的负荷下，以轨迹为李莎茹图形的平面运动与磨料（即标准织物）进行摩擦，试样夹具可绕其与水平面垂直的轴自由转动。在试验的过程中间隔称取试样的重量，根据试样的质量损失评定织物的耐磨性能。

根据试样预计破损的摩擦次数，在设立的每一档摩擦次数下（表4-5）测定试样的质量损失。

表4-5 磨损试验的检查间隔

试验系列	预计试样破损时的摩擦次数	在以下摩擦次数时测定质量损失
a	≤1 000	100, 250, 500, 750, 1 000
b	1 000~5 000	500, 750, 1 000, 2 500, 5 000
c	5 000~10 000	1 000, 2 500, 5 000, 7 500, 10 000
d	10 000~25 000	5 000, 7 500, 10 000, 15 000, 25 000
e	25 000~50 000	10 000, 15 000, 25 000, 40 000, 50 000
f	50 000~100 000	10 000, 25 000, 50 000, 75 000, 100 000
g	>100 000	25 000, 50 000, 75 000, 100 000

（三）试验准备

1. 调湿

调湿和试验用大气采用 GB/T 6529 规定的三级标准大气，即温度为（20±2）℃、相对湿度为（65±5）%。

2. 取样

一般规定：批量样品的数量应按相应产品标准的规定或按协议规定抽取。应保证在抽样和试样准备的整个过程中拉伸应力尽可能小，以防止织物被不适当地拉伸。

实验室样品的选取：从批量样品中选取有代表性的样品，取织物的全幅宽作为实验室样品。

从实验室样品中剪取试样：取样前将实验室样品在松弛状态下置于光滑的、空气流通的平面上，在"1. 调湿"规定的标准大气中放置至少 18 h。

距布边至少 100 mm，在整幅实验室样品上剪取足够数量的试样，一般至少 3 块。

对机织物而言，所取的各块试样间应包含不同的经纱或纬纱。对提花织物或花式组织的织物应注意试样包含图案各部分的所有特征，保证试样中包括有可能对磨损敏感的花型部位。每个部分分别取样。

3. 试样和辅助材料的尺寸

（1）试样尺寸。试样直径为 38.5 mm。

（2）磨料的尺寸。磨料的直径或边长至少为 140 mm。

（3）磨料毛毡底衬的尺寸。机织羊毛毡底衬的直径为 145 mm。

（4）试样夹具泡沫塑料衬垫的尺寸。试样夹具泡沫塑料衬垫的直径应为 38.5 mm。

4. 摩擦负荷参数设置

根据待测试样的类型选用不同的摩擦负荷，摩擦负荷总有效质量（即试样夹具组件的质量和加载块质量之和）有三种。

（1）（795±7）g（名义压强为 12 kPa）。适用于工作服、家具装饰布、床上亚麻制品、产业用织物。

（2）（595±7）g（名义压强为 9 kPa）。适用于服用和家用纺织品（不包括家具装饰布和床上亚麻制品），也适用于非服用的涂层织物。

（3）（198±2）g（名义压强为 3 kPa）。适用于服用类涂层织物。

5. 试样及辅料的准备和安装

（1）准备。从实验室样品上模压或剪切试样。特别注意切边的整齐状况，以避免在下一步处理时发生不必要的材料损失。以相同的方式准备磨料织物、毛毡和泡沫塑料辅助材料。每次试验开始时，用新的标准磨料和试样。

（2）安装试样。将试样夹具压紧螺母放在仪器台的安装装置上，试样摩擦面朝下，居中放在压紧螺母内。若试样的单位面积质量小于 500 g/m²，将泡沫塑料衬垫放在试样上。将试样夹具嵌块放在压紧螺母内，再将试样夹具接套放上后拧紧。安装试样时注意避免织物弄歪变形。

（3）安装磨料。移开试样夹具导板，将毛毡放在磨台上，再把磨料放在毛毡上。放置磨料时，要使磨料织物的经纬向纱线平行于仪器台的边缘。将质量为（2.5±0.5）kg、直径为（120±10）mm 的重锤压在磨台的毛毡和磨料上，拧紧夹持环，固定毛毡和磨料，取下加压重锤。

安装试样和辅助材料后，将试样夹具导板放在适当的位置，准确地将试样夹具及销轴放在相应的工作台上，将耐磨试验规定的加载块放在每个试样夹具的销轴上。

（四）试验操作

（1）打开电源，根据试样预计破损的摩擦次数，按表 4-5 中给定的相关试验系列，预先选择摩擦次数，启动耐磨试验仪。

（2）摩擦已知质量的试样，直到所选择的表 4-5 试验系列中规定的摩擦次数，例如，试验系列 a，试样的摩擦次数分别为 100，250，500，750，1 000 等。

（3）从试样上取下加载块，然后小心地从仪器上取下试样夹具，检查试样表面的异常变化（例如，起毛或起球、起皱、起绒织物掉绒）。如果出现这样的异常现象，舍弃该试样。如果所有试样均出现这种变化，则停止试验。如果仅有个别试样有异常，重新取样试验，直至达到要求的试样数量。在试验报告中记录观察到的异常现象及异常试样的数量。

（4）为了测量试样的质量损失，小心地从仪器上取下试样夹具，用软刷除去两面的磨损材料（纤维碎屑），不要用手触摸试样。测量每个试样组件的质量，精确至 1 mg。

（五）试验结果

根据每一个试样在试验前后的质量差异，求出其质量损失。

计算相同摩擦次数下各个试样的质量损失平均值，修约至整数。如果需要，计算平均值的置信区间、标准差和变异系数（%），修约至小数点后一位。

当按照表 4-5 的摩擦次数完成试验后，根据各摩擦次数对应的平均质量损失作图，按式（4-11）计算耐磨指数。

$$A_i = n/\Delta m \tag{4-11}$$

式中：A_i 为耐磨指数（次/mg）；n 为总摩擦次数（次）；Δm 为试样在总摩擦次数下的质量损失（mg）。

如果需要，按 GB/T 250 评定试样摩擦区域的变色。

（六）试验报告

试验报告应包括以下内容。

（1）本试验采用的测试方法或试验标准。

（2）试验日期、试验的环境条件。

（3）样品的描述和样本数量。

（4）试验中所用的摩擦负荷或名义压强。

（5）所用磨料的描述。

（6）试验结果，试样在每一个特定的摩擦次数时质量损失的平均值，画出质量损失与摩擦次数数据图，计算耐磨指数。如果需要，通过进一步计算和评定分析得到如下结果：质量损失平均值的置信区间、标准差、变异系数（%）；如果进行了变色评定，报告变色级别。

（7）偏离正常情况的其他细节或异常情况。

五、实验 C 外观变化法测定织物耐磨性

（一）试验仪器、试样和辅助材料

马丁代尔耐磨仪如图 4-41 所示。

本方法适用于磨损寿命较短的纺织织物，包括非织造布和涂层织物。

辅助材料（磨料）的选用参照 GB/T 6529.1 要求。

（二）测试原理

安装在马丁代尔耐磨试验仪试样夹具内的圆形试样，在规定的负荷下，在轨迹为李莎茹图形的平面运动与磨料（即标准织物）进行摩擦。根据试样的外观变化确定织物的耐磨性能。

采用以下两种方法中的一种，与同一织物的未参与摩擦试样进行比较，评定试样的表面变化。

（1）进行摩擦试验至试验方法或协议规定程度的表面变化，确定达到规定表面变化所需的总摩擦次数（耐磨次数）。

（2）以试验方法或协议规定的摩擦次数进行摩擦试验，评定所发生的表面变化程度。

（三）试验准备

1. 调湿

调湿和试验用大气采用 GB/T 6529 规定的三级标准大气，即温度为（20±2）℃、相对湿度为（65±5）%。

2. 取样

（1）一般规定。批量样品的数量应按相应产品标准的规定或按协议商定抽取，也可按 GB/T 2828.1 规定抽取。确保在抽样和试样准备的整个过程中拉伸应力尽可能小，以防止织物被不适当地拉伸。

（2）实验室样品的选取。从批量样品中选取有代表性的样品，取织物的全幅宽作为实验室样品。

（3）从实验室样品中剪取试样。取样前，将实验室样品在松弛状态下置于光滑的、空气流通的平面上，在"1.调湿"规定的标准大气中放置至少18 h。

距布边至少100 mm，在整幅实验室样品上剪取足够数量的试样，一般至少3块。

对机织物，所取的各块试样间应包含不同的经纱或纬纱。对提花织物或花式组织的织物应注意试样包含图案各部分的所有特征，保证试样中包括有可能对磨损敏感的花型部位。每个部分分别取样。

3.试样和辅助材料的尺寸

（1）试样尺寸。试样的直径或边长至少为140 mm。

（2）磨料的尺寸。磨料直径为38.5 mm。

（3）毛毡底衬的尺寸。机织羊毛毡底衬的直径应为145 mm。

（4）试样夹具泡沫塑料衬垫的尺寸。试样夹具泡沫塑料衬垫的直径应为38.5 mm。

4.摩擦负荷参数设置

试样夹具及其销轴的质量为（198±2）g。

5.试样及辅料的准备和安装

（1）准备。从实验室样品上模切或剪切试样。注意切边的整齐状况，以避免在下一步处理时发生不必要的材料损失。以相同的方式准备磨料织物、毛毡和泡沫塑料辅助材料。每次试验开始时，用新的标准磨料和试样。

（2）安装试样。移开试样夹具导板，将毛毡放在磨台上，再把试样测试面朝上放在毛毡上。将质量为（2.5±0.5）kg、直径为（120±10）mm的重锤压在磨台上的毛毡和试样上面，拧紧夹持环，固定毛毡和试样，取下加压重锤。安装试样时注意避免织物弄歪变形。

（3）安装磨料。将试样夹具压紧螺母放在仪器台的安装装置上，磨料摩擦面朝下，居中放在压紧螺母内。将泡沫塑料衬垫放在磨料上，将试样夹具嵌块放在压紧螺母内，再将试样夹具接套套上后拧紧。

（4）安装试样和磨料后，将试样夹具导板放在适当的位置，准确地将试样夹具及销轴放在相应的工作台上。

（四）试验操作

1.耐磨次数评定方式

根据达到规定的试样外观变化而期望的摩擦次数，选用表4-6中所列的检查间隔。

表4-6　表面外观试验的检查间隔

试验系列	达到规定的表面外观期望的摩擦次数	检查间隔（摩擦次数）
a	≤48	16，以后为8
b	48~200	48，以后为16
c	>200	100，以后为50

预先设定摩擦次数，启动耐磨试验仪，连续进行磨损试验，直至达到预先设定的摩擦次

数。在每个间隔观察评定试样的外观变化。

为了评定试样的外观，小心地取下装有磨料的试验夹具。从仪器的磨台上取下试样，评定表面变化。如果还未达到规定的表面变化，重新安装试样和试样夹具，继续试验直到下一个检查间隔。保证试样和试样夹具放在取下前的原位置。

继续试验和评定，直至试样达到规定的表面状况。

分别记录每个试样的结果，以还未达到规定的表面变化时的总摩擦次数作为试验结果，即耐磨次数。

2. 外观变化评定方式

以协议规定的摩擦次数进行磨损试验，评定试样摩擦区域表面变化状况，例如，试样表面变色、起毛、起球等。

（五）试验结果

确定每一个试样达到规定的表面变化时的耐磨次数，或评定经协议规定摩擦次数摩擦后试样的外观变化。由耐磨次数单值计算平均值，如果需要，计算95%置信区间。

如果需要，按GB/T 250评定变色。

（六）试验报告

试验报告应包括以下内容。

（1）本试验采用的测试方法、试验标准。

（2）试验日期、试验的环境条件。

（3）样品的规格参数和样本数量。

（4）所用磨料的描述。

（5）所使用的试验系列和细节，评定基准的描述。

（6）试验或评定结果。达到规定外观变化时的耐磨次数、耐磨次数平均值及置信区间；经协议规定摩擦次数摩擦后的外观变化。

（7）偏离正常情况的其他细节或异常情况。

思 考 题

1. 在实际应用中有哪些方式令纺织面料被磨损破坏？

2. 马丁代尔法对织物的耐磨性进行评价有哪几种方式？各自的工作原理是什么？

3. 通过试样破损、质量损失及外观变化三种方法评定织物耐磨性，在试样和磨料的尺寸及安装上有何区别？

4. 采用试样破损、质量损失及外观变化三种耐磨试验评定方式，得到的对织物耐磨性的表征数据分别是什么？

5. 对同一种试样，若分别采用试样破损、质量损失和外观变化三种试验方法对其耐磨性进行评定，结论会是完全一致的吗？请结合实例阐述观点。

6. 哪些因素对织物的耐磨性有明显影响？

第七节　织物起毛起球测试

一、实验目的

学习和掌握织物起毛起球性评定方法的基本原理，掌握圆轨迹法织物起毛起球试验基本原理和起毛起球等级评定方法；学习和了解织物试样起球处理中重要的试验参数及参数选用标准。了解织物试样起毛、起球的过程，影响织物起毛起球性能的因素；了解改善织物起毛起球性的方法或途径。

二、基本知识

织物在使用、洗护中经受外部的拉伸、摩擦、刷蹭等作用力，织物结构内各方向上产生相对的伸缩、挤压等，使表面的纤维发生断裂、一端抽拔出来，在织物表面形成毛茸，邻近的毛茸相互纠缠未能及时脱落就形成毛球。服用面料表面的毛球明显降低了服装的外观质量，也影响服装的触感舒适度。因此，织物的起毛起球性能是服用纺织品的一项重要的品质指标。

对织物的起毛起球性进行客观评价，目前，通常的方法是在实验室中模拟织物在实际服用、洗护中的受力状态令试样表面产生毛球，将起球试样在标准检测环境条件下与标准样进行比较，有目光评级和仪器评级两种方法，由此对织物的起毛起球性进行评级。

在织物起毛起球评定试验中，对试样的起球预处理根据模拟应用场景的不同，可以分为圆轨迹法、马丁代尔法、起球箱法和随机翻滚法四种方法。

圆轨迹法模拟织物受到外界平面摩擦力时产生起毛起球的状况，按规定方法和试验参数，采用锦纶刷和织物磨料或仅用织物磨料，使试样摩擦起毛起球；在规定光照条件下，对起毛起球性能进行视觉描述评定。圆轨迹法执行标准为 GB/T 4802.1，可用于机织物、针织物，应用较为普遍。

马丁代尔法模拟当织物受到自身不断摩擦后起球的情况，在规定压力下，圆形试样以李莎茹图形的轨迹与相同织物或羊毛织物磨料进行摩擦；经规定的摩擦阶段后，采用视觉描述方式评定试样的起毛起球等级；马丁代尔法执行标准 GB/T 4802.2，适用于毛织物及其他易起球的机织物。

起球箱法模拟织物在运动中受到自身或者外界各种形式摩擦力时的起毛起球状况，安装在聚氨酯管上的试样，在具有恒定转速、衬有软木的木箱内任意翻转。经过规定的翻转次数后，对起毛和（或）起球性能进行视觉描述评定。起球箱法参照执行标准 GB/T 4802.3，主要适用于毛织物。

随机翻滚法模拟织物在经过自身或者外界高频率的摩擦后布面的起毛起球情况。采用随机翻滚式起球箱使织物在铺有软木衬垫，并填有少量灰色短棉的圆筒状试验仓中随意翻滚摩擦；经过规定时间后，在标准光源条件下，对起毛起球后的试样进行视觉描述评定。随机翻滚法执行标准 GB/T 4802.4，适用于各类机织物和针织物。

重点学习圆轨迹法织物起毛起球性能测定方法。

三、试验仪器和试样

1. 圆轨迹起球仪

圆轨迹起球仪如图 4-43 所示，主要由操作台和控制面板构成。

毛刷平面
磨料平面
磨台
试样夹头
控制面板

图 4-43 圆轨迹起球仪

操作台由试样夹头、毛刷平面、磨料平面构成。试样夹头用于安装待测试样，使其测试面朝下，可分别与磨台上的毛刷平面和磨料平面相对摩擦。毛刷平面、磨料平面安装在磨台相对两侧，磨台可以在水平面内转动，根据测试进程需要，令毛刷平面或磨料平面分别与试样摩擦。

仪器控制面板如图 4-44 所示，其中有清零、启动、停止和电源控制按钮及转数设置按钮。

2. 评级箱

用白色荧光管照明，确保在试样的整个宽度均匀照明，并且应使观察者不直视光线。光源的位置与试样平面保持 5°~15°，观察方向与试样平面应保持 90°±10°。正常校正视力的眼睛与试样的距离在 30~50 cm。

3. 裁样用具

裁取直径为（113±0.5）mm 的圆形试样。可用模板、笔、剪刀剪取试样。

图 4-44 圆轨迹织物起毛起球仪控制面板

4. 适用织物范围

圆轨迹法适用于大多数织物，包括机织物、针织物等。

5. 磨料

（1）锦纶刷。锦纶丝直径为 0.3 mm；锦纶丝的刚性均匀一致，植丝孔径为 4.5 mm，每孔锦纶丝 150 根，孔距为 7 mm；刷面平齐，刷上装有调节板，可调节锦纶丝的有效高度以控制锦纶刷的起毛效果。

（2）织物磨料。2201 全毛华达呢，组织为 2/2 右斜纹，线密度为 19.6 tex×2，密度为 445 根/10 cm×244 根/10 cm，单位面积质量为 305 g/m²。

6. 泡沫塑料垫片

泡沫塑料垫片的单位面积质量为 270 g/m², 厚度约为 8 mm, 试样垫片直径约为 105 mm。

四、试样准备

1. 预处理

如果试样需要水洗或干洗,可根据协议或相应标准对试样进行处理。

2. 试样

从样品上裁取 5 个圆形试样,每个试样直径为（113±0.5）mm,标记反面。若试样没有明显的正反面,两面都要测试。另取一块评级所需的对比样,尺寸与试样相同。

3. 调湿

调湿和试验用大气采用 GB/T 6529 规定的标准大气。一般至少调湿 16 h,并在同样的大气条件下进行试验。

五、测量操作

（1）分别将泡沫塑料垫片、试样和织物磨料安装在试样夹头和磨料平面上,试样正面朝外。

（2）根据表 4-7 选取加压重量、起毛次数（与毛刷摩擦次数）及起球次数（与织物磨料摩擦次数）。

表 4-7　织物类型及试验参数设置

参数类型	压力/cN	起毛次数	起球次数	适用织物类型实例
A	590	150	150	工作服面料、运动服面料、紧密厚重织物等
B	590	50	50	合成纤维长丝外衣面料等
C	490	30	50	军需服（精梳混纺）面料等
D	490	10	50	化纤混纺、交织织物等
E	780	0	600	精梳毛织物、轻起绒织物、短纤纬编针织物、内衣面料等
F	490	0	50	粗梳毛织物、绒类织物、松结构织物等

根据表 4-7 调整试样夹头加压重量,方法如下。

①试样夹头上不加重锤,试样压力为 490 cN。

②试样夹头上加 100 cN 重锤,试样压力为 590 cN。

③试样夹头上加 290 cN 重锤,试样压力为 780 cN。

（3）放下试样夹头,使试样与毛刷平面接触。

（4）开启电源,在控制面板上设置起毛次数;若计数器上显示不是"0",则按下"清零"按钮;按下"启动"按钮,仪器开始运转,试样与毛刷平面摩擦,当达到预设摩擦次数后,仪器停止运转。

（5）抬起试样夹头；提起磨台，转动180°后放下，使磨料平面处在工作位置。

（6）放下试样夹头，使试样与磨料平面接触。

（7）按下"清零"按钮，设置起球次数；按下"启动"按钮，仪器开始运转，试样与织物磨料平面摩擦，当达到预设摩擦次数后，仪器停止运转。

（8）取下试样进行评级。

六、起毛起球评定

（1）将评级箱放置于暗室中。沿织物经向（纵向）将一块经过摩擦的测试样和未经摩擦的对比样并排放置在评级箱的试样板的中间，测试样放置在左边，对比样放置在右边。对比样和测试样经过同样的预处理，或都未经预处理。

（2）根据表4-8列出的试样表面形态对每一块试样进行评级。如果介于两级之间，记录半级，如3.5。

表 4-8　目测评级

级数	试样表面状态
5	无变化
4	表面轻微起毛和（或）轻微起球
3	表面中度起毛和（或）中度起球，不同大小和密度的球覆盖试样的部分表面
2	表面明显起毛和（或）起球，不同大小和密度的球覆盖试样的大部分表面
1	表面严重起毛和（或）起球，不同大小和密度的球覆盖试样的整个表面

七、评定结果

记录每一块试样的级数，单个人员的评级结果为其对所有试样评定等级的平均值。

样品的试验结果为全部人员评级的平均值。如果平均值不是整数，修约至最近的0.5级，并用"-"表示，如3-4。如单个测试结果与平均值之差超过半级，则同时报告每一块试样的级数。

八、试验报告

试验报告应包括下述内容。

（1）试验所采用的标准或协议。

（2）样品名称、规格、编号等。

（3）调湿、测试的环境条件，如需要，试验样品的预处理情况。

（4）测试样数量和评级人数。

（5）试验参数设置，包括压力、起毛次数、起球次数。

（6）起毛、起球或起毛起球的最终评定级数，必要时同时报告每一块试样的级数。

（7）偏离试验预期效果的细节或异常情况。

思 考 题

1. 织物起毛起球是如何发生的？对纺织产品的品质有怎样的影响？

2. 采用怎样的方法对织物的起毛起球性能进行评价？

3. 对织物起毛起球性能评定中，为何采用人工目测方法？你认为采取哪些措施能够提升评定结果的客观程度？

第八节　织物勾丝性能测试

一、实验目的

学习和掌握测定织物勾丝性的试验方法及基本原理，掌握织物勾丝性的表征方式及评定方法。掌握钉锤法测试织物勾丝性能的基本过程，了解测试过程中的主要试验参数。了解影响织物勾丝性的主要因素，以及不同类型织物的勾丝性能特征。

二、基本知识

勾丝是织物中纱线或纤维被尖锐物勾出或勾断后浮在织物表面形成线圈、纤维（束）圈状、绒毛或其他凹凸不平的疵点。勾丝严重影响服装的外观，勾丝附近区域形成了织物力学性能的薄弱点，使织物经受拉伸、撕扯、摩擦等外力破坏作用的性能下降，并且勾丝在布面造成的凸出的线圈、绒毛、孔洞会导致布面疵点扩大和严重，成为质量隐患。因此，抗勾丝性是服用面料特别是针织外衣面料的重要服用性能之一。

1. 勾丝性能影响因素

影响织物勾丝性能的因素有多种。纤维、纱线间表面摩擦系数越小，勾挂后越易被拉出；纱线、织物结构稀松也易被勾挂；化纤长丝由于表面光滑且长丝一般不加捻或加弱捻，因而长丝织物也易被勾丝；提花织物、长浮点织物、松软织物易被勾挂和牵拉，因而易于勾丝。针织物特别是纬编针织物易勾丝，就是因为其线圈结构和松软性所致。经树脂整理的织物抗勾丝性较好，由于整理后织物结构变得紧密硬挺，纤维不易被抽拔离开织物表面。

2. 勾丝性能的测定方法及其测试原理

客观表征织物的勾丝性能对产品质量评价和抗勾丝产品开发都有重要意义。勾丝性的测定方法通常是首先在实验室中模拟织物在实际使用中受力情况令其产生勾丝，然后在评级箱中通过目测观察方式对织物试样的勾丝性能进行评定。

根据织物的纤维材料、组织结构和应用场景，在实验室中模拟日常使用令其产生勾丝的方法有钉锤法、针筒法、回转箱法、豆袋法和针排法等。

（1）钉锤法测试基本原理。筒状试样套于转筒上，用链条悬挂的钉锤置于试样表面；当转筒以恒速转动时，钉锤在试样表面随机翻转、跳动，并钩挂试样使试样表面产生勾丝。经过规定的转数后，对比标准样照对试样的勾丝程度进行评级。该方法执行标准 GB/T 11047，应用最为普遍。仪器以钉锤勾丝仪为代表。

（2）针筒法测试基本原理。条状试样一端固定在转筒上，而另一端处于自由状态。转筒旋转时使条样周期性擦过下方具有一定转动阻力的针筒，从而产生勾丝。

（3）回转箱法测试基本原理。利用起球箱进行测试，在箱内装有擦伤棒、锯条、砂布、尖钉等勾丝器具。

（4）豆袋法测试基本原理。试样包覆在装有丸粒的袋外，放入有针棒的转筒内翻滚，使之勾丝。

（5）针排法测试基本原理。令试样在针排上移动产生勾丝。

重点学习钉锤法对织物的勾丝性能进行测定。

相关术语

勾丝长度（snagging length）：勾丝从其伸出的头端至织物表面间的长度。

紧纱段（tight striation）：也称紧条痕，当织物中某段纱线被勾挂形成勾丝，留在织物中的部分则被拉直并明显紧于邻近纱线，从而在勾丝的两端或一侧产生皱纹和条痕。

三、试验仪器和试样范围

1. 钉锤勾丝仪

钉锤勾丝仪如图4-45所示。图4-46为勾丝仪的主要结构示意图。

图4-45　钉锤勾丝仪

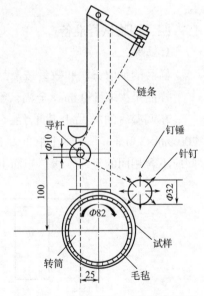

图4-46　勾丝仪的主要结构示意图

装有钉子的钉锤悬挂在链条上，试验时，链条通过导杆使钉锤落在包有试样的回转转筒上，转筒回转时，针钉与试样间产生间歇接触的跳跃运动，从而产生勾丝。当一枚针钉勾住试样上的纱缕时，钉锤被拖住，直至链条被绷紧，被钩挂的纱线被抽拔或断裂，形成勾丝。当针钉与试样接触松弛时，钉锤便释放机械势能从而产生不规则的跳跃，随后进入新位置的勾丝状态。

转筒的转速为（60±2）r/min。

2. 试样用具

卡尺，用于设定钉锤位置。橡胶环，8 个，用于固定试样。划样板，规格与试样尺寸相同。毛毡垫，厚度为 3~3.2 mm。放大镜，用于检查针钉尖端。缝纫机，用于缝制筒状试样。剪刀、钢直尺（分度 1 mm）。评定板，厚度不超过 3 mm，幅面为 140 mm×280 mm。

3. 评级箱

采用如图 4-47 所示的评级箱。评级箱光源采用 12 V、55 W、石英卤灯。

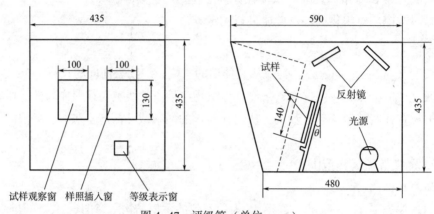

图 4-47　评级箱（单位：mm）

四、织物试样准备

1. 选样

样品的抽取方法和数量按产品标准规定或有关协议执行。

样品至少取 550 mm×全幅，不要在匹端 1 m 内取样，样品平整无皱。

在调湿后的样品上裁取经（纵）向和纬（横）向试样各 2 块，每块试样的尺寸为 200 mm×330 mm，不要在距布边 1/10 幅宽内取样，试样上不能有任何疵点和折痕。各试样间应不含相同的经纬纱线，布面上的取样位置如图 4-48 所示。

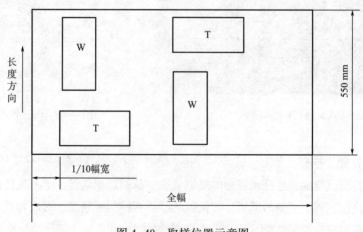

图 4-48　取样位置示意图

T—经（纵）向试样　W—纬（横）向试样

2.裁制加工

试样正面相对缝纫成筒状，其周长与转筒周长相适应。非弹性织物的试样套筒周长为 280 mm，弹性织物（包括伸缩性大的织物）的试样套筒周长为 270 mm。将缝合的筒状试样翻至正面朝外。

3.调湿

按照 GB/T 6529 标准规定的标准大气条件对试样进行调湿。

五、测量操作

1.试样安装

将筒状试样的缝边分向两侧展开，小心套到转筒上，使缝口平整。用橡胶环固定试样一端，抚平起皱部位，使试样表面圆整，用另一橡胶环固定试样另一端。

经（纵）向和纬（横）向试样随机安装在不同的转筒上。

将钉锤绕过导杆轻轻放在试样上，并用卡尺设定钉锤位置。

2.仪器设定

接通仪器电源，闭合电源开关。仪器电源接通后，在仪器操作面板（图4-49）上有上、下两个显示窗口，分别显示设定转数和实际转数。

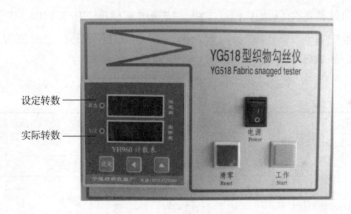

图 4-49　勾丝仪操作面板

轻按操作面板上的"设定"按钮，进入"设定转数"状态，结合◀和▲两个按钮设置需要达到的转数，再按下"设定"按钮，退出设定状态，前述设置被保存。

按下面板上的"清零"按钮，"实际转数"窗口显示的转数被清零。

一般根据标准或协议设定转数，或根据样品的特殊性选择设置，在试验报告中应说明设定转数数据。

3.试样处理

按下"工作"按钮，电动机开始转动，计数器开始计数。

在计数过程中，观察钉锤在整个转筒上的翻转跳动，如果需要暂停，可按"工作"按钮使电动机断电而暂停工作，再次按"工作"按钮，电动机重新转动。

当计数器计数至设定的圈数时，即上、下窗口显示的数据相同时，电动机停止工作。小心地移去钉锤，取下试样。

六、试样评级

试样在取下后一般要求放置 4 h 以上再评级。

直接将评定板插入筒状试样，使缝线处于评定板背面。把试样放在评级箱观察窗内，同时将标准样照放在另一侧（图 4-47）。

依据试样勾丝（包括紧纱段）的密度，按表 4-9 列出的评级视觉描述对每一块试样进行评级，如果介于两级之间，记录半级，如 3.5。

表 4-9　评级视觉描述

级数	布面勾丝状态
5	表面无变化
4	表面轻微勾丝和（或）紧纱段
3	表面中度勾丝和（或）紧纱段，不同密度的勾丝（紧纱段）覆盖试样部分表面
2	表面明显勾丝和（或）紧纱段，不同密度的勾丝（紧纱段）覆盖试样大部分表面
1	表面严重勾丝和（或）紧纱段，不同密度的勾丝（紧纱段）覆盖试样的整个表面

如果同一方向试样的勾丝级差超过 1 级，按照国家标准 GB/T 11047 应增测 2 块试样。

如果试样勾丝中含有中勾丝或长勾丝，则按表 4-10 的规定对上面的评级予以顺降。一块试样的中、长勾丝累计顺降最多为 1 级。

表 4-10　中、长勾丝顺降级别

勾丝类别	占全部勾丝的比例	顺降级别/级
中勾丝（长度介于 2~10 mm 的勾丝）	≥1/2~3/4	1/4
	≥3/4	1/2
长勾丝（长度≥10 mm 的勾丝）	≥1/4~1/2	1/4
	≥1/2~3/4	1/2
	≥3/4	1

分别计算经（纵）向和纬（横）向试样（包括增测的试样在内）勾丝级别的平均数作为该方向最终的勾丝级别，如果平均数不是整数，修约至最近的 0.5 级，并用"-"表示，如 3-4。

试样勾丝性评定：如果需要，对试样的勾丝性进行评定，≥4 级表示具有良好的抗勾丝能力，≥3-4 级表示具有抗勾丝性能，≤3 级表示抗勾丝性能差。

七、试验报告

试验报告应包括下述内容。

（1）试验执行的标准或协议。

（2）测试样品的描述、规格和尺寸。

（3）所使用的仪器型号，试验中选用的转速、设定转数等主要参数。

（4）样品经（纵）向、纬（横）向的平均勾丝级别。

（5）如果需要，测试样品的勾丝性能评定结果。

（6）偏离试验标准的细节或试验中的异常现象。

思 考 题

1. 织物勾丝性的测试方法有哪几种？各自主要工作原理是什么？

2. 钉锤法测试织物勾丝性能的基本过程是什么？有哪些主要试验参数？

3. 影响服装面料勾丝性能的因素主要有哪些？哪些类型的织物对勾丝性比较敏感？

第九节　织物悬垂性测试

一、实验目的

应用织物悬垂性测试仪测试织物静动态悬垂性能。通过实验，了解利用图像处理技术测试织物静动态悬垂性能的原理和结构，掌握悬垂实验操作方法。

二、基本知识

织物悬垂性是织物由自重而下垂的性能，也是视觉风格的一种表现形式，对于某种形式的穿着用品如裙装、风衣、窗帘、帷幕、桌布等装饰性织物，织物的悬垂性是评估其使用性能的重要因素，它与织物的抗弯性、剪切特性以及织物密度有关。

织物悬垂性测定方法很多，常用的方法如图 4-50（a）所示，将直径 $D = 240$ mm 的圆形试样 1，平放在直径 $d = 120$ mm 的试样托盘 2 上，试样和试样托盘缓慢上升，试样托盘上织物的外缘因自重下垂，呈悬垂的形态 3，然后通过垂直方向投影，得到试样悬垂后的投影外缘轮廓波形图，如图 4-50（b）所示。静态悬垂系数 F 采用 Cusick 伞式法的经典公式：

$$F = \frac{A_F - A_d}{A_D - A_d} \times 100\% \tag{4-12}$$

式中：A_D 为试样面积（mm^2）；A_F 为试样投影面积（mm^2）；A_d 为试样托盘面积（mm^2）。

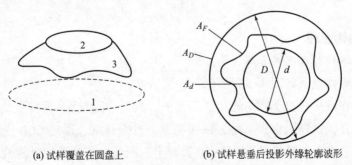

(a) 试样覆盖在圆盘上　　　　(b) 试样悬垂后投影外缘轮廓波形

图 4-50　织物悬垂性测试方法示意图

为了进一步描述织物悬垂形态特征，还采用波数、波峰幅值不匀度、波峰夹角不匀度、动静悬垂系数比值、最大波峰幅值、最小波峰幅值、最大波峰夹角、最小波峰夹角、平均幅值等指标。波数是指试样悬垂投影轮廓线一周中的波峰数（或波谷数）。波峰幅值是指试样悬垂投影中外缘波峰点和托盘中心的连线上，波峰点至试样托盘边缘点的距离，如图 4-51 中 R_c 所示。波峰夹角是指相邻两波峰间对应的圆心夹角，如图 4-51 中 α_c 所示。波峰幅值不匀度与波峰夹角不匀度分别为试样悬垂投影轮廓线一周中波峰幅值与波峰夹角的变异系数，波峰幅值不匀度 CV_{R_c} 与波峰夹角不匀度 CV_{α_c} 计算公式如下：

$$CV_{R_c}(\%) = \frac{1}{\overline{R_c}} \times \sqrt{\frac{\sum_{i=1}^{n}(R_c(i) - \overline{R_c})^2}{n-1}} \times 100 \qquad (4-13)$$

$$CV_{\alpha_c}(\%) = \frac{1}{\overline{\alpha_c}} \times \sqrt{\frac{\sum_{i=1}^{n}(\alpha_c(i) - \overline{\alpha_c})^2}{n-1}} \times 100 \qquad (4-14)$$

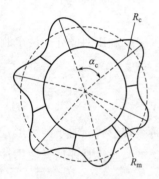

图 4-51　织物悬垂形态
特征的示意图

当试样托盘和试样转动时测得悬垂投影，并采用上述 Cusick 公式（4-12）计算动态悬垂系数，动态悬垂系数除以静态悬垂系数得到动静悬垂系数比值。最大波峰幅值与最小波峰幅值分别为试样悬垂投影轮廓线一周中波峰幅值的最大值与最小值。最大波峰夹角与最小波峰夹角分别为试样悬垂投影轮廓线一周中波峰夹角的最大值与最小值。平均幅值是指试样悬垂投影中各边缘点至相应试样托盘边缘点距离的平均值，如图 4-51 中 R_m 所示。

织物试样悬垂性测试根据试样正反面朝上的选择不同，可分为单面悬垂性测试和双面悬垂性测试。单面悬垂性测试是织物试样全都正面朝上或全都反面朝上进行悬垂性测试；双面悬垂性测试是每块织物试样正面朝上和反面朝上都要进行悬垂性测试，若试样正面标记为"a 面"，则试样反面标记为"b 面"。

三、试验仪器和用具

试验仪器为 XDP-1 型织物悬垂性测试仪。准备剪刀、圆盘取样器等试样裁取用具。

四、仪器结构原理

1. 织物悬垂仪结构及测试原理

织物悬垂仪机构组成如图 4-52 所示。

试样 1 平放在试样托盘 2 和匀光板 3 平面上，放上小圆盘 4，升降机构 5 使试样和试样托盘一起平稳上升，试样因自重下垂，试样托盘上升至顶端，通过 CCD 摄像头 6 采集试样悬垂形态图像信息进入计算机 7，并显示在屏幕上。图像分析与数据处理软件从图像信息中提取静态悬垂指标。旋转机构 8 可使试样和试样托盘转动，通过图像采集和数据处理，提取

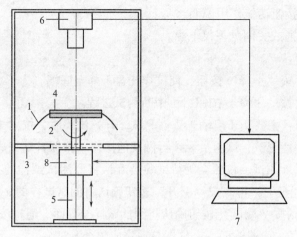

图 4-52　织物悬垂仪机构组成示意图

1—试样　2—试样托盘　3—匀光板　4—小圆盘　5—升降机构

6—CCD 摄像头　7—计算机　8—旋转机构

动态悬垂性能指标。

升降机构 5 可使试样和试样托盘一起平稳上升而试样自重下垂，在上升至顶端后自停，并静止稳定一定的间隔时间后自动进行悬垂测试。该试样预置平衡方法能减少人工手动放置试样对其悬垂形态测试结果（尤其是波数）的影响。旋转机构 8 可使试样和试样托盘一起旋转，提供动态悬垂性能的测试环境。

2. 测试机箱结构及控制过程

仪器采用封闭式机箱，匀光板提供均匀色彩的背景光源，可以避免环境光线对测试结果的影响，机箱外形如图 4-53、图 4-54 所示。

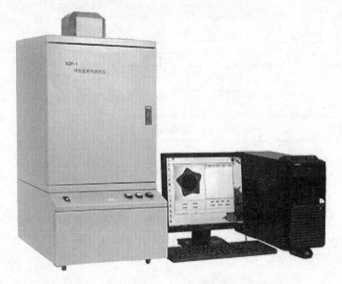

图 4-53　织物悬垂仪外形图

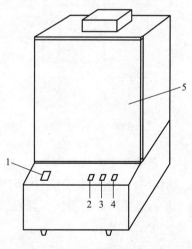

图 4-54　织物悬垂仪主机外形示意图

1—电源开关　2—"下降"按钮

3—"上升"按钮　4—"测试"

按钮　5—箱门

（1）机箱上的各按钮功能作用说明。

①电源开关：接通或关闭悬垂仪电源。

②"下降"按钮：

a. 试验完成后，按"下降"按钮，使试样托盘下降至底端，为下次试验做准备。

b. 测试过程中，按"下降"按钮，可中断测试进程。

③"上升"按钮：主要用于启动悬垂性测试。开始试验时，按"上升"按钮。

a. 若为单面悬垂性测试，试验员无须再做其他操作，仪器自动完成整个测试。

b. 若为双面悬垂性测试，仪器会等待试验员确认将要测试试样的 a 面或 b 面，若试样 a 面朝上放置在试样托盘上，再次按"上升"按钮确认将测试试样的 a 面；若试样 b 面朝上放置在试样托盘上，则按"测试"按钮确认将测试试样的 b 面。通过按"上升"或"测试"按钮确认将测试试样的 a 面或 b 面后，仪器自动完成整个测试。

④"测试"按钮：

a. "测试"按钮指示灯亮起表示正在测试中；"测试"按钮指示灯熄灭表示测试结束。

b. 双面悬垂性测试时，按"测试"按钮确认将测试试样的 b 面。

（2）悬垂仪系统控制过程。机箱上的三个功能操作按钮的指令信号传输至测试系统，计算机根据指令信号与系统的实际工作状态进行判断和处理，产生相应的输出指令，通过控制器控制试样托盘上升、下降、旋转及电动机制动等机械运动以及按钮指示灯开关等电路工作（图 4-55）。

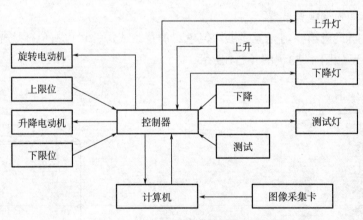

图 4-55　悬垂仪系统控制示意图

3. 悬垂仪主要技术指标

XDP-1 织物悬垂仪是采用图像法测试织物悬垂性能的试验仪器，适用于各种纺织面料静、动态悬垂性能的测试，且测试数据不受试样花色干扰。仪器的主要技术指标如下。

（1）试样直径为 240 mm。

（2）试样托盘直径为 120 mm。

（3）试样托盘升降速度为 20~600 mm/min。

（4）试样托盘旋转速度为 10~200 r/min。

（5）悬垂系数测量误差为 ≤±1%。

五、试验参数选择

仪器试验参数要进行预先设置选择，包括以下内容。

1. 仪器试验方式

（1）静态试验。织物单面静态悬垂测试。

（2）静态试验（双面）。织物 a 面和 b 面双面静态悬垂测试。

（3）动态试验。织物单面动态悬垂测试。

（4）动态试验（双面）。织物 a 面和 b 面双面动态悬垂测试。

（5）静动态试验。织物单面静动态悬垂测试。

（6）静动态试验（双面）。织物 a 面和 b 面双面静动态悬垂测试。

2. 测试参数设定

（1）测试间隔时间。静态悬垂测试间隔时间为试样托盘上升到顶端停止后至启动静态悬垂测试的间隔时间，动态悬垂测试间隔时间为试样托盘开始转动至启动动态悬垂测试的间隔时间。静态悬垂测试间隔时间按标准规定设置为 180 s，也可根据试验要求自行设定其他间隔时间。

（2）试样托盘的上升速度与转速。试样托盘上升速度一般设置为 200 mm/min，动态测试时，试样托盘转动速度可在 10~200 r/min 选择，一般设置为 60 r/min。

六、试验准备

1. 试样选择

由于有折皱和扭曲的试样会产生试验误差，因此，在样品上避开折皱和扭曲的部位进行取样。注意不要让试样接触皂类、盐及油类等污染物。

2. 预调湿、调湿和试验用标准大气

在 GB/T 6529 规定的标准大气下对试样进行调湿。

七、试验操作步骤

下面以"双面静态试验"试验方式为例，介绍织物双面悬垂性试验操作方法的具体实现步骤。

（1）打开悬垂仪和计算机电源，预热 30 min。

（2）双击计算机桌面上"XDP-1A"图标，弹出测试窗口。

（3）点击测试窗口中"校准"按钮，弹出校准界面，点击"上升"按钮，试样托盘上升至顶端后自动停止。

①零位：打开箱门，在试样托盘上放上小圆盘（直径为 120 mm），关闭箱门，点击"零位"按钮，若零点值显示不为"0.0"，再次点击至其显示"0.0"为止。

②满度：打开箱门，取出试样托盘上的小圆盘，放上大圆盘（直径为 240 mm），关闭箱门，点击"满度"按钮至满度值显示为"100.0"为止。满度校准完成后，打开箱门，取出大圆盘，点击校准界面上的"下降"按钮，试样托盘下降至底端后自动停止，再点击"确定"按钮返回测试窗口。

（4）点击测试窗口中"设置"按钮，弹出试验方式选择界面，点击"静态试验（双

面）"按钮，弹出测试选项界面，输入测试信息，设置测试间隔时间及上升速度等参数，然后点击确定退出，返回到测试窗口。

（5）按"下降"按钮，使试样托盘下降至底端后，打开仪器箱门，取出小圆盘，将试样 a 面（或 b 面）朝上，平放在试样托盘和匀光板平面上，试样中心孔与托盘中心对准，放上小圆盘，关闭箱门。

（6）按"上升"按钮，悬垂仪会等待试验员确认将要测试试样的 a 面或 b 面，并会在测试窗口的右下方状态栏中显示 a 面——按"上升"按钮；b 面——按"测试"按钮"。按"上升"或"测试"按钮确认将测试试样的 a 面或 b 面后，"上升"按钮指示灯亮，试样托盘上升至顶端后停止，该指示灯熄灭。

（7）接着"测试"按钮指示灯自动亮起，等待所设定的静态悬垂测试间隔时间后，仪器自动测试试样悬垂性，并在测试窗口的右上方数据表中显示悬垂性测试结果数据，"测试"按钮指示灯熄灭。

（8）打开箱门，取出试样，按"下降"按钮，其指示灯亮，试样托盘下降至底端后停止，该指示灯熄灭，关闭箱门，一次试验完成。

（9）按上述（5）~（8）步骤继续进行其他试样 a 面或 b 面的悬垂性测试。

（10）测试结束后，点击"保存"按钮，可保存测试结果，并显示测试结果数据及其统计值。

织物单面悬垂性试验操作方法除了省去上述步骤（6）中 a 面和 b 面选择操作外，其他操作步骤与织物双面悬垂性试验操作方法的基本相同。

八、试验结果

由计算机自动计算打印出悬垂系数、波数、波峰幅值不匀度、波峰夹角不匀度、动静悬垂系数比值、最大波峰幅值、最小波峰幅值、最大波峰夹角、最小波峰夹角及平均幅值的测量数据，一组试验后可同时显示各指标的平均值和变异系数。

思 考 题

---

1. 试述测量织物悬垂性的意义。
2. 简述织物悬垂性测试的基本原理。

第十节　织物透湿性测试

一、实验目的

学习和掌握评价织物透湿性的指标及各指标的基本物理意义；学习和掌握吸湿法和蒸发法两类织物透湿性测试方法的基本工作原理和操作过程，能正确分析两类方法的区别和联系；了解不同类型织物试样透湿性的特点，以及影响织物透湿性的主要因素。

二、基本知识

透湿性指的是织物在其上下表面间有效传输水蒸气的能力。人体表面的湿气主要来自于汗液。出汗是人体代谢和散热的重要途径，汗液离开皮肤毛孔后以气态（隐式汗）和液态（显式汗）两种形式存在。如果不能及时释放到大气环境中，汗液就会在皮肤表面和皮肤—服装构建的微空间内集聚，增加体表湿气浓度和湿气压，阻碍毛孔继续出汗从而引起闷热不适感。因此，对服装面料来说，能及时有效地将体表的汗液、湿气导入外部大气环境是其热湿舒适性的一项重要内容。

在服用纺织品中，织物材料传导汗液主要有三种方式：第一种是直接传输，在织物两侧湿气压差的作用下，气态汗直接通过织物结构内的各级孔隙扩散到织物外侧进入大气中；第二种是隐式汗的液化—芯吸—扩散过程，气态汗在织物内侧表面凝结，由织物结构的芯吸作用传输到织物外侧表面，然后蒸发扩散到大气中；第三种是显式汗通过织物结构的芯吸作用从织物内侧表面传输到外侧，再蒸发扩散至大气中。

提高织物的透湿能力可以从纤维原料、织物结构和后整理三方面入手。对于夏令服装来说，增大织物内的孔隙量是提高其透湿性最直接和有效的方式；研究人员开发了各类异形截面合成纤维，通过增加纤维材料的比表面积来增强纤维对湿气的吸收和传导效果；通过结构设计使织物内、外层表面的纤维类型不同或组织结构不同，从而造成内外层表面的吸湿差动效应，以此提高织物将湿气从内层向外层传输的能力；另外，通过对内层或外层表面进行化学处理令两表面产生吸湿差，也是提高织物透湿性的有效方法。

目前，对织物的透湿性进行测量和表征的最普遍的方法是透湿杯法，基本工作方式是在织物试样两侧存在设定的温湿度（即规定的蒸气压）条件下，测定规定时间内通过单位面积试样的水蒸气质量，以此对待测织物的透湿性进行表征和评定。

专用术语

透湿率（water-vapour transmission rate，WVT）：在试样两面保持规定的温湿度条件下，规定时间内垂直通过单位面积试样的水蒸气质量，单位为 $g/(m^2 \cdot h)$ 或 $g/(m^2 \cdot 24 h)$。透湿率计算公式为：

$$WVT = \frac{\Delta m - \Delta m'}{A \cdot t} \tag{4-15}$$

式中：WVT 为透湿率 $[g/(m^2 \cdot h)$ 或 $g/(m^2 \cdot 24 h)]$；Δm 为同一试验组合体两次称量之差（g）；$\Delta m'$ 为空白试样的同一试验组合体两次称量之差（g）；不做空白试样时，$\Delta m' = 0$；A 为有效试验面积（m^2）；t 为试验时间（h）。

透湿度（water-vapour permeance，WVP）：在试样两面保持规定的温湿度条件及单位水蒸气压差下，规定时间内垂直通过单位面积试样的水蒸气质量，单位为 $g/(m^2 \cdot Pa \cdot h)$。透湿度计算公式为：

$$WVP = \frac{WVT}{\Delta p} = \frac{WVT}{p_{CB}(R_1 - R_2)} \tag{4-16}$$

式中：WVP 为透湿度 $[g/(m^2 \cdot Pa \cdot h)]$；$\Delta p$ 为试样两侧水蒸气压差（Pa）；p_{CB} 为在试验温度下的饱和水蒸气压强（Pa）；R_1 为试验箱内的相对湿度（%）；R_2 为透湿杯内的相对湿

度（%）。

透湿系数（water-vapour permeability，PV）：在试样两面保持规定的温湿度条件及单位水蒸气压差下，单位时间内垂直透过单位厚度、单位面积试样的水蒸气质量，单位为 $g \cdot cm/(cm^2 \cdot s \cdot Pa)$。透湿系数仅对于均匀的单层材料有意义。由式（4-17）计算透湿系数：

$$PV = 1.157 \times 10^{-9} WVP \cdot d \tag{4-17}$$

式中：PV 为透湿系数 $[g \cdot cm/(cm^2 \cdot s \cdot Pa)]$；$d$ 为试样厚度（cm）。

三、实验 A 吸湿法织物透湿性试验

（一）试验基本原理

把盛有干燥剂并封以织物试样的透湿杯放置于规定温度和湿度的密封环境中，根据一定时间内透湿杯质量的变化计算试样透湿率、透湿度和透湿系数。

（二）试验仪器和试样范围

织物透湿仪，由试验箱和透湿杯构成。

1. 试验箱

试验箱（图4-56）是织物透湿仪的主体，试验箱内配备温度、湿度传感器及放置透湿杯的转盘等。

2. 透湿杯及附件

透湿杯及附件如图4-57所示。

图4-56 织物透湿仪试验箱

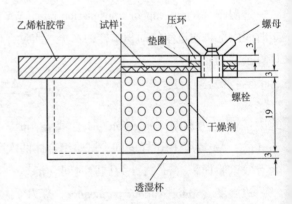

图4-57 透湿杯及附件

（1）由试样、吸湿剂、透湿杯及附件组成的试验组合体质量小于210 g。

（2）透湿杯、压环、杯盖、螺栓、螺帽均由不透气、不透湿、耐腐蚀的轻质材料制成，透湿杯与杯盖对应编号。

（3）垫圈，用橡胶或聚氨酯塑料制成。

（4）乙烯胶粘带，宽度在 10 mm 以上。

3. 其他器具、辅助材料

（1）电子天平，精度为 0.001 g。

（2）烘箱，保持温度为 160 ℃。

（3）干燥剂。采用无水氯化钙（化学纯），粒度为 0.63~2.5 mm，使用前需在 160 ℃ 烘箱中干燥 3 h。

（4）标准筛。孔径为 0.63 mm 和孔径为 2.5 mm 的标准筛各一个。

（5）干燥器、标准圆片冲刀。

（6）织物厚度仪，精度为 0.01 mm。

4. 试样范围

本方法适用于厚度在 10 mm 以内的各类织物，不适用于透湿率大于 29 000 g/（m² · 24 h）的织物。

（三）试样准备

样品应在距布边 1/10 幅宽，距匹端 2 m 外裁取。

从每个样品上至少剪取三块试样，每块试样直径为 70 mm。试样平整、均匀，没有孔洞、针眼、折皱、划伤等缺陷。

对两面材质不同的样品如涂层织物，应在两面各取三块试样，并且在试验报告中说明。

试样按 GB/T 6529 规定进行调湿。

（四）试验操作

（1）开机。检查透湿仪水位指示器，确保水位处于高水位线，或在低水位线之上 6~7 cm。接通电源，开动仪器，在控制面板（图 4-58）上按下"启动"按钮。

（2）参数设置。由开机界面进入"实验设置"，液晶显示屏上出现温湿度参数设置窗口，分别使用 ◁▷ 和 ♦ 进行参数设置，默认温度为 38 ℃，湿度为 90%。

（3）向清洁、干燥的透湿杯内装入干燥剂约 35 g，振荡均匀，使干燥剂在底部铺成一平面。空白试验的杯中不加干燥剂。

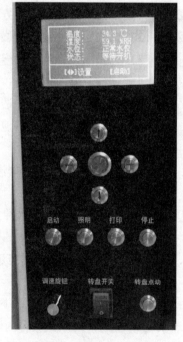

图 4-58 透湿仪控制面板

（4）将试样测试面朝上放置在透湿杯上，装上垫圈和压环，旋上螺帽，再用乙烯胶粘带从侧面封住压环、垫圈和透湿杯，组成试验组合体。

（5）迅速将试验组合体水平放置在已达到规定温湿度条件的试验箱内，放置试样时可以使用"转盘点动"依次放入样品。经过 1 h 平衡后取出样品。

（6）迅速盖上对应杯盖，放在 20 ℃ 左右的硅胶干燥器中平衡 30 min，按编号逐一称量，精确至 0.001 g，每个试验组合体称量时间不超过 15 s。

（7）除去杯盖，迅速将试验组合体放入试验箱内，经过 1 h 后取出，按步骤（6）的规定称量，每次称量试验组合体的先后顺序一致。

（8）干燥剂吸湿总增量不能超过 10%。

（五）试验结果

1. 透湿率

根据式（4-15）计算试样透湿率，试验结果以三块试样的平均值表示，根据 GB/T 8170 修约至三位有效数字。

2. 透湿度

根据式（4-16）计算试样透湿度，试验结果按 GB/T 8170 修约至三位有效数字。

3. 透湿系数

如果需要，按式（4-17）计算透湿系数，结果按 GB/T 8170 修约至两位有效数字。

对于两面不同的试样，若无特别指明，分别按以上公式计算其两面的透湿率、透湿度和透湿系数，并在试验报告中说明。

（六）试验报告

试验报告包括以下内容。

（1）本试验采用的测试方法、试验标准。

（2）试验箱温度、相对湿度、透湿杯中所盛物质。

（3）样品的规格参数，样本数量。

（4）试样测试面说明。

（5）试验结果透湿率、透湿度，如果需要，每个试样的透湿系数。

（6）偏离正常情形的其他细节或异常情况。

四、实验 B 蒸发法织物透湿性试验

（一）试验基本原理

把盛有一定温度蒸馏水并封以织物试样的透湿杯放置于规定温度和湿度的密闭环境中，根据一定时间内透湿杯质量的变化计算出试样透湿率、透湿度和透湿系数。

（二）试验仪器、试样范围

1. 织物透湿仪

织物透湿仪的主体工作区试验箱参见"实验 A"图 4-56。试验箱内配备温度和湿度传感器及放置透湿杯的转盘等。

2. 透湿杯及附件

透湿杯及附件如图 4-59 所示。

（1）由试样、吸湿剂、透湿杯及附件组成的试验组合体质量小于 210 g。

（2）透湿杯、压环、杯盖、螺栓、螺帽均采用不透气、不透湿、耐腐蚀的轻质材料制成，透湿杯与杯盖对应编号。

（3）垫圈，用橡胶或聚氨酯塑料制成。

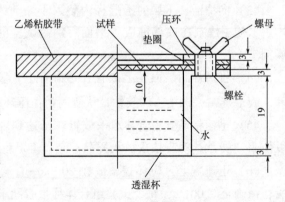

图 4-59 蒸发法透湿杯及附件

（4）乙烯胶粘带，宽度在 10 mm 以上。

3. 其他器具、辅助材料

（1）电子天平，精度为 0.001 g。

（2）标准圆片冲刀，量程为 50 mL 的量筒。

（3）织物厚度仪，精度为 0.01 mm。

4. 试样范围

本方法适用于厚度在 10 mm 以内的各类片状织物。其中方法 B 倒杯法仅适用于防水透气性织物的测试。

（三）试样准备

样品应在距布边 1/10 幅宽，距匹端 2 m 外裁取。

从每个样品上至少剪取三块试样，每块试样直径为 70 mm。试样平整、均匀，没有孔洞、针眼、折皱、划伤等缺陷。

对两面材质不同的样品如涂层织物，应在两面各取三块试样，并且在试验报告中说明。

试样按 GB/T 6529 规定进行调湿。

（四）实验 A（正杯法）操作步骤

（1）开机。参照"实验 A"执行开机操作。

（2）参数设置。参照"实验 A"设置试验箱内工作时的温湿度。

（3）用量筒精确量取与试验条件温度相同的蒸馏水 34 mL，注入清洁、干燥的透湿杯内，使水距试样下表面位置 10 mm 左右。

（4）将试样测试面朝下放置在透湿杯上，装上垫圈和压环，旋上螺帽，再用乙烯胶粘带从侧面封住压环、垫圈和透湿杯，组成试验组合体。

（5）迅速将试验组合体水平放置在已达到步骤（2）设定的温湿度的试验箱内，经过 1 h 平衡后，按编号在箱内逐一称量，精确至 0.001 g。若在箱外称重，每个试验组合体称量时间不超过 15 s。

（6）随后经过试验时间 1 h 后，按步骤（5）规定以同一顺序称量各试验组合体。

（7）整个试验过程中要保持试验组合体水平，避免杯内的水沾到试样的内表面。

（五）实验 B（倒杯法）操作步骤

（1）开机。参照"实验 A"执行开机操作。

（2）参数设置。参照"实验 A"设置试验箱内工作时的温湿度。

（3）用量筒精确量取与试验条件温度相同的蒸馏水 34 mL，注入清洁、干燥的透湿杯内，使水距试样下表面位置 10 mm 左右。

（4）将试样测试面朝上放置在透湿杯上，装上垫圈和压环，旋上螺帽，再用乙烯胶粘带从侧面封住压环、垫圈和透湿杯，组成试验组合体。

（5）迅速将整个试验组合体倒置后水平放置在已达到步骤（2）设定的温湿度的试验箱内（要保证试样下表面处有足够的空间），经过 1 h 平衡后，按编号在箱内逐一称量，精确至 0.001 g。若在箱外称重，每个试验组合体称量时间不超过 15 s。

（6）随后经过试验时间 1 h 后，按步骤（5）规定以同一顺序称量各试验组合体。

（六）试验结果

1. 透湿率

根据式（4-15）计算试样透湿率，试验结果以三块试样的平均值表示，根据 GB/T 8170 修约至三位有效数字。

2. 透湿度

根据式（4-16）计算试样透湿度，试验结果按 GB/T 8170 修约至三位有效数字。

3. 透湿系数

如果需要，按式（4-17）计算透湿系数，结果按 GB/T 8170 修约至两位有效数字。

对于两面不同的试样，若无特别指明，分别按上述公式计算其两面的透湿率、透湿度和透湿系数，并在试验报告中说明。

（七）试验报告

试验报告应包括以下内容。

（1）本试验采用的测试方法、试验标准。

（2）试验箱温度、相对湿度、透湿杯中所盛物质。

（3）样品的规格参数，样本数量。

（4）试样测试面说明。

（5）试验结果透湿率、透湿度，如果需要，每个试样的透湿系数。

（6）偏离正常情形的其他细节或异常情况。

思 考 题

1. 吸湿法和蒸发法测量织物透湿性的基本原理分别是什么？两类方法适用于测量哪些类型的试样？

2. 采用蒸发法测量织物透湿性指标，其中正杯法和倒杯法在操作中有何区别？正杯法和倒杯法分别适合测量哪些类型的织物试样？

3. 透湿率、透湿量和透湿系数各自的物理意义是什么？三个指标之间有怎样的区别和联系？

4. 请举例说明哪些类型的织物材料对透湿性提出专门要求？说明理由。

5. 哪些因素会影响织物的透湿性？

第十一节　织物保暖性测试

一、实验目的

学习和掌握表征织物保暖性的指标及其物理意义、计算方法，掌握织物保暖性的基本测试方法和测试原理；学习和掌握热板法织物热阻测试试验的基本操作，了解热板法测试织物保暖性的适用织物范围；通过实验实践，了解不同类型织物保暖性的特点和热阻值范围。

二、基本知识

纺织材料的保暖性有多种测试手段，包括试穿法、热板法和暖体假人法等，其中热板法是定量地测量织物保暖性应用最为广泛的方法。热板法模拟贴近人体皮肤表面、通过织物试样的热传递过程，测量此过程中通过织物试样的热流量，以此对待测织物的热传递性能即保暖性进行表征。该方法的测量原理是：将试样覆盖于测试板上，测试板及其周围的热护环、底部的保护板都能保持恒温，以使测试板的热量只能通过试样散失，空气平行于试样上表面流动。在试验条件达到稳定后，测量通过试样的热流量以计算试样的热阻。

热阻（thermal resistance, R_{ct}）：试样两面的温差与垂直通过试样的单位面积热流量之比，单位为 $m^2 \cdot K/W$。

测定试样和其上方空气层的热阻值中减去试样上方空气层的热阻值 R_{ct0}，得出所测材料的热阻值 R_{ct}，其计算公式如下：

$$R_{ct} = \frac{(T_m - T_a) \times A}{H - \Delta H_c} - R_{ct0} \tag{4-18}$$

式中：R_{ct} 为待测试样的热阻值（$m^2 \cdot K/W$）；R_{ct0} 为空气层的热阻值，（$m^2 \cdot K/W$）；T_m 为测试板的温度（℃）；T_a 为气候室中空气的温度（℃）；A 为测试板的面积（m^2）；H 为提供给测试板的加热功率（W）；ΔH_c 为加热功率的修正值（W）。

空气层的热阻值 R_{ct0} 是指在织物热阻测试中试样表面空气层的热阻，又称作"空板"值。通过如下方式测定 R_{ct0}。

调节测试板表面温度 T_m 为 35 ℃，气候室温度 T_a 为 20 ℃，相对湿度为 65%，空气流速为 1 m/s。下列指标达到稳定状态后，记录其准确值：测试板表面温度 T_m^*（℃），气候室温度 T_a^*（℃），气候室相对湿度 RH（%），提供给测试板的加热功率 H^*（W）。由式（4-19）计算空气层的热阻值 R_{ct0}，保留三位有效数字。

$$R_{ct0} = \frac{(T_m^* - T_a^*) \times A}{H^* - \Delta H_c} \tag{4-19}$$

式中：ΔH_c 为加热功率修正值（W）。

通过式（4-20）计算加热功率修正值 ΔH_c：

$$\Delta H_c = \alpha \cdot (T_m' - T_s') \tag{4-20}$$

ΔH_c 与测试板、热护环之间温度差异呈线性关系，α 为两者的斜率，可以通过如下方式确定 α 的值：选取一种高绝热性的材料（如厚度 ≥4 mm 的泡沫材料），剪取足够大的尺寸使测试板和热护环完全被覆盖；环境温度设定为 20 ℃，测试板温度设定为 35 ℃，调节热护环的温度控制器使热护环温度以 0.2 ℃ 的梯度在 34~36 ℃ 递变。在每次测试板温度 T_m'、热护环温度 T_s' 达到稳定后，记录提供给测试板的加热功率。

由加热功率与测试板、热护环间的温度差异的线性关系可做出一条曲线，其斜率即为 α。

三、试验仪器和试样范围

本试验采用纺织品热阻测试仪，仪器主要由温度测量系统、温度控制系统和气候室三部分构成。

1. 温度测量系统

由厚度约为 3 mm、面积至少为 0.04 m^2（通常为边长 200 mm 的正方形）的金属板固定在内含电热丝的导电金属组件组成测试板，如图 4-60 所示。

测试板相对于试样台的位置可以调整，使放在其上面的试样上表面能与试样台保持平齐。

仪器通过温度控制器和测试板内的温度传感器，保持测试板温度 T_m 恒定至 ±0.1 ℃。在整个量程范围内，使用精度为 ±2% 的装置测量测试板的加热功率 H。

2. 温度控制系统

温度控制系统由热护环和温度控制装置构成，如图 4-61 所示。热护环由高热导率材料（如金属）组成，并且包含电热元件，其作用是防止测试板的边缘及底部的热散失。热护环的宽度 b 至少为 15 mm。热护环的表面与测试板表面的间距不超过 1.5 mm。

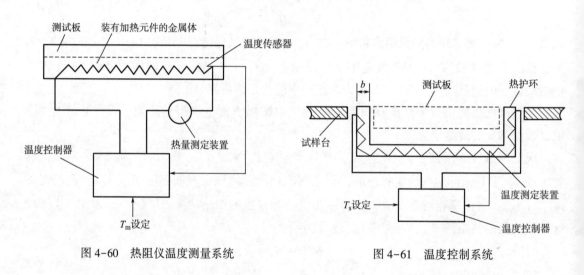

图 4-60　热阻仪温度测量系统　　　　　图 4-61　温度控制系统

热护环温度 T_s 由控制器控制并由温度传感器测量得到，与测试板温度 T_m 相同。

3. 气候室

测试板和热护环安装在气候室内，气候室内的温度 T_a 和湿度都可以控制，气流可以穿过并沿着测试板和热护环表面流动。

4. 试样范围

本方法适用于各类厚度在 5 mm 以内的纺织织物及其制品，包括涂层织物、皮革以及多层复合材料等。

四、试样准备

试样厚度在 5 mm 以内（对于厚度 >5 mm 的试样，应按照 GB/T 11048 标准要求对其热阻值进行修正）。

织物试样尺寸完全覆盖测试板和热护环表面，通常为 350 mm×350 mm 的正方形。

每个样品至少取 3 块试样，试样平整、无折皱。

试验前，试样在温度为 20 ℃、相对湿度为 65% 的标准大气环境中调湿 12 h 以上。

五、试验步骤

(1) 接通仪器电源；在仪器触摸显示屏（图 4-62）设置测试板表面温度 T_m 为 35 ℃，气候室温度 T_a 为 20 ℃，相对湿度为 65%，空气流速为 1 m/s；设置预热时间和试验时间。

图 4-62　热阻仪触摸显示屏

(2) 仪器进入预热状态，测试状态显示"仪器预热"，待温度稳定在设定的温度值时，测试状态显示"待机"。

(3) 空白试验。在触摸屏选中"空白试验"，点击屏上的"启动"按钮或仪器控制面板上的"启动"键，仪器进入空白试验测试；测试时间达到设定值时，蜂鸣器响起表示空白试验测试完成。

(4) 试样放置。将试样平放在测量板上，通常接触人体皮肤的一面朝向测试板，多层织物也一样。确保试样无起皱、无拱起。

如果试样是在被拉伸、受压力或夹有空气缝隙时进行，应在报告中说明。

若试样的厚度超过 3 mm，调节测试板高度使试样的上表面与试样台平齐。

(5) 试样预热。点击屏幕，选择"试样预热"，预热时间到达设定值时，仪器自动进入有样测试。

(6) 单次测量结束。当测试时间到达设定值时，蜂鸣器响起表示有样测试完成，仪器自动计算测试结果并保存。

(7) 如对同一试样进行多次试验时，可直接点击"启动"按钮，再次进入有样测试。

(8) 测试结束可点击"报表"，查看测试数据。

六、试验报告

试验报告应包括下述内容。

(1) 试验参照的标准或协议。

(2) 测试样品的规格、尺寸以及试样数量。

（3）试验所用仪器设备型号。

（4）试样放置状态说明。

（5）试验条件和参数。

（6）热阻的算术平均值。

（7）偏离预期状态的现象、试验中出现的异常值。

思考题

1. 纺织品热阻的定义是什么？有何物理意义？

2. 在热阻测试中为何有"空白试验"？空白试验是如何操作的？由空白试验得到怎样的信息？

3. 纺织品热阻测试仪中有几处温度传感器？分别用来得到哪些数据？

第十二节　纺织品静电性能测试

一、实验目的

学习和了解纺织材料静电性能的表征方法。掌握半衰期法测试纺织材料静电性能的基本原理；掌握半衰期法实施的基本过程和重要试验参数；学习和了解纺织材料和纺织产品中产生静电的原因，了解常见的消除静电危害的方法。

二、基本知识

静电是由静电荷集聚产生的物理现象。绝大多数服用纺织材料是电的不良导体，具有很高的比电阻。纺织材料及产品在生产加工和使用过程中经受摩擦、牵伸、挤压、剥离及电场感应和热风干燥等作用极易产生和累积静电。累积的静电会影响生产顺利进行并导致产品质量问题；服用纺织产品因摩擦产生的静电不仅会使服装吸尘沾灰，静电释放时产生的电击感严重降低了服用者的服用舒适度；在空气中易燃品浓度高的场所，静电放电是一件极其危险的情况，需格外注意。

随着合成纤维在生产生活中的广泛应用，其引起的静电问题愈加引起重视。为降低纺织品静电集聚，可以采取的方法主要有使用抗静电纤维和抗静电整理。

对纺织材料的静电性能进行表征通常使用的指标有静电电压、电量量、电荷面密度、半衰期和比电阻（包括质量比电阻、表面比电阻、体积比电阻）。常用的纺织材料静电性能的测试方法有半衰期法、摩擦带电电压法、电荷面密度法、脱衣时的衣物带电法、工作服的摩擦带电法等。

半衰期法的测试原理：使试样在高压静电场中带电至稳定后，断开高压电源，使试样的带电量通过接地金属台自然衰减，测定静电压值及其衰减至初始值一半所需的时间，以此对试样的静电性能进行表征。

摩擦带电电压法是在一定的张力条件下，使样品与标准布相互摩擦，以此时产生的最高电压及平均电压对着装者内衣与外衣摩擦带电的关系进行评价。

电荷面密度法将经过摩擦装置摩擦后的样品投入法拉第筒，测量样品的电荷面密度，以此评价纺织品的静电性能。

脱衣时的衣物带电法是将以规定动作穿着后脱下的工作服投入法拉第筒，测量其带电量作为工作服对内衣摩擦的起电量，以此表征工作服的静电性能。

工作服的摩擦带电法用滚筒烘干装置模拟工作服摩擦带电，然后用法拉第筒测量工作服带电量从而对其静电性能进行表征和评价。

重点学习半衰期法，它在纺织品静电性测试中应用最为广泛。

专业术语

静电电压（electrostatic voltage）：试样上积聚的相对稳定的电荷所产生的对地电位。

静电压半衰期（static half period）：试样上静电压衰减至原始值一半时所需的时间。

三、试验仪器和试样范围

纺织品静电压半衰期测试仪包括三部分：测试仪主机、分析仪和计算机系统。分析仪用于将电信号解析为计算机可识别的数字信息；计算机系统安装了相应软件用于参数设置、操作控制和数据输出。测试仪主机为静电压半衰期测试装置，用于实施对试样放电和静电压测量，其结构示意图如图4-63所示。

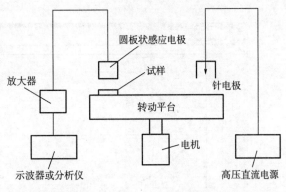

图4-63 静电压半衰期测试仪主机结构示意图

试样固定在由电动机控制的转动平台上，并随平台旋转，针电极（高压放电极）首先对试样放电，令试样感应带上一定量的静电；针电极停止放电，由圆板状感应电极和电信号处理装置测量试样上的静电压及变化，测量信号传输至示波器或信号分析仪。

转动平台直径为（200±4）mm，转速不低于1 000 r/min；放电针针尖至试样上表面距离为（20±1）mm，感应电极与试样上表面距离为（15±1）mm。

除了静电半衰期测试仪外，还需准备：不锈钢镊子一把，干净干燥的纯棉手套一副以及裁样工具。

本方法适用于铺地织物以外的各类纺织品。

四、试样准备

1. 环境条件

调湿和试验用大气条件：温度为（20±2）℃，相对湿度为（35±5）%，环境风速低于0.1 m/s。

2. 试样预处理

如果需要，按照GB/T 8629中要求的程序洗涤试样，或按照有关协议认可的方法和次数进行洗涤，多次洗涤时可将时间累加进行连续洗涤。

将样品或洗涤后的样品在 50 ℃下预烘一定时间。

预烘后的样品在"1. 环境条件"要求的环境中放置 24 h 以上，注意防止沾污样品。

3. 试样要求

随机采取试样 3 组，每块试样的尺寸为 40 mm×40 mm，或 45 mm×45 mm，每组试样的数量根据仪器中试样台数量而定。试样应有代表性，无疵点。

条子、长丝和纱线等应均匀、密实地绕在与试样尺寸相同的平极上。

操作时，注意避免手或其他可能沾污试样的物体、液体与试样相接触。

五、试验参数设置

通过计算机操作软件界面可以设置试验参数、控制试验操作和显示测试结果，软件界面如图 4-64 所示。

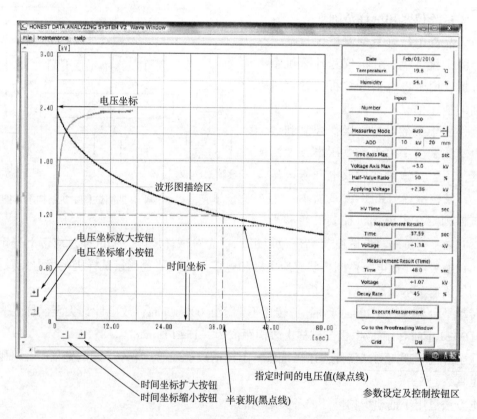

图 4-64　静电半衰期试验软件界面

软件界面左侧为数据显示区，显示静电压随时间的变化曲线，从中可以读取半衰期数据和指定时间下的电压值。

界面右侧为操作控制区和参数设置区。可以输入"测试日期""温度""湿度""试样编号"等基础信息以及试验中的一些主要参数。参数设置包括如下内容。

"Measuring Mode"：选择"real /H. V. time"模式，即半自动模式。

"ADD"：输入测定电压、测量距离，选择默认 10 kV，20 mm 即可。

"Half-Value Ratio"：默认半衰期 50%，可以更改。

"Applying Voltage"：用于输入施加到试样表面的最高电压。

"HV Time"：输入高压时间，可根据标准或协议要求进行设置。

"Measurement Results"：为试验数据显示区，其中"Time"显示达到设定衰减率时的测量时间（s），"Voltage"显示达到设定衰减率时的电压值（kV）。

"Measurement Result（Time）"：用于输出指定时间下的测量数据（电压、衰减率），在"Time"输入指定时间（s），"Voltage"显示指定时间下的电压，"Decay Rate"显示指定时间下的衰减率。

四个控制按钮功能："Execute Measurement"为测量开始按钮；"Go to the Proof reading window"为切换至校对窗口；"Grid"为显示网格线；"Del"为删除显示的曲线图。

六、试验操作步骤

（1）试验前对仪器进行校验。

（2）对试样表面进行消电处理。

（3）试样安装。利用试样按压手柄，将试样夹于转动平台上固定，安装后关闭转动平台中央把手，关门；注意：单块试样重量不超过 29 g，若是薄膜，一定要平坦放置不能有凸起；用镊子安装试样，切勿用手，注意保持试样表面整洁；切勿触碰电针针尖，放电后用酒精擦拭干净。

（4）依次接通计算机电源、分析仪电源、测试仪主机电源，顺序不能错。

（5）打开计算机软件，按照"五、试验参数设置"的要求设置试验参数。

（6）在测试仪主机上接通"Main"开关，"Main"指示灯亮。

（7）将测试仪主机上 H. V. ADJ 手柄旋转至最左侧，然后模式切换开关旋至 MANUAL H. V.。

（8）在测试仪主机上打开"Motor"开关，"Motor"指示灯亮。

（9）打开"H. V."开关，"H. V."指示灯亮。

（10）旋转 H. V. ADJ 手柄设定电压，一边观察高压计，一边将手柄慢慢旋转到右侧需要的电压值（10 kV）。

（11）加高压至规定时间（30 s）后断开高压，关闭"H. V."开关。

（12）模式切换开关旋至 AUTO MEASURE，不可再触摸 H. V. ADJ 手柄。

（13）在软件界面点击"Execute Measurement"，测量开始。试验台继续旋转至静电电压衰减至设定值（50%）以下时停止试验，仪器自动记录高压断开瞬间试样静电电压（kV）及其衰减至设定值所需的时间（s）。

（14）结束后，点击 file—save 保存测量数据。

（15）试验结束后，依次切断测试仪主机电源、分析仪电源、计算机电源，顺序不能错。

七、试验结果

同一块（组）试样进行 2 次试验，计算平均值作为该块（组）试样的测量值。对 3 块

（组）试样进行同样试验，计算平均值作为该样品的测量值。最终结果静电电压修约至 1 V，半衰期修约至 0.1 s。

八、试验报告
试验报告应包括下述内容。
（1）试验所参照的标准或协议。
（2）测试样品的名称、规格和尺寸。
（3）试验日期、试验大气条件。
（4）仪器型号。
（5）试样预处理情况，包括是否洗涤、洗涤次数等。
（6）主要试验参数，包括高电压、加压时间等。
（7）试验结果数据。
（8）其他偏离正常情况的细节和试验中的异常现象。

思 考 题

1. 哪些原因会使纺织品产生静电集聚？静电对纺织品的质量有怎样的影响？
2. 目前有哪些方法用来测试纺织品的静电性能？
3. 半衰期法测试纺织材料静电性能的基本原理是什么？半衰期指标的物理意义是什么？
4. 在半衰期测量中有哪些重要的试验参数？
5. 在纺织品静电性能测试中需要注意哪些外部因素？试验操作要注意哪些因素？

第五章　纺织材料结构分析技术

第一节　扫描电子显微镜测试纺织材料形态结构

在研究材料表面微观形态结构时，常需要借助各种显微放大仪器，如生物显微镜、视频显微镜及电子显微镜等。生物显微镜和视频显微镜是利用光学原理进行成像，成像效果有一定的局限性，如放大倍数和分辨率受到限制等，扫描电子显微镜（scanning electron microscope，SEM）是利用受控电子束对试样表面材料的核外电子激发后进行成像，相对于生物显微镜和视频显微镜，其成像具有分辨率高、场深大、立体感强及放大倍数可调范围大等特点，在研究纺织材料表面形态结构时得到越来越广泛的应用。

一、扫描电子显微镜成像原理

扫描电子显微镜主要由真空系统、电子产生和调控系统、信号记录和显示系统组成，其外形与基本结构分别如图 5-1、图 5-2 所示。

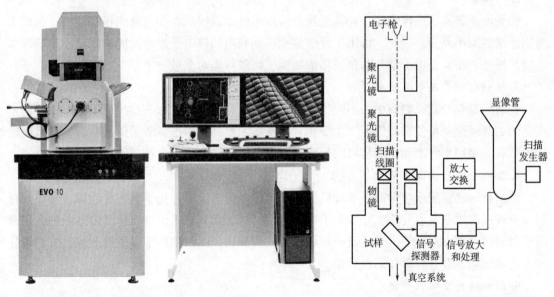

图 5-1　扫描电子显微镜外形图　　　　图 5-2　扫描电子显微镜基本结构

在真空环境中，电子枪发出的电子在高电压加速作用下通过多级电磁透镜调控汇集成细小电子束聚焦在试样表面，在扫描控制信号控制下，聚焦电子束经扫描电磁线圈作用在试样表面进行扫描。高能电子束与试样作用时，不仅本身发生变化，如入射电子的散射、吸收及透射，也可激发试样发生很多物理效应，如二次电子、X 光等，这些电子状态变化和物理效应强度与试样结构有关，经测试后可用于研究材料的结构。

高能电子束可将试样表面层 5~10 nm 深度范围内物质的核外电子激发出来，受激后产生并逸出试样表面的核外电子叫二次电子，二次电子强度与试样表面形态有关，当入射电子束与试样表面法线间夹角增大时，由于电子束在前进路径上与试样表面材料接触面增大，激发深度变浅，使得激发出的二次电子数量增加，逸出概率大，因此，二次电子的产额对材料表面形态的变化很敏感。

在偏转线圈控制下，电子束按一定顺序对试样表面进行逐点快速扫描，产生的二次电子在正压偏转电场作用下到达检测器，经检测放大得到调制信号，在显示器同步显示出图像。由于试样表面不同微区的表面法线与入射电子束间的夹角各不相同，二次电子产额也因此不同，使得成像强度不同，产生能反映试样表面形态的具有一定反差的图像。

二、在测试纺织材料中的应用

扫描电子显微镜图像显示的是试样表面形貌，可用于观测纺织材料的表面形态结构，常见的应用如下。

1. 纺织材料表面形态和尺度观测

可利用扫描电子显微镜观察各种纺织材料的表面形态结构与尺度，如纤维细度和纵向、横向形态，纱线结构和纤维配置状态，非织造布中纤维的形态和细度，织物表面结构等，也可以将纤维沿纵向剖开，测得纤维内部中腔结构，如髓腔毛、兔毛等内部结构。

2. 纤维鉴别

扫描电子显微镜成像清晰、立体感强，可显示纤维纵向表面和横截面精细结构，有助于辨别纤维的细小差异，因此，可用于纤维鉴别，如利用扫描电子显微镜能清晰显示羊绒纤维的鳞片形态、覆盖密度、鳞片张角等精细结构，可较好地对羊绒与羊毛进行区分鉴别。

3. 纺织材料开发制备研究

在纺织材料开发或制备中，不同工艺和技术参数会导致材料形态和尺度不同，如微纳米静电纺的溶液配制可使纤维细度发生变化，功能纺织品开发中也常常采用掺杂微纳米尺度的功能材料，微纳米纤维和功能材料的形态及尺度可用扫描电子显微镜观察。

4. 纺织材料改性效果研究

纺织材料经物理或化学改性处理后，如等离子处理、涂覆、化学试剂浸泡等，会导致材料表面或内部形态发生变化，如等离子处理可使材料表面刻蚀出微坑，化学溶剂处理会使高分子材料表面部分溶解等，通过研究材料表面或内部切片的扫描电子显微镜图像，可了解处理方法和工艺参数对材料作用的效果。

5. 纺织材料破坏性研究

可通过扫描电子显微镜图像了解材料经使用或受力后的破坏程度，如纺织材料受力破坏后的断口形态等，以便分析材料的破坏机理。

6. 异形度测试

利用异形化学纤维截面形态图像，可计算纤维截面结构参数，测试纤维的异形度及中空度等指标。

传统扫描电子显微镜的电子发射装置为钨灯丝电子枪，试样室为高真空状态，分辨率最高可以达到 3 nm，使用成本较低，因而，在实际工作中，这种扫描电子显微镜较为多见。随着技术的发展，出现了一些新型扫描电子显微镜，如场发射扫描电子显微镜、环境扫描电子显微镜等，采用场发射电子枪的场发射扫描电镜的分辨率可达 1 nm。

在纺织材料测试中，使用较多的放大倍率为 500 ~ 5 000 倍，更高的放大倍率下，图像效果会随放大倍率增加而有所下降。对于常见的纺织材料结构测试和分析，如纤维鉴别、表面形态观察等，使用传统扫描电子显微镜即可达到较好的测试效果，但对于更精细的材料结构测试，如纳米材料等，采用传统扫描电子显微镜的效果较差或无法测试，因此，在测试纳米材料的形态结构时，可根据实际情况选用场发射扫描电子显微镜。

扫描电子显微镜的试样室相对较大，测试时，不仅方便试样移动，也能根据观察需要进行适当转动，便于寻找试样上适合观测的部位，对试样进行三维形态的观察研究。由于试样室大，有些扫描电子显微镜可以添加附加实验装置，如拉伸夹持器，加热、冷冻装置等，可在观测图像的同时进行拉伸、加热或冷冻实验，以便于研究材料在这些状态下的形态变化。

三、制样

使用扫描电子显微镜时，样品制备是一个关键环节，样品质量直接关系成像效果。制样过程一般有清洁试样、取样、固定及导电处理等几个步骤。

1. 清洁试样

要保证试样洁净。对有污染的试样，要事先在不破坏试样的前提下采用挥发性非反应性溶剂或去离子水轻柔洗涤或超声波清洗，然后采用自然晾干、低温烘干或冷冻干燥等方式使试样干燥，对一些吸水性或含水试样要注意避免产生可能的干燥变形。

2. 取样及固定

纺织材料取样方法根据试样形态不同而有所不同。

（1）纤维取样。观察纤维纵向形态时，可直接将纤维取出，平整地用导电胶带或导电胶粘在样品台上。观察纤维截面形态时，可将纤维切断后用导电胶带或导电胶直立粘在台阶式样品台上，也可以采用哈氏切片法或树脂包埋法制备切片，然后切断面朝上粘在样品台上。在切断纤维时，要注意避免刀片划痕及纤维截面形态因受力过大而产生挤压变形，对有些纤维，必要时可采用液氮低温脆断的方法获得断面。

（2）纱线取样。纱线取样与纤维取样类似，但要注意纱线两端不要松散，可用导电胶带或导电胶将头端粘牢。如研究不同纤维在纱中分布情况，可采用切片法。

（3）织物取样。织物取样时，可根据实际需要将试样剪成不同大小，具体大小可根据织物结构和样品材质等情况而定，一般不小于 0.3 cm^2，然后平整地用导电胶带或导电胶粘在样品台上。

（4）粉末试样。先在试样台上涂覆导电黏合剂，然后取适量粉末试样压粘在样品台上，加压时要注意防止试样表面污染黏合剂，黏结后，用吹气球吹掉黏合不牢的粉末。有些纳米级或分散性不好的试样，可先在挥发性非反应液体，如乙醇中用超声波分散，再取出后滴加在导电胶上，干燥后黏合固定。

3. 导电处理

由于大多数纺织材料的导电性不好，在电子束扫描到材料上时，会产生电荷集聚，造成电子污染或尖端放电，影响成像质量，为避免产生这种情况，可用溅射镀膜、真空镀膜等方法在材料表面制备一层导电薄层，如喷碳、镀金等，纺织材料一般采用镀金的方法。

镀膜时要控制电流大小及样品处理时间，避免在材料表面出现金属层凸起、皱纹及开裂，影响材料外观形态。

四、使用操作要点

不同型号的扫描电子显微镜的操作方法不完全一样，但在操作中都需要注意如下情况。

（1）安装样品时要轻拿轻放，不要碰坏仪器和样品台。

（2）换好样品后要注意关好样品室门。

（3）加速电压调节由低到高，一般情况，电压越高分辨率越大，但过高的电压也会影响分辨率并容易损坏试样，对纺织材料而言，5~10 kV 的加速电压一般已可达到较好效果。

（4）尽量不要测铁磁性样品，以免损伤仪器，对弱磁性样品，为减少干扰，工作距离一般要远些。

（5）放大倍率调整由低到高，低倍时找到标记的样品，然后调节聚焦旋钮至图像清楚，再调放大倍率旋钮，聚焦至图像清楚，如此逐步放大调整到所需图像。

（6）聚焦调整到图像的边界一致，如果边界清晰，说明图像已调好，如果图像太亮或太暗，可以调节对比度和亮度。

（7）选用大工作距离和小物镜光阑，可提高景深，有利于观察表面起伏大的试样。

（8）扫描完图像后，填好图像名称，选择图像保存格式，保存图像，注意得使用带病毒的移动存储器。

（9）取出样品时要检查高压是否处于关闭状态和样品台是否归位。

（10）开关机时，要按使用说明进行，原则上，开机时按先开低压后开高压的顺序，关机时顺序则反过来，以免冲击电流对仪器造成损伤。

第二节　红外光谱分析技术实验

红外光谱分析技术（infrared spectrometry，IR）是利用有机物分子在一定波长红外线的照射下，可选择性地吸收其中某些频率的光能，利用红外光谱仪记录得到选择性吸收光谱，红外吸收谱带的特征与材料的分子结构相关，因此，可通过吸收谱图分析研究高分子材料的结构特征。

在研究高分子材料性能时，常需要了解该材料的分子结构，如分子链的构型、构象及官能基团等，利用红外光谱分析技术可方便有效地进行相关测试分析。

一、红外吸收光谱基本原理

分子中一定的键或基团有其固有的振动频率，相同的化学键或基团在不同的分子构型中，它们的振动频率改变不大，这一频率称为某一键或基团的特征振动频率。

具有连续波长的红外光照射到被测物质上，当红外光的频率与分子键或基团的特征振动频率一致时，分子键或基团会对红外光产生共振吸收，也叫选择性吸收，此时分子键或基团吸收的能量最多，其吸收谱带称为特征吸收谱带。

由于物质的分子对红外线的选择性吸收，在原来连续谱带上某些波长的红外线强度降低, 得到红外吸收光谱图。红外光谱吸收峰与分子及分子中各基团的不同的振动形式相对应, 从吸收峰的位置和强度, 可得到此种分子的定性及定量的数据, 就可以确定分子中不同的键或基团, 确定其分子结构。

高分子材料红外光谱分析技术所用的红外光波长在 2.5~25 μm 区域, 这个波段的红外与材料的分子结构关系密切, 绝大多数有机化合物和无机离子的基频吸收带出现在这个红外光区。

红外吸收的产生是有一定条件的, 除红外光的频率与分子键或基团的特征振动频率一致外, 同核双原子分子, 如 O_2、N_2 等气体, 对红外光不产生吸收, 因此, 在实际测试时, 不必考虑空气中同核双原子的影响。

红外吸收峰的波长位置和吸收强度反映了分子结构上的特点, 除了单原子和同核分子外, 几乎所有的有机化合物在红外光区均有吸收, 可用来鉴定未知物的结构或确定其化学基团; 吸收谱带的吸收强度与分子组成或化学基团的含量有关, 可用以进行定量分析和纯度鉴定。由于红外光谱分析特征性强, 对气体、液体、固体试样都可测定, 并具有试样量少、分析速度快、不破坏试样的特点, 因此, 红外光谱法常用于鉴定化合物和测定分子结构, 并进行定性和定量分析。

二、红外光谱仪

红外光谱仪是记录通过样品的红外光的透射率或吸光度随波数变化的装置, 以干涉型傅里叶变换光谱仪为主, 基本组成如图 5-3、图 5-4 所示。

图 5-3 傅里叶变换光谱仪外形图

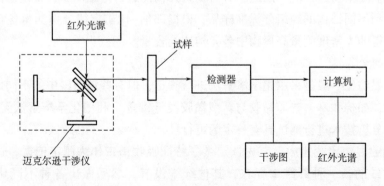

图 5-4 傅里叶变换光谱仪结构图

傅里叶变换红外光谱仪利用计算机将测得的干涉信号经傅里叶数学变换转换成普通光谱信号，具有时间短、输出能量大、波数精度高、光谱范围宽、数据处理功能多、分辨能力高及样品取用量少等优点。

三、红外吸收光谱法在纺织研究中的应用

1. 纤维鉴别

不同结构的高聚物，均有其特征的红外吸收光谱，根据样品谱图上特征吸收峰的位置并对照高聚物的红外光谱可鉴别出未知样品为何种高聚物。

几种常见纤维的基团特征吸收谱带见表 5-1。

表 5-1　常见纺织纤维基团特征吸收谱带

振动形式	波数/(cm^{-1})
OH 伸缩振动（形成氢键）	3500~3300
C≡N 伸缩振动（聚丙烯腈）	2240
C＝O 伸缩振动（聚酯）	1725
C－O 伸缩振动（聚酯）	1250，1110
苯环 C＝O 伸缩振动	1650，1500
CH 变形振动（纤维素）	1370
OH 面内变形振动（纤维素）	1325
OH 面外变形振动（纤维素）	640
C－O 伸缩振动（纤维素）	1110
N－H 伸缩振动（酰胺基）	3320~3270
N－H 面内变形振动（酰胺基）	1530

2. 高分子材料化学改性研究

高分子材料经过化学改性后，分子基团可能会发生变化，利用红外光谱分析其特征吸收峰的差异和变化等，研究改性处理后材料结构和性质变化情况。

3. 测定高聚物主链结构

高聚物异构体的红外光谱图有很大的差异，其谱线的吸收带各不相同。异构体在高聚物中的含量会影响高聚物的性能，因此，有必要对异构体进行定量测定，要定量测定异构体的含量，必须找到不同结构的纯组分标准样品，根据郎伯-比尔定律分别测得各自吸收带的光密度，用已测得的光密度测量高聚物中各异构体的含量。

4. 混纺比测定

混纺纱的混纺比一般是采用化学溶解法进行测定，但有些混纺纱中的不同成分的化学属性相同或相近，如棉和麻，普通黏胶与新型黏胶类纤维等，利用化学溶解法无法进行测试，利用红外光谱分析技术进行测试具有一定的可行性。

在混纺纱的混纺比测定中，首先选定某一特征吸收谱带作为测定依据，这一特征吸收谱带只在混纺纱的某一种纤维中存在，其他纤维没有，然后做出各种不同比例的混纺纱的红外吸收光谱，从这些光谱中得出光密度与混纺比的对应关系图，可以对某一未知混

纺比纱线作红外吸收光谱，从这个吸收光谱中读出光密度，根据关系图直接找到该纤维的混纺百分比。

四、制样

(一) 制样要求

(1) 试样要纯净，避免杂质、水分干扰测试结果。

(2) 试样的浓度或厚度要适当，以免吸收光谱过强或过弱。

(二) 常用的纺织材料制样方法

1. 卤化物压片法

这种方法常用溴化钾进行压片，即把固体试样磨细至 2 μm 左右；称取 1~2 mg 干燥样品，以 1 mg 样品对 100~200 mg 溴化钾的比例称取干燥溴化钾粉末，并倒在玛瑙研钵中在红外灯下进行混磨，直至完全混匀；称取 200 mg 混匀的混合物，放入压片机，用模具加压形成透明的试样片。

压片法优点很多，如操作简单，需要样品少，较易控制样品的厚度和光谱的强度；没有溶剂、糊剂的吸收干扰，能一次完整地获得样品的吸收光谱；薄片的厚度、样品的浓度可借助天平精确控制，该法能用于定量分析；压成的样品便于保存。

2. 衰减全反射法

衰减全反射法（attenuated total reflection），简称 ATR，该法也称为内反射光谱法（internal reflection spectroscopy），简称 IRS。

这种方法是利用一束红外光由全反射晶体进入试样，当入射角大于临界角时，光束会稍穿入试样表面产生衰减后再全反射出来，经多次衰减全反射后得到增强吸收谱带，原理如图 5-5 所示。

由于这种方法获得的信息大都为试样表层信息，通常作为表面分析技术。

对于纤维试样，用衰减全反射法直接对纤维进行红外光谱测量可避免破坏性制样方法引起的误差，样品准备简单，无破坏性，可用于合成纤维的鉴别等。

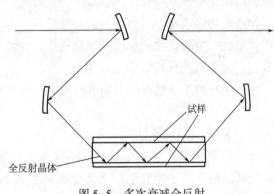

图 5-5 多次衰减全反射

对织物及涂层等，用透射法测量往往很困难，使用红外分光光度计的衰减全反射装置，可以很方便地测得其红外光谱图。

五、红外测试及分析

(1) 红外光谱仪需要校正，以便使吸收谱带可在其固有的频率或波长处观察到。

(2) 光谱图应该是使用相当纯的化合物得到的，为消除水分、CO_2 等对测试的影响，可先在同样测试条件下进行没有试样的"空白试验"，并将测试结果与有样品的测试结果进行消减，如溴化钾吸湿性较强，即使在干燥箱中对样品的混磨，其红外光谱中仍不可避免地有水的吸收峰出现，为去除水分的干扰，可以在相同条件下研磨纯溴化钾粉末，制成一补偿片。

（3）要详细说明样品的处理方法，如果使用溶剂，则应指出溶剂的种类、浓度和吸收池的厚度。

（4）将红外光谱划分成两个区：$4\,000 \sim 1\,333\ \text{cm}^{-1}$ 称为基团特征吸收区，一般用于基团定性分析或定量分析；$1\,333 \sim 650\ \text{cm}^{-1}$ 称为指纹区，不同化合物在该区有特有的吸收谱带，如人的指纹，定性鉴别常用此区进行。

（5）红外光谱分析的内容主要是吸收峰的位置、强度和形状，分析过程要先特征峰后一般峰；先强峰后次强峰，再中强峰、弱峰，同时要注意峰的形状。

（6）官能团的分析常要在特征峰基础上结合相关峰进行判定。

（7）在红外定性分析中，需要与纯物质的标准光谱对比核定。标准红外光谱除可用纯物质测得外，也可从标准红外光谱图获得。由于测试仪器及操作方法不同，标准图谱也不是完全一致的，但对同一分子来讲，其特征吸收频率的位置及强度顺序是相同的，因此，利用标准图谱进行定性分析时，可允许合理性差异的存在，大多红外光谱仪存有各种材料的红外光谱图数据库，可对所测试样进行计算机检索。

第三节　热分析技术实验

热分析技术是在设定的程序控制温度下测量材料的物理性质与温度关系的一种技术。程序控制温度是指按某种规律加热或冷却，通常是线性升温和降温。

物质在加热或冷却过程中会发生物理或化学变化，如吸热或放热、比热容、晶型转变、沸腾、蒸发、熔融等物理变化及氧化还原、分解等化学变化，可用各种热分析方法测试这些热效应，进而研究材料结构与性能。

在纺织材料热学性能的分析和研究中，常用的是差示扫描量热法和热重分析。

一、差示扫描量热法

差示扫描量热法（differential scanning calorimeter，DSC）是在程序控制温度下测量输入物质和参比物的能量差与温度（或时间）关系的一种技术。根据测量方法分两种类型：功率补偿型和热流型，两者分别测量输入试样和参比物的功率差及试样和参比物的温度差，测得的曲线称为差示扫描量热曲线（DSC 曲线）。功率补偿型 DSC 曲线上的纵坐标是以试样放（吸）热量的速率 dH/dT 或 dH/dt 表示，通常称为热流速率，热流型的单位是 mJ/s。

1. 差示扫描量热法原理

功率补偿型 DSC 热分析仪较为常用，如图 5-6、图 5-7 所示。

图 5-6　功率补偿型 DSC 分析仪外形图

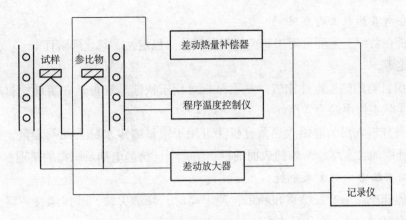

图 5-7 功率补偿型 DSC 原理图

将试样与参比物分别放在两只小坩埚里，各坩埚底部设置补偿加热丝，用于补偿加热测试中处于低温的坩埚，使试样与参比物之间的温差趋于零。由于试样反应时所发生的热量变化可用电流进行补偿，因此，可用电功率反映热量变化情况，用上述方法测得的 DSC 曲线反映了输入试样和参比物的功率差与程序温度的关系，通过峰的位置、面积、形状及数目可对材料进行定性和定量分析。

2. DSC 技术在纺织材料测试中的主要应用

（1）热学性能测定。可测试玻璃化温度、结晶温度、分解温度等转变点温度，根据基线变动位置确定材料结构相转变点温度，如测试玻璃化转变温度。

（2）纤维的鉴别和表征。各种纤维都有其特征 DSC 谱，与已知试样热谱图对照可进行纤维鉴别。

二、热重分析

热重分析（thermal gravimeter，TG）技术是在程序控制温度下测量物质的质量与温度关系的技术。

1. 热重分析原理

可用热天平测得材料质量与温度的关系曲线——热重曲线（TG 曲线）的技术。热重曲线的横坐标为温度（或时间），纵坐标为质量或失重百分数。从 TG 曲线上不仅可得到材料的组成、热稳定性、热分解及生成的产物等与质量相联系的信息，也能得到如分解温度及热稳定的温度范围等其他信息。

对热重曲线进行一次微分，为微分热重分析（differential thermal gravimeter，DTG），得到反映试样质量变化率和温度（或时间）的关系微分热重曲线（DTG 曲线）。DTG 曲线的横坐标与热重曲线的相同，纵坐标是失重速率。DTG 曲线的峰顶是失重速率的最大值，它与 TG 曲线的拐点相对应，DTG 曲线上的峰的面积与试样质量变化成正比，因此，可从 DTG 曲线的峰面积算出失重量。

DTG 曲线不仅能反映 TG 曲线所包含的信息，还具有分辨率高的特点，可较好地反映起始反应温度，达到最大反应速度的温度及终止反应温度等。由于 DTG 受其他许多因素的影响，它的应用仅限于质量变化很迅速的反应，主要用于定性分析，或确定失重过程的特征点。

2. 热重分析在纺织上的应用

热重分析在纺织上主要可用于研究纺织材料的热稳定性、氧化降解性能、含水量及添加剂含量的测定等。

（1）纺织材料的热稳定性比较。热重分析可用于快速、定量地评定纺织材料的相对热稳定性，在实际工作中较为常用。

（2）定量分析方面的应用。热重分析法可用于定量测定水分及助剂含量，如测定天然纤维和合成纤维的含水率，纤维的表面油剂、消光剂、抗静电剂及织物的整理剂含量等。

3. 热分析实验影响因素及分析

（1）升温速率影响基线漂移和峰形，速率高时，峰形尖锐，基线漂移明显，测试纺织纤维时一般用 10 ℃/min 的升温速率。

（2）当试样在实验过程有气体释放或能与环境气氛组分作用时，气氛对测试的影响就较大，可根据实际情况选用环境大气、氮气及真空等实验环境条件。

（3）试样量对热效应的大小和峰的形状有明显影响，试样量过多，容易导致试样内部由于热传导不良而产生温度梯度，产生热效应延迟、重叠，从而改变了峰的位置。试样量少，降低了试样内温度梯度，所得结果的真实性好，提高定量分析性能，但试样量少时，仪器要有较高的信噪比，测量时试样质量一般不超过 10 mg。

（4）在粉碎试样的过程中可能导致试样晶体发生结晶度下降和缺陷增多，使试样内能增加，峰向低温方向移动和峰面积减少。实验时，纤维试样通常可切成 1 mm 左右的碎屑，织物可按照试样容器的形状剪成圆片（直径为 4~5 mm）。

（5）确定温度转变点时可以取基线突跃的中点，也可以取曲线的拐点，几种常见的转变点温度取法如图 5-8 所示。

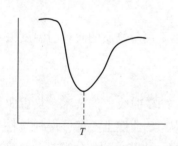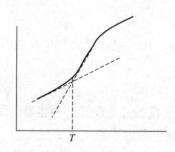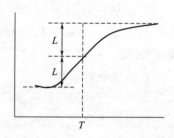

图 5-8 温度转变点求取

（6）由于玻璃化转变发生在无定型区，所以，高结晶度的聚合物很难测到它的玻璃化温度，因此，实验上常把熔融后的高聚物用适当的方法（如急冷或投入液氮中）增加无定形部分的含量，以提高测试的灵敏度。

（7）评定聚合物热稳定性时，可以用曲线直接进行比较，也可采用起始分解温度（T_D）、半寿命温度（失重 50% 时的温度 $T_{50\%}$）及达到最大分解时的温度（T_{max}）。

参考文献

[1] 李汝勤，宋钧才，黄新林.纤维和纺织品测试技术［M].4版.上海：东华大学出版社，2015.

[2] 姚穆.纺织材料学［M].4版.北京：中国纺织出版社，2015.

[3] 于伟东.纺织材料学［M].2版.北京：中国纺织出版社，2018.

[4] 王明慈，沈恒范.概率论与数理统计［M].3版.北京：高等教育出版社，2018.

[5] 中国纤维检验局组编.棉花质量检验［M].2版.北京：中国计量出版社，2008.

[6] 有关各类纤维、纱线和纺织品性能测试仪器的使用说明书［A].

附录 各实验涉及的测试标准

［1］中国毛纺织行业协会编译.国际毛纺织组织仲裁协议及标准总汇［M］.北京：中国纺织出版社，2005.

［2］最新化学纤维及其原料方法标准汇编［A］.中国化学纤维工业协会，上海市纺织工业技术监督所，2008.

［3］BISFA国际化学标准局标准汇编［A］.上海市纺织工业技术监督所，2008.

［4］ASTM D 2906－97. Standard Practice for Statements on Precision and Bias for Textiles［S］. United States：ASTM International，2002.

［5］GB/T 6529－2008.纺织品 调湿和试验用标准大气［S］.北京：中国标准出版社出版，2008.

［6］FZ/T 01057.3－2007.纺织纤维鉴别试验方法第3部分：显微镜法［S］.北京：中国标准出版社，2007.

［7］GB/T 6097－2012.棉纤维试验取样方法［S］.北京：中国标准出版社，2012.

［8］GB 1103－2012.棉花细绒棉［S］.北京：中国标准出版社，2012.

［9］GB 19635－2005.棉花 长绒棉［S］.北京：中国标准出版社，2005.

［10］GB/6099－2008.棉纤维成熟系数试验方法［S］.北京：中国标准出版社，2008.

［11］GB/T 6498－2008.棉纤维马克隆实验方法［S］.北京：中国标准出版社，2008.

［12］GB/T 20392－2006. HVI棉纤维物理性能试验方法［S］.北京：中国标准出版社，2006.

［13］GB/T 10685－2007.羊毛纤维直径试验方法 投影显微镜法［S］.北京：中国标准出版社，2007.

［14］GB/T 14334－2006.化学纤维 短纤维取样方法［S］.北京：中国标准出版社，2006.

［15］GB/T 16256－2008.化学纤维 线密度试验方法 振动仪法［S］.北京：中国标准出版社，2008.

［16］GB/T 14337－2008.化学纤维 短纤维拉伸性能试验方法［S］.北京：中国标准出版社，2008.

［17］GB/T 14338－2008.化学纤维 短纤维卷曲性能试验方法［S］.北京：中国标准出版社，2008.

［18］FZ/T 50004－2011.涤纶短纤维干热收缩率试验方法［S］.北京：中国标准出版社，2011.

［19］GB/T 6504－2008.化学纤维 含油率试验方法［S］.北京：中国标准出版社，2008.

［20］GB/T 14342－2015.化学纤维 短纤维比电阻试验方法［S］.北京：中国标准出版社，2015.

［21］GB/T 9994－2018.纺织材料公定回潮率［S］.北京：中国标准出版社，2018.

［22］GB/T 9995－1997.纺织材料含水率和回潮率的测定 烘箱干燥法［S］.北京：中国标准出版社，1997.

［23］GB/T 8170－2008.数值修约规则与极限数值的表示和判定［S］.北京：中国标准出版社，2008.

［24］GB/T 2910.11－2009.纺织品 定量化学分析 第11部分：纤维素纤维与聚酯纤维的混合物（硫酸法）［S］.北京：中国标准出版社，2009.

［25］GB/T 10288－2016.羽绒羽毛检验方法［S］.北京：中国标准出版社，2016.

［26］FZ/T 80001－2002.水洗羽毛羽绒试验方法［S］.北京：中国标准出版社，2002.

［27］GB/T 601－2016.化学试剂 标准滴定溶液的制备［S］.北京：中国标准出版社，2016.

［28］GB/T 6682－2008.分析实验室用水规格和试验方法［S］.北京：中国标准出版社，2008.

［29］GB/T 9996.1－2008.棉及化纤纯纺、混纺纱线外观质量黑板检验方法 第1部分：综合评定法［S］.北京：中国标准出版社，2008.

［30］GB/T 14344－2008.化学纤维 长丝拉伸性能试验方法［S］.北京：中国标准出版社，2008.

［31］FZ/T 50007－2012.氨纶丝弹性试验方法［S］.北京：中国标准出版社，2012.

［32］GB/T 6505－2017.化学纤维 长丝热收缩率试验方法（处理后）［S］.北京：中国标准出版社，2017.

［33］GB/T 6506－2017.合成纤维 变形丝卷缩性能试验方法［S］.北京：中国标准出版社，2017.

［34］GB/T 3923.1-2013.纺织品 织物拉伸性能：第1部分 断裂强力和断裂伸长率的测定（条样法）［S］.北京：中国标准出版社，2013.

［35］ASTM D 5035-11. Standard Test Method for Breaking Force and Elongation of Textile Fabrics（Strip Method）［S］. United States：ASTM International，2019.

［36］GB/T 3923.2-2013.纺织品 织物拉伸性能：第2部分 断裂强力的测定（抓样法）［S］.北京：中国标准出版社，2013.

［37］ASTM D 5034-09. Standard Test Method for Breaking Strength and Elongation of Textile Fabrics（Grab Test）［S］. United States：ASTM International，2017.

［38］GB/T 3917.1-2009.纺织品 织物撕破性能：第1部分：冲击摆锤法撕破强力的测定［S］.北京：中国标准出版社，2009.

［39］ASTM D 1424-09. Standard Test Method for Tearing Strength of Fabrics by Falling-Pendulum（Elmendorf-Type）Apparatus［S］. United States：ASTM International，2019.

［40］GB/T 3917.2-2009.纺织品 织物撕破性能：第2部分：裤形试样（单缝）撕破强力的测定［S］.北京：中国标准出版社，2009.

［41］ASTM D 2261-13. Standard Test Method for Tearing Strength of Fabrics by Tongue（Single Rip）Procedure（Constant-Rate-of-Extension Tensile Testing Machine）［S］. United States：ASTM International，2017.

［42］GB/T 3917.4-2009.纺织品 织物撕破性能：第4部分：舌形试样（双缝）撕破强力的测定［S］.北京：中国标准出版社，2009.

［43］GB/T 3917.3-2009.纺织品 织物撕破性能：第3部分：梯形试样撕破强力的测定［S］.北京：中国标准出版社，2009.

［44］ASTM D 5733-99. S Standard Test Method for Tearing Strength of Nonwoven Fabrics by the Trapezoid Procedure［S］. United States：ASTM International，1999.

［45］GB/T3917.5-2009.纺织品 织物撕破性能：第5部分：翼形试样（单缝）撕破强力的测定［S］.北京：中国标准出版社，2009.

［46］GB/T 3819-1997.纺织品 织物折痕回复性的测定 回复角法［S］.北京：中国标准出版社，1997.

［47］GB/T 13769—2009.纺织品 评定织物经洗涤后外观平整度的试验方法［S］.北京：中国标准出版社，2009.

［48］ISO 7769：2009. Textiles—Test Method for Assessing the Appearance of Creases in Fabrics After Cleansing.

［49］GB/T 38006—2019.纺织品 织物经蒸汽熨烫后尺寸变化试验方法［S］.北京：中国标准出版社，2019.

［50］ISO 5077：2007. Textiles—Determination of Dimensional Change in Washing and Drying.

［51］ISO 3759：2011. Textiles—Preparation, Marking and Measuring of Fabric Specimens and Garments in Tests for Determination of Dimensional Change.

［52］GB/T 8629—2017.纺织品 试验用家庭洗涤和干燥程序［S］.北京：中国标准出版社，2017.

［53］GB/T 5453—1997.纺织品 织物透气性的测定［S］.北京：中国标准出版社，1997.

［54］ASTM D 737-18. Standard Test Method for Air Permeability of Textile Fabrics［S］. United States：ASTM International，2018.

［55］GB/T 24218.15—2018.纺织品 非织造布试验方法 第15部分：透气性的测定［S］.北京：中国标准出版社，2018.

［56］GB/T 21196.1—2007.纺织品 马丁代尔法织物耐磨性的测定 第1部分：马丁代尔耐磨试验仪［S］.北京：中国标准出版社，2007.

［57］ISO 12947-1：1998/COR 1：2002. Textiles—Determination of the Abrasion Resistance of Fabrics by the

Martindale Method—Part 1：Martindale Abrasion Testing Apparatus.

［58］ GB/T 21196.2—2007.纺织品 马丁代尔法织物耐磨性的测定 第2部分：试样破损的测定 ［S］.北京：中国标准出版社，2007.

［59］ ISO 12947-2：2016.Textiles—Determination of the Abrasion Resistance of Fabrics by the Martindale Method—Part 2：Determination of Specimen Breakdown.

［60］ GB/T 21196.3—2007.纺织品 马丁代尔法织物耐磨性的测定 第3部分：质量损失的测定 ［S］.北京：中国标准出版社，2007.

［61］ ISO 12947-3：1998.Textiles—Determination of the Abrasion Resistance of Fabrics by the Martindale Method—Part 3：Determination of Mass Loss.

［62］ GB/T 21196.4—2007.纺织品 马丁代尔法织物耐磨性的测定 第4部分：外观变化的评定 ［S］.北京：中国标准出版社，2007.

［63］ ISO 12947-4：1998.Textiles—Determination of the Abrasion Resistance of Fabrics by the Martindale Method—Part 4：Assessment of Appearance Change.

［64］ ASTM D 3884-09.Standard Guide for Abrasion Resistance of Textile Fabrics（Rotary Platform，Double-Head Method）［S］.United States：ASTM International，2017.

［65］ GB/T 250—2008.纺织品 色牢度试验 评定变色用灰色样卡 ［S］.北京：中国标准出版社，2008.

［66］ GB/T 4802.1—2008.纺织品 织物起毛起球性能的测定 第1部分：圆轨迹法 ［S］.北京：中国标准出版社，2008.

［67］ GB/T 4802.2—2008.纺织品 织物起毛起球性能的测定 第2部分：改型马丁代尔法 ［S］.北京：中国标准出版社，2008.

［68］ ISO 12945-2：2000（E）.Textiles—Determination of Fabric Propensity to Surface Fuzzing and to Pilling—Part 2：Modified Martindale Method.

［69］ GB/T 4802.3—2008.纺织品 织物起毛起球性能的测定 第3部分：起球箱法 ［S］.北京：中国标准出版社，2008.

［70］ GB/T 4802.4—2009.纺织品 织物起毛起球性能的测定 第4部分：随机翻滚法 ［S］.北京：中国标准出版社，2009.

［71］ ASTM D 4970-05.Standard Test Method for Pilling Resistance and Other Related Surface Changes of Textile Fabrics：Martindale Tester ［S］.United States：ASTM International，2007.

［72］ GB/T 11047—2008.纺织品 织物勾丝性能评定 钉锤法 ［S］.北京：中国标准出版社，2008.

［73］ GB/T 23329—2009.纺织品 织物悬垂性的测定 ［S］.北京：中国标准出版社，2009.

［74］ GB/T 12704.1—2009.纺织品 织物透湿性试验方法 第1部分：吸湿法 ［S］.北京：中国标准出版社，2009.

［75］ GB/T 12704.2—2009.纺织品 织物透湿性试验方法 第2部分：蒸发法 ［S］.北京：中国标准出版社，2009.

［76］ ISO 15496：2018.Textiles—Measurement of Water Vapour Permeability of Textiles for the Purpose of Quality Control.

［77］ GB/T 11048—2018.纺织品 生理舒适性 稳态条件下热阻和湿阻的测定（蒸发热板法）［S］.北京：中国标准出版社，2018.

［78］ ISO 11092：2014（E）.Textiles—Physiological Effects—Measurement of Thermal and Water-Vapour Resistance Under Steady-state Conditions（sweating and Guarded-hotplate Test）［S］.Switzerland.

［79］ GB/T 12703.1—2008.纺织品 静电性能的评定 第1部分：静电压半衰期 ［S］.北京：中国标准出版

社，2008.

[80] GB/T 12703.2—2009.纺织品 静电性能的评定 第 2 部分：电荷面密度 [S].北京：中国标准出版社，2009.

[81] GB/T 12703.4—2010.纺织品 静电性能的评定 第 4 部分：电阻率 [S].北京：中国标准出版社，2010.

[82] GB/T 12703.5—2010.纺织品 静电性能的评定 第 5 部分：摩擦带电电压 [S].北京：中国标准出版社，2010.